应用型本科 机械类专业系列教材

工程材料及成形技术基础

主　编　杨　莉　郭国林
副主编　戴　军　余小鲁　张华丽　张　宁

西安电子科技大学出版社

内 容 简 介

本书共三篇(包括十三章),第一篇介绍工程材料,第二篇介绍工程材料成形技术基础,第三篇介绍工程材料应用及成形工艺选择。本书主要面向应用型人才的培养,以培养学生使用和选择工程材料及成形工艺的能力为目的,保留了必要的理论基础并增加了新材料和新工艺等内容,通过对工程应用案例的分析,培养学生的工程素质,促进其理论联系实际的能力。

本书可作为应用型本科院校机械类及近机类专业的教材,也可作为独立学院、高职高专和成人教育等同类专业的教材,还可供有关工程技术人员参考。

图书在版编目(CIP)数据

工程材料及成形技术基础/ 杨莉,郭国林主编.
—西安 :西安电子科技大学出版社,2016.4(2023.8重印)
ISBN 978 - 7 - 5606 - 3996 - 3

Ⅰ. ①工… Ⅱ. ①杨… ②郭… Ⅲ. ①工程材料−成型−高等学校−教材 Ⅳ. ①TB3

中国版本图书馆 CIP 数据核字(2016)第 020881 号

策　　划　高樱
责任编辑　马武装
出版发行　西安电子科技大学出版社(西安市太白南路 2 号)
电　　话　(029)88202421　88201467　　邮　编　710071
网　　址　www. xduph. com　　　电子邮箱:xdupfxb001@163.com
经　　销　新华书店
印刷单位　陕西天意印务有限责任公司
版　　次　2016 年 4 月第 1 版　　2023 年 8 月第 4 次印刷
开　　本　787 毫米×1092 毫米　　1/16　印张 19
字　　数　447 千字
印　　数　9001～11000 册
定　　价　49.00 元
ISBN　978 - 7 - 5606 - 3996 - 3/TB

XDUP 4288001 - 4

应用型本科　机械类专业系列教材
编审专家委员名单

前　　言

　　为了适应国家社会经济发展和应用型本科院校改革的需要，由西安电子科技大学出版社和部分应用型本科院校共同规划了"应用型本科机械类专业系列教材"，该系列教材是为日益壮大的应用型本科院校教学量身定做的新型教材，本书是该系列教材中的一种。

　　本书分为三篇共十三章，每章后面都附有一定量的习题与思考题。第一篇为工程材料，内容包括工程材料的分类与性能、材料的微观结构、二元合金相图、钢的热处理、工业用钢、铸铁、有色金属及其合金、常用非金属材料及新材料；第二篇为工程材料成形技术基础，内容包括铸造成形、金属塑性成形、焊接成形；第三篇为工程材料应用及成形工艺选择，内容包括机械零件失效分析与表面处理、材料与成形工艺的选择。通过对本书的学习，要求学生在掌握工程材料的基本理论及基础知识的基础上，根据机械零件的使用条件和性能要求，具备对结构零件进行合理选材及制定零件工艺路线的初步能力，为学习后续课程及从事机械设计和加工制造方面的工作奠定必要的基础。本书在编写过程中，体现了"应用、实践、创新"的教学宗旨，突出实用型的特点，力求理论联系实际，通过工程应用案例，培养学生的工程素质、实践能力和创新设计能力，以适应国家培养应用型高级技能人才的要求。

　　本书由常熟理工学院杨莉教授、郭国林副教授担任主编，戴军、余小鲁、张华丽、张宁担任副主编。具体编写分工为：绪论、第1、3章由常熟理工学院杨莉编写；第6、11章由常熟理工学院郭国林编写；第12、13章由常熟理工学院戴军编写；第2、10章由常熟理工学院张尧成编写；第4、9章由安徽工程大学余小鲁编写；第7、8章由徐州工程学院张宁编写，第5章由南通大学张华丽编写。本书的编写得到了许多兄弟院校的支持，编写过程中参考了大量的文献资料，在此一并表示衷心的感谢。

　　由于编者水平有限，时间紧迫，书中的疏漏在所难免，敬请读者批评指正。

编　者

2015 年 10 月

目　录

第二篇　工程材料成形技术基础

第三篇　工程材料应用及成形工艺选择

绪　　论

1. 材料与材料成形的发展历史

材料是人们的生活和生产赖以进行的物质基础，而任何材料在被人们制造成有用物品（无论是生活用品还是生产工具等）的过程中，都要经过成形加工，它是人类的生产活动中始终不可缺少的基础性技术种类。

材料成形工艺是伴随着人类使用材料的历史而发展的。在人类使用材料之初，通过将天然材料如石头、陶土打制成石器和烧制成陶器，形成了最原始的材料成形工艺。

随着人们对金属材料（青铜、钢铁等）的使用，相应地产生了铸造、锻造、焊接等金属成形加工技术。20 世纪以后，随着塑料和先进陶瓷材料的出现，这些非金属材料的成形工艺得到了迅速发展。在 21 世纪的今天，各种人工设计、人工合成的新型材料层出不穷，各种与之相应的先进的成形工艺也在不断涌现并大显身手。

材料成形技术的发展，凝聚了世界上各民族的辛劳和智慧，中华民族对此也做出过极其重大的贡献。我国在原始社会后期出现陶器，在仰韶文化和龙山文化时期制陶技术已相当成熟。

我国是世界上应用铜、铁最早的国家，远在 4000 年前就已经开始使用铜合金，至商周时代（公元前 16 世纪—公元前 8 世纪）达到了青铜文化的鼎盛时期。在公元前六七世纪的春秋时期，我国已开始使用铁器，这比欧洲国家早了 1800 多年。战国时期，我国就发明了炼钢技术，创造了多种在当时比较先进的炼钢方法，并将其用于制造农具和兵器等。

铸造技术在我国源远流长，并达到很高的水平，形成了闻名于世的以泥范（砂型）、铁范（金属型）和失蜡铸造为代表的中国古代三大铸造技术。据考证，早在 3000 年前的商周，我国已发明了古代失蜡铸造法；战国中期，出现了金属型铸造；隋唐以后，我国已掌握了大型铸件的生产技术。河南安阳武官村出土的商代司母戊鼎，重 875 kg，体积庞大，花纹精巧，造型精美。湖北江陵楚墓中发现的越王勾践青铜宝剑，虽在地下埋藏了 2000 多年，但依然刃口锋利，寒光闪闪，可以一次割透叠在一起的十多层纸张。西汉时期曾大量使用的"透光"铜镜，被西方人称为"中国魔镜"，就是我国古代工匠们巧妙地利用了因铸件壁厚不同形成的铸造应力及变形的原理而制成的。现存北京大钟寺内的明朝永乐年间铸造的大铜钟，重 46.5 t，钟身内外遍铸经文 20 余万字，是世界上铸字最多的大钟，其钟声浑厚悦耳，远传百里。

2. 材料成形加工在国民经济中的地位

材料成形加工在工业生产的各个部门和行业都有应用，对于制造业来说更是具有举足轻重的作用。制造业是指所有生产和装配制成品的企业群体的总称，包括机械制造、运输工具制造、电气设备、仪器仪表、食品工业、服装、家具、化工、建材、冶金等，它在整个国民经济中占有很大的比重。统计资料显示，在我国，近年来制造业占国民生产总值 GDP 的比例已超过 35%。因此，作为制造业的一项基础和主要的生产技术，材料成形加工在国民经济中占有十分重要的地位，并且在一定程度上代表着一个国家的工业和科技发展水平。

通过下面列举的数据和事例，可以帮助我们真切、具体地了解材料成形加工对制造业和国民经济的影响。

据统计，占全世界总产量将近一半的钢材是通过焊接制成件或产品后投入使用的。在机床和通用机械中，铸件质量占 70%～80%；在农业机械中，铸件质量占 40%～70%；在汽车中，铸件质量约占 20%，锻件质量约占 70%；飞机上的锻件质量约占 85%；在发电设备中，主要零件如主轴、叶轮、转子等均为锻件制成；在家用电器和通信产品中，60%～80% 的零部件是冲压件和塑料成形件。

再从我们熟悉的交通工具——轿车的构成来看，发动机中的缸体、缸盖、活塞等一般都是铸造而成的，连杆、传动轴、车轮轴等是锻造而成的，车身、车门、车架、油箱等是经冲压和焊接制成的，车内饰件、仪表盘、车灯罩、保险杠等是塑料成形制件，轮胎等是橡胶成形制品。因此，可以毫不夸张地说，没有先进的材料成形工艺，就没有现代制造业。

新中国成立以后，我国的材料成形技术重新走上了振兴之路，特别是改革开放以来，更是取得了巨大的成就，为促进国民经济发展和改善人民的物质文化生活发挥了积极的作用。一大批以材料成形技术为重要支撑的行业和企业已经成长壮大，自从 20 世纪 50 年代中期第一辆自行生产的解放牌汽车诞生以来，我国现已基本建成了较完备的汽车工业生产体系，并已成为世界第四大汽车生产国；我国自力更生发展起来的航空制造业已初具规模，可以生产较先进的各种用途的军用飞机和中型民用飞机；我国的船舶制造业跻身于世界前列，已能够建造 15 万级的超大型船只。我国是世界上少数的几个拥有运载火箭、人造卫星和载人飞船发射实力的国家，这些航天飞行器的建造离不开先进的成形工艺，其中，火箭和飞船的壳体都是采用了高强轻质的材料，通过先进的特种焊接和黏结技术制造的。

重型机械的制造能力是反映一个国家的成形技术水平的重要标志，我国已成功地生产出了世界上最大的轧钢机机架铸钢件（质量为 410 t）和长江三峡电站巨型水轮机的特大型铸件，锻造了 196 t 汽轮机转子，采用铸-焊组合方法制造了 12 000 t 水压机的立柱（高 18 m）、底座和横梁等大型零部件。

坐落在香港大屿山和无锡太湖边的天坛大佛和灵山大佛塑像，分别高 26.4 m 和 88 m，均是采用青铜分块铸造后拼焊装配而成的。这两座巨型佛像一坐一立，体态雄健庄重，充分体现了成形工艺与人文艺术的完美结合，对于弘扬我国的传统文化和促进当地的旅游业起到了很大的作用。

进入 21 世纪以后，随着我国改革开放步伐和世界经济一体化进程的加快，我国已成为全球制造业的中心之一。通过技术引进和技术创新，使我国的材料成形技术水平达到了新的高度。我国制造业生产的产品在质量、品种和产量上都比过去有了大幅度的提高，其中一些重要的产品（如彩色电视机、手机、洗衣机等）的产量已居世界第一，不仅极大地丰富和满足了国内市场的需求，而且以强大的竞争力不断扩展其在国际市场上的占有率，成为中国经济充满活力、蒸蒸日上的具体体现。

当然，也要清醒地看到，我国与发达国家相比在材料成形技术水平上还存在差距，尤其是在技术创新能力和企业核心竞争力方面的差距还很大，要赶超世界先进水平还需要做出不懈的努力。

3. "工程材料及成形技术基础"课程的内容

机械制造是将原材料制造成机械零件，再由零件装配成机器的过程。其中，机械零件制造在整个机械制造的过程中占据了很大的比重，而成形加工又是机械零件制造的主要工作。但是，随着科学和生产技术的发展，机械制造所用的材料已扩展到包括金属、非金属和复合材料在内的各种工程材料，因此机械产品的成形加工也就不再局限于传统意义上的金属加工的范畴，而是将非金属和复合材料等的成形加工也包含进来。

金属材料的成形方法一般有铸造、塑性成形、焊接、黏结和切削成形(包括机械加工、钳加工和现代加工)等常用方法，而非金属和复合材料则另有各自的特殊成形方法。在使用铸造、塑性成形和焊接的方法进行零件成形时，常常需要将材料加热到较高的温度(大于金属的再结晶温度)，所以这几种加工方法习惯上被称为热加工法；而机械加工，尤其是切削一般在常温或低于金属的再结晶温度下进行，因此习惯上被称为冷加工。

机械加工的优点是可使零件获得很高的尺寸精度和很小的表面粗糙度值，但一般来说，由于大多数的机械零件与原材料之间在形状和尺寸上相差较大，如果完全依靠机械加工来制造零件，则材料和加工时间的耗费往往很大，显然这在多数情况下(尤其是大批量生产)是不经济的。而采用热加工工艺来制造零件时，由于在成形过程中较少或没有材料的损耗，故能以较高的生产率制造出与零件相近的制品，但传统热加工工艺的制造精度一般不如机械加工的。因此，在机械制造过程中，一般是先用热加工的方法制造出零件的毛坯，再用机械加工的方法进一步改变毛坯的形态，使其最终被加工成合格零件。其间，为了改善材料的加工性能和使用性能，通常还需对工件进行有关的热处理。近年来，热加工工艺中的精密成形技术不断产生和发展，使其所生产的毛坯的形状、尺寸和表面质量更接近零件的要求。采用精密铸造、精密塑性成形、精密焊接等方法已能够取代部分零件的切削，从而直接获得成品零件。

由于金属材料在机械制造领域中仍然占有主导地位，而且金属的铸造、塑性成形、焊接及切削成形等传统的常规成形工艺至今仍是量大面广、经济适用的技术，因此它们是本书论述的重点内容，同时介绍黏结、粉末冶金和非金属材料及复合材料的成形工艺的基本知识。

4. "工程材料及成形技术基础"课程的学习要求与学习方法

"工程材料及成形技术基础"课程是机械类和材料类专业的主干课程之一，也是部分近机电类专业通常开设的一门课程。学生在完成本课程的学习之后，应达到以下基本要求：

(1) 建立工程材料和材料成形工艺与现代机械制造的完整概念，培养良好的工程意识。

(2) 掌握金属材料的成分、组织、性能之间的关系，强化金属材料的基本途径，钢的热处理原理及方法，常用金属材料、非金属材料和复合材料的性质、特点、用途和选用原则。

(3) 掌握各种成形方法的基本原理、工艺特点和应用场合，了解常用成形设备的结构和用途，具有进行材料成形工艺分析和合理选择毛坯(或零件)成形方法的初步能力。

(4) 具有综合运用工艺知识，分析零件结构工艺性的初步能力。

(5) 了解与材料成形技术有关的新材料、新工艺及其发展趋势。

本课程是一门体系较为庞杂、知识点多而分散的课程，因此在学习中要注意抓好课程的主线。对于每一类成形工艺而言，其内容基本上都是围绕着"工程材料—成形原理—成形方法及应用—成形工艺设计—成形件的结构工艺性"这样一条主线而展开的。

按照主线对知识点进行归纳整理，这样做将有利于在学习中保持清晰的思路，有利于对本课程内容的总体把握。在抓好主线的同时，还要注意比较不同的成形工艺的特点，建立相关知识点之间的联系，这将有利于在学习中保持开阔的思路，有利于使所学的知识融会贯通，在分析和解决问题的时候，就能够做到触类旁通，举一反三。

本课程是一门有着丰富的工程应用背景的课程，因此在学习中要十分重视对工程素质的培养。要了解工艺问题的综合性和灵活性，学会全面、辩证看问题的方法。要注意结合金工实习的实践经历和平时日常生活中接触到的机械产品的实例，加深对所学内容的理解。本课程中所涉及的知识，在以后的专业课程学习、课程设计和毕业设计中都会一再用到，应充分利用这些机会来对其反复练习，扎实掌握，巩固提高，真正做到以用促学，学以致用。

第 一 篇

工 程 材 料

第1章　工程材料的分类与性能

1.1　工程材料的分类

"材料"是早已存在的名词,它不仅是人类进化的标志,还是社会现代化的物质基础与先导。材料、信息与能源被称为现代文明的三大支柱。20 世纪 80 年代人们又把新型材料、生物工程和信息作为产业革命的重要标志。材料,尤其是新型材料的研究、开发与应用反映着一个国家的科学技术与工业水平,它关系着国家的综合国力与安全,因此无论是发达国家还是发展中国家,无不把材料放在重要位置。

工程材料是构成机械的物质基础,它是指在机械、化工、车辆、船舶、仪表、建筑、航空航天等工程领域中用于制造工程构件和机械零件的材料。目前,用于机械制造的材料有上千种,常用的也有上百种,并且还有许多新的材料在不断地被创造出来。大多数工程材料中往往存在着以一种键为主的几种键组成的混合键,其中金属材料以金属键为主,陶瓷材料以离子键为主,高分子材料以共价键为主。一般按照材料的组成及结合键的特点,可以将工程材料分为金属材料、陶瓷材料、高分子材料和复合材料四大类。

金属材料具有良好的导电性、导热性、延展性和金属光泽,是应用面最广、用量最大、承载能力最高的工程材料。金属材料可以分为黑色金属和有色金属两类。黑色金属主要是指铁和以铁为基的合金,即钢铁材料,其世界年产量已超过 10 亿吨,在机械产品中的用量占整个用材的 60% 以上。黑色金属以外的所有金属及其合金都统称为有色金属。有色金属的种类比较繁多,根据其性能和特点的不同可以细分为轻金属、易熔金属、难熔金属、贵重金属、稀土金属和碱土金属。有色金属中的轻合金,在航空工业中有着特别重要的作用。

陶瓷材料是指硅酸盐、金属同非金属元素的化合物,其性能特点是熔点高,硬度高,耐腐蚀,脆性大。工业上用的陶瓷主要分为三类:

(1) 普通陶瓷:又称为传统陶瓷,是以黏土、石英、长石等天然材料为原料的陶瓷,主要用作建筑材料。

(2) 金属陶瓷:是由金属粉末与陶瓷粉末烧结的材料,主要用作模具和工具。

(3) 特种陶瓷:又称为精细陶瓷,是由人工氧化物、碳化物、氮化物和硅化物等烧结的材料,主要用作工程上的耐热、耐蚀、耐磨零件。

高分子材料是由许多相对分子质量很大的大分子组成的,作为结构材料,它具有塑性、耐蚀性、电绝缘性、减震性及密度小等优点。根据性能和使用状态,可以将工程应用上的高分子材料分为工程塑料、橡胶和合成纤维。高分子材料广泛应用于机械、电气、纺织、车辆、飞机、轮船等制造业和化学、交通运输、航空航天等工业中。

复合材料是把两种或两种以上不同性质或不同结构的材料以微观或宏观的形式组合在

一起而形成的材料。通常,通过这种组合以求达到进一步提高材料综合性能的目的,其性能是组成它的任何单一材料所不具备的。例如,玻璃钢是由玻璃纤维布和热固性高分子材料复合而成的,而玻璃钢的性能,既不同于玻璃纤维布,也不同于组成它的热固性高分子材料。目前,工程上使用的工程材料主要包括金属基复合材料和非金属基复合材料。这两类材料在建筑、机械制造、交通和国防等领域,有着日益发展的广大前景。如现代航空发动机燃烧室中耐热最高的材料,就是粉末冶金法制备的氧化物粒子弥散强化的镍基复合材料。很多高级游艇、赛艇及体育器械等是由碳纤维复合材料制成的,具有质量轻、弹性好、强度高等优点。

1.2 材料的力学性能

材料的性能是一种参量,用于表征材料在给定外界条件下的行为。材料的性能只有在外界条件下才能表现出来。外界条件是指温度、载荷、电场、磁场、化学介质等。例如,用表征材料在外力作用下拉伸行为的载荷-位移曲线或应力-应变曲线,采用屈服、颈缩、断裂等行为判据,便分别有屈服强度、抗拉强度等力学性能。又如,用表征材料在外磁场作用下磁化及退磁行为的磁滞回线,采用不同的行为判据,便分别有矫顽力、剩余磁感、储藏的磁能等性能。

材料的性能可以分为两大类:简单性能和复杂性能。简单性能包括材料的物理性能、力学性能和化学性能;复杂性能包括复合性能、工艺性能和使用性能等。材料性能分类如表 1-1 所示。

表 1-1 材料性能分类

材料性能	简单性能	物理性能	热学性能,声学性能,光学性能,电学性能,磁学性能,辐射性能
		力学性能	强度,硬度,塑性,韧性
		化学性能	抗氧化性能,耐腐蚀性能,抗渗入性能
	复杂性能	复合性能:简单性能的组合,如高温疲劳强度	
		工艺性能:铸造性、可焊性、切削性等	
		使用性能:耐磨性、抗弹穿入性、刀刃锋利性等	

本小节主要介绍材料的力学性能,主要是指材料在外加载荷作用下表现出的行为,如变形、断裂等。当材料受力时,产生的几何形状和尺寸的变化称为变形。在外力不大时,外力去除后变形随之消失,这种变形称为弹性变形;如果外力增大,材料产生了外力撤除后仍不能恢复的永久性变形,则称为塑性变形或永久变形。

在制造结构件时,除在一些特殊的条件(如高温、高压、腐蚀气氛及要求导电、导磁)下服役外,力学性能是合理选择材料,确定适当的加工工艺,正确进行工程设计,确保构件使用安全的重要依据。

1.2.1 强度和塑性

1. 工程应力-应变曲线

GB/T 228.1—2010《金属材料 拉伸试验 第1部分:室温试验方法》规定了金属材料

拉伸试验方法的原理、定义、符号、说明、试样及其尺寸测量、试验设备、试验要求、性能测定、测定结果数据修约和试验报告等。

试验过程为：试样制备（如图 1-1 所示），在拉伸试验机上加载，试样在载荷作用下发生弹性变形、塑性变形直至断裂。在拉伸过程中，试验机自动记录每一个固定时间点的载荷和伸长量之间的关系，并绘制出应力-应变曲线。由计算机控制的具有数据采集系统的试验机可直接获得强度和塑性的试验数据。

图 1-2 所示为退火低碳钢单向静载拉伸应力-应变曲线。图中，OB 段为弹性变形阶段，BDC 段为屈服变形阶段，CE 段为均匀塑性变形阶段，E 点为试样屈服后所能承受的最大受力点，EF 段为颈缩阶段。该应力-应变曲线可直接反映出材料强度与塑性的性能好坏。

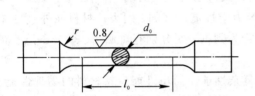

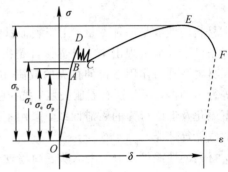

图 1-1　圆形横截面拉伸试样示意图　　图 1-2　退火低碳钢单向静载拉伸应力-应变曲线

当应力低于 σ_e 时，应力与应变呈正比，$\sigma = E\varepsilon$，其中，E 为弹性模量，表示材料的刚性；ε 为应变。此时应力去除后，变形完全消失，这种变形为弹性变形。在弹性变形中，原子离开平衡位置，但并没有达到新的平衡位置，因此外力去除后，原子就回到其原始位置并使变形消失。σ_e 称为弹性极限。

当应力超过 σ_e 时，材料发生塑性变形，在应力去除后，变形只能部分恢复，而保留部分永久变形。在塑性变形过程中，原子离开其原始位置，产生永久位移并达到新的平衡位置。

当应力达到 σ_s 时，材料会产生明显的塑性变形抗力，σ_s 称为材料的屈服强度或屈服极限。它是材料开始发生塑性变形的最小应力。对于没有明显屈服的材料，工程上规定以产生 0.2% 残余变形的应力作为屈服极限，以 $\sigma_{0.2}$ 表示。在 GB/T 228—2002 中，屈服强度分为上屈服强度（R_{eH}）和下屈服强度（R_{eL}）。上屈服强度，是指试样发生屈服而应力首次下降前的最高应力；下屈服强度，是指在屈服期间不计初始瞬时效应时的最低应力。

在外力超过 σ_s（$\sigma_{0.2}$）后，试样发生明显而均匀的塑性变形，欲使试样的应变增大，必须提高外加应力。这种随塑性变形的增大，塑性变形抗力不断增大的现象称为加工硬化或应变硬化。在应力达到 σ_b 时，试样的均匀变形结束，σ_b 称为材料的抗拉强度。它是材料极限承载能力的标志。几种常用工程材料的抗拉强度如表 1-2 所示。

当应力达到 σ_b 后，试样开始发生不均匀塑性变形，并形成颈缩现象，因试样截面积急剧下降而导致载荷降低超过强化作用，故应力开始下降，最后达到 F 点，试样发生断裂。试样在 F 点所对应的应力 σ_K 称为材料的条件断裂强度。

屈服强度、抗拉强度是在选择金属材料及机械零件强度设计时的重要依据。

表 1 - 2　几种常用工程材料的抗拉强度

材　料	抗拉强度/MPa	材　料	抗拉强度/MPa
铝合金	100～600	马氏体不锈钢	450～1300
铜合金	200～1300	聚乙烯	8～16
灰铸铁	150～400	尼龙 6	70～90
中碳钢	350～500	聚氯乙烯	52～58
铁素体不锈钢	500～600	聚苯乙烯	35～60

塑性,是指断裂前金属发生塑性变形的能力。金属材料常用的塑性指标为断后伸长率(δ_K)和断面收缩率(ψ)。

断后伸长率是指断后试样标距长度的相对伸长值,用标距的绝对伸长与试样原标距(在 GB/T 228 — 2002 中,用 A 表示断后伸长率)比值表示:

$$\delta_K = \frac{l_K - l_0}{l_0} \times 100\% \tag{1-1}$$

式中:δ_K 为断后伸长率;l_K 为试样断裂后的标距长度;l_0 为试样原始标距长度。

材料的伸长率与原始标距长度有关,不同比例的试样所得到的拉伸率不可相比较。

断面收缩率 ψ(在 GB/T 228 — 2002 中,用 Z 表示断面收缩率)是指断裂后试样截面的相对收缩值,用公式表示为

$$\psi = \frac{F_0 - F_K}{F_0} \times 100\% \tag{1-2}$$

式中:ψ 为断面收缩率;F_K 为试样断裂后颈缩处的最小截面尺寸;F_0 为试样原始横截面积。

断面收缩率 ψ 与试样尺寸无关。

塑性指标通常不能直接用于构件设计。而对于静载下工作的构件都要求材料具有一定的塑性,以防止构件偶然过载时的突然破坏。因此也认为塑件是构件的安全储备。

对于陶瓷等脆性材料,通常进行压缩和弯曲试验,以测定其强度和塑性。

图 1 - 3 所示为几种常见的拉伸曲线形式示意图。

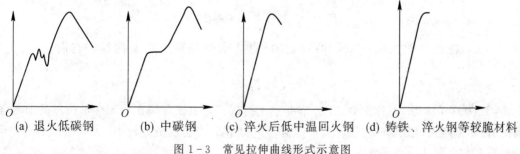

| (a) 退火低碳钢　　　(b) 中碳钢　　　(c) 淬火后低中温回火钢　(d) 铸铁、淬火钢等较脆材料

图 1 - 3　常见拉伸曲线形式示意图

退火低碳钢的拉伸曲线如图 1 - 3(a)所示,它有锯齿状的屈服阶段,分上、下屈服,均匀塑性变形后产生颈缩,然后试样断裂。

中碳钢的拉伸曲线如图 1 - 3(b)所示,它有屈服阶段,但波动微小,几乎成一条直线,

均匀塑性变形后产生颈缩，然后试样断裂。

淬火后低中温回火钢的拉伸曲线如图 1-3(c) 所示，它无可见的屈服阶段，试样产生均匀塑性变形并颈缩后产生断裂。

铸铁、淬火钢等较脆材料在室温下的拉伸曲线如图 1-3(d) 所示，它不仅无屈服阶段，而且在产生少量均匀塑性变形后就突然断裂。

2. 真应力-真应变曲线

实际上，在拉伸过程中，试样的尺寸不断变化，试样所受的真实应力应是瞬时载荷 P 与瞬时截面积 F 的比值，即

$$S = \frac{P}{F} \times 100\% \qquad (1-3)$$

式中：S 为真实应力；P 为瞬时载荷；F 为瞬时截面积。

同样，真应变 e 应为瞬时伸长量除以瞬时长度，即

$$de = \frac{dl}{l} \times 100\% \qquad (1-4)$$

式中：de 为瞬时应变；dl 为瞬时伸长量；l 为瞬时长度。

总应变为

$$e = \int de = \int_{l_0}^{l} \frac{dl}{l} = \ln \frac{l}{l_0} = \ln(l+\delta) \qquad (1-5)$$

真应力-真应变曲线如图 1-4 所示，它与工程应力-应变曲线的区别是：试样产生颈缩后，尽管外加载荷已下降，但真应力仍在升高，一直到 S_K，试样断裂，S_K 是材料的断裂强度。

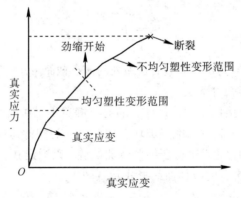

图 1-4　真应力-真应变曲线

一般，把均匀塑性变形阶段的真应力-真应变曲线称为流变曲线。它们之间的关系如下：

$$S = k e^n \qquad (1-6)$$

式中：S 为真实应力；k 为常数；n 为形变强化指数。它表征金属在均匀变形阶段的形变强化能力。n 值越大，变形时的强化效果越显著。密排六方金属的 n 较小，而体心立方，尤其是面心立方金属的 n 值最大。

1.2.2　硬度

硬度是衡量材料软硬程度的一种性能指标。硬度是表征材料的弹性、塑性、形变强

化、强度和韧性等一系列不同物理量组合的一种综合性能指标，而不是一个单纯的物理量。一般认为，硬度是表示材料表面抵抗局部压入变形或刻划破裂的能力。

硬度试验一般仅在材料表面局部体积内产生很小的压痕，可以在构件上直接进行测试，而无须专门制作试样。硬度试验也比较容易检测材料表面层的质量、表面淬火和化学热处理后的表面性能等。

由于硬度试验设备简单，操作方便、迅速，同时又能敏感地反映材料的化学成分和组织结构的差异，因而被广泛应用于检测各类材料的性能、热加工工艺质量或研究组织结构的变化。常用的有布氏硬度、洛氏硬度和维氏硬度等试验方法。

1. 布氏硬度(HB)

按 GB/T231.1—2009《金属材料 布氏硬度试验 第1部分：试验方法》的规定，布氏硬度的测定原理如图 1-5 所示。用已固定直径（D）的硬质合金球或淬硬钢球，在恒定载荷（P）的加载下压入待测试样表面并保持一定时间后卸除载荷，用刻度放大镜测量被测试试样表面形成的压痕直径（d），用载荷与压痕球形表面积的比值作为布氏硬度值。布氏硬度值用 HBW（硬质合金球压头）或 HBS（淬硬钢球压头）表示，即

$$HBS(或 HBW) = \frac{P}{F} = \frac{P}{\pi Dh} = \frac{2P}{\pi D(D - \sqrt{D^2 - d^2})} \tag{1-7}$$

式中：HBW（或 HBS）为布氏硬度值；P 为施加的恒定载荷；F 为试样表面的压痕面积；D 为硬质合金球或淬硬钢球直径；d 为压痕直径。

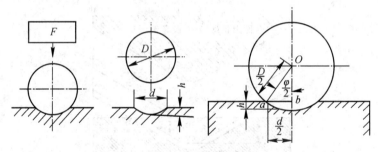

图 1-5 布氏硬度的测定原理示意图

在实际应用中，布氏硬度习惯上不标注单位，可根据读数显微镜测出压痕直径 d 的大小，通过查询布氏硬度表得出布氏硬度值。

布氏硬度值的标注，除了采用压头直径 D 为 10 mm、载荷 P 为 29.43 kN(3000 kg·f)、保荷时间为 10 s 的条件下测得的布氏硬度值不标注试验条件外，其他条件下的布氏硬度值都应在布氏硬度符号 HBW 或 HBS 后面依次注明球体直径、载荷大小和保荷时间。例如，350HBS5/750/20 表示用 5 mm 的淬硬钢球压头，在 7.355 kN 载荷作用下保持 20 s 测得的布氏硬度值为 350。

布氏硬度试验按照 GB231—84 规定执行，根据被测材料的性质和厚薄，选用不同的压头直径、载荷的大小以及保荷时间，如表 1-3 所示。

布氏硬度法测试值稳定、准确，但耗时，且压痕较大，不宜测试薄件或成品件，常用于测试有色金属，以及调质和正火、退火态的黑色金属。

表 1-3　不同材料布氏硬度的试验条件

材　　料	硬度 HBS	试样厚度/mm	P/D^2	D/mm	P/N(kg·f)	载荷保持时间/s
钢铁材料	140~450	6~3	30	10	29400(3000)	10
		4~2		5	7350(750)	
		<2		2.5	1837.5(187.5)	
	<140	>6	10	10	9800(1000)	10
		6~3		5	2450(250)	
		<3		2.5	612.5(62.5)	
铜合金及镁合金	36~130	>6	10	10	9800(1000)	30
		6~3		5	2450(250)	
		<3		2.5	612.5(62.5)	
铝合金及轴承合金	8~35	>6	2.5	10	2450(250)	60
		6~3		5	612.5(62.5)	
		<3		2.5	152.88(15.6)	

2. 洛氏硬度(HR)

洛氏硬度测试原理图如图 1-6 所示。将 120° 的金刚石圆锥，或直径为 1.588 mm 的小淬火钢球，或硬质合金球压入试样表面，根据压痕深度(h)可确定其洛氏硬度值。

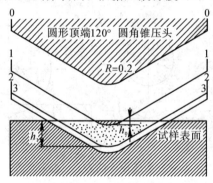

图 1-6　洛氏硬度的测定原理示意图

按 GB230—91 的规定，压头每压入 0.002 mm 深度作为一个硬度单位，这样，洛氏硬度可由下式计算得出：

$$HR = C - \frac{h}{0.002} \qquad (1-8)$$

式中：HR 为洛氏硬度值；C 为常数；h 为压痕深度。

为了在同一台硬度计上测定不同硬度或厚度的试样，用不同的压头和试验力组合成不同的洛氏硬度标尺。根据 GB/T 230—2004 规定，目前共有 A、B、C、D、E、F、G、H、K 等 9 种标尺共选择，常用的有 HRA、HRB 和 HRC 三种。HRA 是采用 60 kg 载荷和钻石锥压入器求得的硬度，用于硬度很高的材料；HRB 是采用 100 kg 载荷和直径为 1.58mm 的淬硬钢球求得的硬度，用于硬度较低的材料；HRC 是采用 150 kg 载荷和钻石锥压入器求得的硬度，用于硬度较高的材料。其试验规范如表 1-4 所示。

表 1 – 4　常用洛氏硬度试验的标尺、试验规范及应用

标尺	硬度符号	压头类型	初试验力 F_0/N	主试验力 F_1/N	总试验力 F/N	测量硬度范围	应用举例
A	HRA	金刚石圆锥	98.07	490.3	588.4	20～88	硬质合金，硬化薄钢板，表面薄层硬化钢
B	HRB	直径为 1.5875 mm 的淬硬球	98.07	882.6	980.7	20～100	低碳钢，铜合金，铁素体可锻铸铁
C	HRC	金刚石圆锥	98.07	1373	1470	20～70	淬火钢，高硬度铸件，珠光体可锻铸铁

　　A、B 和 C 标尺洛氏硬度用硬度值、符号 HR 和使用的标尺字母表示，如 80HRA 表示用 A 标尺测试的洛氏硬度值为 80。使用钢球压头的标尺在硬度符号后加"S"，使用硬质合金球压头的标尺在硬度符号后加"W"。如 75HRBW 表示用硬质合金球压头在 B 标尺上测试的洛氏硬度值为 75。

　　洛氏硬度的优点是操作简便、迅速；压痕小，可对工件直接进行检验；采用不同标尺，可测定各种软硬不同和薄厚不一试样的硬度。但洛氏硬度的压痕较小，代表性差，尤其是材料中的偏析及组织不均匀等情况，使所测洛氏硬度值的重复性差、分散度大。因此一般试样需要测试三个点以上的洛氏硬度值，然后取其平均值。

3. 维氏硬度(HV)

　　测定维氏硬度的原理基本上和上述两种硬度的测量方法类似，维氏硬度的测定原理示意图如图 1 - 7 所示，其区别在于维氏硬度是以 49.03～980.7 N 的负荷，将相对面夹角为 136°的方锥形金刚石压入器压材料表面，保持规定时间后，用测量压痕对角线长度，再按以下公式来计算维氏硬度的大小：

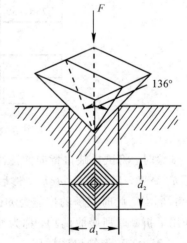

图 1 - 7　维氏硬度的测定原理示意图

$$HV = 0.102 \times \frac{F}{S} = 0.102 \times \frac{2F\sin\frac{\alpha}{2}}{d^2} \quad (1-9)$$

式中：HV 为维氏硬度值；F 为载荷；S 为压痕表面积；α 为压头相对面夹角，136°；d 为平均压痕对角线长度。

　　维氏硬度值不需计算，一般是根据压痕对角线长度平均值查 GB 4340 — 84 附表得出的。维氏硬度习惯上不标注单位，其表示方法为：在符号 HV 前面写出硬度值，HV 后面依次用相应数字注明试验力和保持时间(10～15 s 不标注)。例如 640HV30/20，表示在 30 kg·F(294.2N)试验力作用下，保持 20 s 测得的维氏硬度值为 640。

　　维氏硬度试验法所用试验力小，压痕深度浅，轮廓清晰，数字准确、可靠，故广泛用于测量金属镀层、薄片材料和化学热处理后的表面硬度。又因其试验力可在很大范围内(49.03～980.7 N)选择，所以可测量从很软到很硬的材料。但维氏硬度试验不如洛氏硬度试验简便、迅速，不适于成批生产的常规试验。

应当指出,各硬度试验法测得的硬度值不能直接进行比较,必须通过硬度换算表换算成同一种类的硬度值后,方可比较其大小。

1.2.3 韧性

在生产实践中,许多机械零件和工具均会处于冲击载荷下工作,如锻锤锤杆、冲床冲头、飞机起落架、汽车齿轮等。由于冲击载荷的加载速度大,作用时间短,机件常常因局部载荷而产生变形和断裂,因此,对于承受冲击载荷的机件,仅具有高强度是不够的,还必须具备足够的抵抗冲击载荷的能力。

金属材料在冲击载荷下抵抗破坏的能力称为冲击韧度。冲击韧度一般是以在冲击力作用下材料破坏时单位面积所吸收的能量来表示的,它表示了金属材料抗冲击的能力。韧性的判据是通过冲击试验确定的。

常用的方法是摆锤式一次冲击试验法,该法是在专用的摆锤试验机上进行的。按 GB/T229—1994《金属夏比(U 形或 V 形缺口)冲击试验法》规定,将被测材料制成标准冲击试样,如图 1-8 所示。

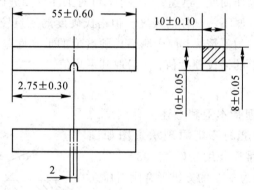

图 1-8 夏比 U 形缺口试样示意图

试验时,将试样缺口背向摆锤冲击方向放在试验机支座上(如图 1-9(a)所示);摆锤举至 h_1 高度,具有位能 mgh_1,然后使摆锤自由落下,冲断试样后,摆锤升至高度 h_2(如图 1-9b 所示),此时摆锤的位能为 mgh_2。摆锤冲断试样所消耗的能量,即试样在冲击力一次作用下折断时所吸收的功,称为冲击吸收功。冲击吸收动用符号 A_K 表示(U 形缺口试样用 A_{KU} 表示,V 形缺口试样用 A_{KV} 表示),其计算式为

$$A_K = mgh_1 - mgh_2 = mg(h_1 - h_2) \tag{1-10}$$

式中:A_K 为冲击吸收功;m 为摆锤重量;g 为重力加速度;h_1 为摆锤初始高度;h_2 为摆锤降落度。

A_K 值不需计算,可由冲击试验机刻度盘上直接读出。冲击试样缺口底部单位横截面积上的冲击吸收功,称为冲击韧度。冲击韧度用符号 a_K 表示,单位为 J/cm^2,其计算式为

$$a_K = \frac{A_K}{A} \tag{1-11}$$

式中:a_K 为冲击韧度;A 为试样缺口底部横截面积。

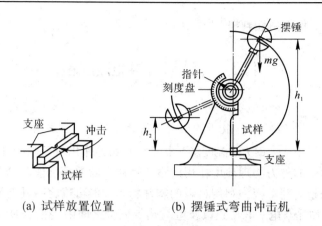

(a) 试样放置位置　　　　(b) 摆锤式弯曲冲击机

图 1-9　摆锤式冲击试验原理示意图

一次摆锤式弯曲冲击试验不仅能测定材料冲击韧度，还有如下应用：

(1) 判断材料的断裂性质。金属材料的断裂分为脆性断裂和韧性断裂两种。脆性断裂时，其断口没有明显的塑性变形，断口的外表轮廓较平齐，断面有金属光泽，呈晶状或瓷状。韧性断裂时，其断口有明显的塑性变形，断口的外表轮廓有厚的突出边缘，断口呈暗灰的纤维状。实际上，冲击断口往往是以上两种情况的混合，只是由于材料的不同而有所侧重罢了。

(2) 评定材料的冷脆倾向。有些材料在室温 20℃左右试验时并不显示脆性，而在较低温度下则可能发生脆断，这一现象称为冷脆。为了测定金属材料开始发生冷脆现象的温度，可在不同温度下进行一系列冲击试验。图 1-10 所示为某种材料冲击韧度-温度曲线示意图。由图中可以看出，冲击韧度随温度的降低而减小，在某一温度范围，冲击韧度显著降低而呈现脆性，这个温度范围就是冷脆转变温度范围。冷脆转变温度越低，材料的低温抗冲击性能越好。

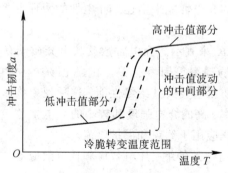

图 1-10　温度对冲击吸收功的影响

(3) 为改进生产工艺、控制产品质量提供有益的依据。冲击试验在检验金属材料内部组织缺陷如粗晶、夹渣、气泡、微裂纹等，以及鉴定热加工工艺规范的正确性方面，比其他试验方法敏感，试验过程也比较简单。

应当指出，冲击试验时，冲击吸收功中只有一部分消耗在断开试样缺口的截面上，冲击吸收功的其余部分则消耗在冲断试样前，缺口附近体积内的塑性变形上。因此，冲击韧度不能真正代表材料的韧性，而用冲击吸收功 A_K 作为材料韧性的判据更为适宜。国家标

准现已规定采用 A_K 作为韧性判据。

1.3 材料的其他性能

1.3.1 物理性能

材料受到自然界中光、重力、温度场、电场和磁场等作用所反映的性能称为物理性能。物理性能是材料承受非外力物理环境作用的重要性质。随着高性能武器装备的发展，材料的物理性能也越来越受到重视。利用材料的特殊物理性能可以将一种性质的能量转换为另一种性质的能量，如光与电、电与磁以及电与热等能量之间的转换。具有此类性质的材料称为功能材料。功能材料已成为现代武器装备性能的决定因素之一。

材料的物理性能主要包括电、磁、光、热等性能。

1. 电学性能

材料的电学性能是指材料受电场作用而反映出来的各种物理性能。它主要包括导电性能和介电性能。

1）导电性能

材料的导电性一般用电阻率表征。通常，金属的电阻率随温度升高而增加，非金属材料则与此相反。金属一般具有良好的导电性。导电性与导热性一样，是随合金成分的复杂化而降低的，因而纯金属的导电性总比合金的要好。高分子材料都是绝缘体，但有的高分子复合材料也有良好的导电性。陶瓷材料虽然也是良好的绝缘体，但某些特殊成分的陶瓷却是有一定导电性的半导体。

2）介电性能

电介质或介电体在电场作用下，虽然没有电荷或电流的传输，但材料仍对电场表现出某些相应特性，可用材料的介电性能来描述。介电性的两种主要功能是作为绝缘体和电容极板间的介质。

介电性能用介电常数 K 来表示。介电常数反映电介质储存电荷的相对能力。介电常数与材料成分、温度和电场频率等因素有关。在强电场中，当电场强度超过某一临界值（称为介电强度)时，电介质就会丧失其绝缘性能，这种现象称为电击穿。电绝缘体必须是介电体，要具有高的电阻率、高的介电强度和较小的介电常数。普通高聚合物材料具有较高的耐电强度，因而被广泛应用于约束和保护电流。

介电体的其他性能还有电致伸缩、压电效应和铁电效应等。

3）超导现象

导体在温度下降到某一值时，电阻会突然消失，这一奇妙的现象叫做超导现象。超导现象是在 1911 年由荷兰物理学家昂尼斯首先发现的。电阻突然变为零时的温度称为临界温度。具有超导性的物质称为超导体。超导体在超导状态下电阻为零，可输送大电流而不发热、不损耗，具有高载流能力，并可长时间无损耗地储存大量的电能，能产生极强的磁场。

目前，发现具有超导电性的金属元素有钛、钒、锆、铌、钼、钽、钨、铼等，非过渡族元素有铋、铝、锡、镉等。但由于实现超导的温度太低，获得低温所消耗的电能远远超过超导所节省的电能，因而阻碍了超导技术的推广。为了实现超导体的大规模应用，关键是大幅度提高超导体的临界温度。

超导技术在军事上有广泛的应用前景。如超导电磁测量装备使极微弱的电磁信号都能被采集、处理和传递，实现高精度的测量和对比。采用超导量子干涉仪的磁异常探测系统，不但可探测敌方的地雷、潜艇，而且还能制成灵敏度极高的磁性水雷。超导材料具有高载流能力和零电阻的特点，可长时间无损耗地储存大量电能，需要时该储存能量可以连续释放出来。在此基础上可制成超导储能系统。超导储能系统容量大，体积却很小，可代替军车、坦克上笨重的油箱和内燃机。

2. 磁学性能

磁学性能是材料受磁场作用而反映出来的性能。磁性材料在电磁场的作用下，将会产生多种物理效应和信息转换功能。利用这些物理特性可制造出具有各种特殊用途的元器件，在电子、电力、信息、能源、交通、军事、海洋与空间技术中得到广泛的应用。

1）金属材料的磁学性能

金属材料中仅有三种金属（铁、钴、镍）及其合金具有显著的磁性，称为铁磁性材料。其他金属、陶瓷和高聚合物均不呈磁性。铁磁性材料很容易磁化，在不很强的磁场作用下，就可以得到很大的磁化强度。

2）无机非金属材料的磁学性能

磁性无机材料具有高电阻、低损耗的优点，在电子、自动控制、计算机和信息存储等方面应用广泛。磁性无机材料一般是含铁及其他元素的复合氧化物，通常称为铁氧体，属于半导体范畴。

3）高聚合物材料的磁学性能

大多数高聚合物材料为抗磁性材料。顺磁性仅存在于两类有机物中：一类是含有过渡族金属的有机物；另一类是含有属于定域态或较少离域的未成对电子（不饱和键、自由基等）的有机物。如由顺磁性离子和有机金属乳化物合成的顺磁聚合物，电荷转移聚合物一般也具有顺磁性。在 900～1100℃下热解聚丙烯腈具有中等饱和磁化强度的铁磁性。

3. 光学性能

光波是指波长在特定范围内的电磁波，因此，光和物质的相互作用取决于该物质电磁性质的基本参数，即电导率、介电常数和磁导率等。材料的光学特性涉及光的吸收、透射、反射和折射等问题，是现代功能材料设计与选用的重要特性之一。

武器装备中采用的隐身技术就是利用材料或结构外形来减少对雷达波的反射而实现的。如隐身飞机所使用的隐身材料主要有吸波复合材料和吸波涂料等。吸波材料的机理是使入射电磁波能量在分子水平上产生振荡，转化为热能，有效地衰减雷达回波强度。按吸收机理不同，吸波材料可分为吸收型、谐振型和衰减型三大类。

铁氧体磁性材料具有优异的微波磁性，在高频电磁场作用下能产生较大的电磁损失，对入射电磁波具有较好的吸收效果。它在隐身武器中用作吸波材料，不仅能吸收雷达波，也能吸收和耗散红外线。

现代的雷达吸波复合材料为多层结构，最外层为透波材料，中间层为电磁损耗层，最内层则由具有反射雷达波性能的材料构成。它在隐形飞机上已得到广泛应用。

4. 热学性能

材料的热学性能在现代装备制造中是非常重要的。先进航空发动机的涡轮前温度接近 1800℃；航天飞机在重返大气层时要能承受 1600℃ 或更高的温度。这就需要根据材料的热学性能进行选材。材料的热学性能主要包括导热性、热膨胀性和热容等。

1）导热性

表征材料热传导性能的指标有：导热系数（热导率）λ，单位为 $W/(m \cdot K)$；传热系数 k，单位为 $W/(m^2 \cdot K)$。金属中银和铜的导热性最好，其次为铝，而非金属（特别是塑料）的导热性差。纯金属的导热性比合金好。制造散热器、热交换器与活塞等的材料，其导热性要好。导热性对制定金属的加热工艺很重要，如合金钢导热比碳钢差，其加热速度就要慢一些。

2）热膨胀性

材料的热膨胀性通常用线膨胀系数表征。陶瓷的热膨胀系数最低，金属次之，高分子材料最高。对精密仪器或机器零件，热膨胀系数是一个非常重要的性能指标。在异种金属焊接中，常因材料的热膨胀性相差过大而使焊件变形或破坏。

3）热容

将 1 mol 材料的温度升高 1K 时所需要的热量叫做热容。单位质量的材料的温度升高 1 K 所需要的能量称为比热容。工程上通常使用比热容。金属热容实质上反映了金属中原子热振动能量状态改变时需要的热量。当金属加热时，金属吸收的热能主要为点阵所吸收，从而增加金属离子的振动能量；其次还为自由电子所吸收，从而增加自由电子的动能。因此，金属中离子热振动对热容作出了主要的贡献，而自由电子的运动对热容作出了次要的贡献。

5. 密度和熔点

1）密度

材料的密度是指每单位体积内的质量。一般将密度小于 5×10^3 kg/m^3 的金属称为轻金属；密度大于 5×10^3 kg/m^3 的金属称为重金属。抗拉强度 σ_b 与密度 ρ 之比称为比强度；弹性模量 E 与密度 ρ 之比称为比弹性模量。这两者也是考虑某些零件材料性能的重要指标。如密度大的材料将增加零件的重量，降低零件单位重量的强度，即降低比强度。一般航空、航天等领域都要求材料具有高的比强度和比弹性模量。

2）熔点

材料从固态转变为液态时所对应的温度称为该材料的熔点。金属都有固定的熔点，将熔点低于 700℃ 的金属称为易熔金属，如锡、铋、铅及其合金。某些低熔点合金（制作保险丝）的熔点可低于 150℃。熔点高于 700℃ 的金属称为难熔金属，如铁、钨、钼、钒及其合金。陶瓷的熔点一般都显著高于金属及合金的熔点，如碳化钽的熔点接近 4000℃。高分子材料一般不是完全晶体，没有固定的熔点，如对玻璃和高聚合物不测定熔点，通常只用其软化点来表示。

1.3.2 化学性能

化学性能是指材料在室温或高温时抵抗各种介质化学侵蚀的能力。通常将材料因化学侵蚀而损坏的现象称为腐蚀。非金属材料的耐腐蚀性远高于金属材料。金属的腐蚀既容易造成一些隐蔽性和突发性的严重事故,也损失了大量的金属材料。常见的材料与环境的作用有氧化和腐蚀等化学反应。将工程材料抵抗各种化学作用的能力称为化学性能。它主要包括抗氧化性与抗腐蚀性。

1. 抗氧化性

材料在高温下抵抗周围介质的氧与其作用而不被损坏的能力称为抗氧化性。金属材料在高温下与氧发生化学反应的程度比常温下剧烈,因此容易损坏金属。氧化物陶瓷与氧不起反应,氮化物、硼化物和碳化物陶瓷对氧一旦反应,其表面氧化物有自保护作用而阻止进一步氧化。改善和提高金属抗高温氧化的重要措施主要有在钢中加入某些合金元素或在金属和合金表面施加涂层。

2. 抗腐蚀性

金属和合金抵抗周围介质(如大气、水汽)及各种电解质侵蚀的能力叫做抗腐蚀性或耐蚀性。抗腐蚀性对机械的使用与维护有很大意义。各种与化学介质相接触的零件和容器都要考虑腐蚀问题。柴油机排气阀工作温度可达 $750\sim850℃$,经受着有腐蚀作用的燃气的冲刷,所以要用抗腐蚀性好的合金来制造。

在高温条件下,材料的抗腐蚀性也叫做抗氧化性。耐腐蚀性和抗氧化性统称化学稳定性。高温下的化学稳定性称为热稳定性。

1.3.3 工艺性能

工艺性能是指材料在成形或加工的过程中,对某种加工工艺的适应能力。它是决定材料能否进行加工或如何进行加工的重要因素。工艺性能包括铸造性能(材料易于成形并获得优质铸件的性能)、塑性加工性能(材料是否易于进行压力加工的性能)、焊接性能(材料是否易于焊接在一起并能保证焊缝质量的性能)、热处理性能(材料进行热处理的难易程度)及切削加工性能(材料在切削加工时的难易程度)等。材料工艺性能的好坏,会直接影响制造零件的工艺方法、质量及其制造成本。

1. 铸造性能

铸造性能是指材料用铸造方法获得优质铸件的性能。它取决于材料的流动性和收缩性。流动性好的材料,充填铸模的能力强,可获得完整而致密的铸件。收缩率小的材料,在铸造冷却后,铸件缩孔小,表面无空洞,也不会因收缩不均匀而引起开裂,尺寸比较稳定。

2. 塑性加工性能

塑性加工性能是指材料通过塑性加工(锻造、冲压、挤压、轧制等)将原材料(如各种型材)加工成优质零件(毛坯或成品)的性能。它取决于材料本身塑性的高低和变形抗力(抵抗变形能力)的大小。

3. 焊接性能

焊接性能是指两种相同或不同的材料,通过加热、加压或两者并用将其连接在一起所表现出来的性能。影响焊接性能的因素很多,导热性过高或过低、热膨胀系数大、塑性低或焊接时容易氧化的材料,其焊接性能一般较差。焊接性能差的材料焊接后,焊缝强度低,还可能会出现变形、开裂现象。选择特殊工艺不仅可以使金属与金属焊接,还可以使金属与陶瓷焊接,陶瓷与陶瓷焊接以及塑料与烧结材料焊接。

4. 热处理性能

热处理性能是指材料接受热处理的难易程度和产生热处理缺陷的倾向，可用淬透性、淬硬性、回火脆性、氧化脱碳倾向、变形开裂倾向等指标评价。

5. 切削加工性能

切削加工性能是指金属是否易于机械切削加工。切削性好的金属在切削时消耗的功率小，刀具寿命长，切屑易于折断脱落，切削后表面粗糙度低。灰铸铁有良好的切削性。对于碳钢，当其硬度适中时，也具有较好的切削性。

1.4 工程应用案例——工程材料在汽车制造中的应用

本节以汽车用材料为案例，简要介绍工程材料在汽车制造中的应用状况。

一部汽车的成功制造必然是多种材料的综合利用以及先进制造工艺的有效采用。随着世界汽车工业整体水平的快速提高，对于新材料的需求越来越强烈。

先进的制造技术使各种特殊材料和新材料成功地应用于汽车工业成为可能。如先进的粉末冶金技术、激光加工技术以及等离子、电子束加工技术使超硬材料的加工及异种材料的焊接成为可能，从而使一些新型材料成功地应用于汽车工业，提高汽车的整车综合性能变成了现实。美国汽车新材料的应用与发展状况如表 1-5 所示。

表 1-5 美国汽车用材的应用与发展状况

材 料	每辆车平均用量/kg				年增长率(%)	
	1970 年	1985 年	1990 年	1995 年	1970 年至 1985 年	1985 年至 1995 年
	1585	1375	1312	1270	-0.8	-0.9
高强度钢	24.1	89.1	132.1	166.4	5.9	11.3
不锈钢	5.7	13.2	13.9	14.3	1.0	7.3
铝	33	58.2	59.3	60.0	0.7	5.3
复合材料	—	4.1	16.6	27.6	21.8	48.0
先进复合材料	—	—	—	2	—	—
工程塑料	1.8	12.4	21.8	28.9	9.4	15.0
一般塑料	44.9	77.0	93.4	110.8	4.2	5.1
陶瓷			0.1	2.4	—	—
先进材料增长率	7	20	28	35		

汽车的主要结构可分为以下四部分：

（1）发动机：提供动力，由缸体、缸盖、活塞、连杆、曲轴、配气、燃料供给、润滑、冷却等系统组成。

（2）底盘：包括传动系（离合器、变速箱、后桥等）、行驶系（车架、车轮等）、转向系（方向盘、转向蜗杆等）和制动系（油泵或气泵、刹车片等）。

（3）车身：驾驶室、货箱等。

（4）电气设备：电源、启动、点火、照明、信号、控制等。

汽车结构示意简图如图 1-11 所示。

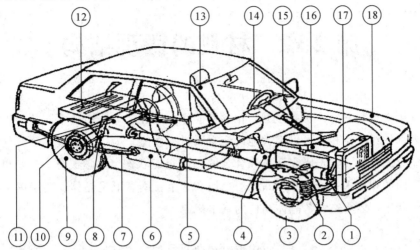

①—前桥；②—前悬架；③—前车轮；④—变整器；⑤—传动轴；⑥—消声器；
⑦—后悬架、钢板弹簧；⑧—减震器；⑨—后轮；⑩—制动器；⑪—后桥；⑫—油箱；
⑬—座桥；⑭—方向盘；⑮—转向器；⑯—发动机；⑰散热器；⑱—车身

图 1-11　汽车结构示意简图

习题与思考题 1

1-1　机械零件在工作条件下可能承受哪些负荷？这些负荷对零件产生什么作用？

1-2　整机性能、机械零件的性能和制造该零件所用材料的力学性能之间是什么关系？

1-3　常用机械工程材料按化学组成分为几大类？什么是结构材料、功能材料和复合材料？

1-4　σ_s、$\sigma_{0.2}$ 和 σ_b 的含义是什么？什么是比强度？什么是比刚度？

1-5　什么情况下产生疲劳断裂？什么是疲劳极限？

1-6　材料的冲击韧性是什么？怎样量度材料的冲击韧性？它与断裂韧性的异同点怎样？

1-7　金属材料有哪些加工工艺性能？灰铸铁和铸钢哪一个的铸造性能好？哪些金属和合金具有优良的可锻性？哪些金属和合金具有优良的可焊性能？

1-8　金属材料、陶瓷材料和高分子材料的主要特征是什么？

1-9　常用哪几种硬度试验？如何选用？硬度试验的优点是什么？

第 2 章　材料的微观结构

不同的金属材料具有不同的物理、化学性能和力学性能等。通过不同的加工方式改变金属材料内部的组织结构,可以极大地改变金属材料性能。为了便于改善金属材料的性能和开发新型金属材料,应先研究金属和合金的内部组织状态、化学成分、温度和加工处理工艺等因素间的相互关系。一般情况下,金属和合金在固态下是晶体。要了解金属和合金的内部组织状态,必须先了解晶体结构的基本规律。

2.1　纯金属的晶体结构

2.1.1　晶体学基本知识

1. 晶体与非晶体

固态物质按原子(或分子)的排列状态可分为晶体和非晶体两大类。在自然界中,绝大部分固态无机物都是晶体,如金属和合金制品、食盐、雪花和冰块等。常见的非晶体包括普通玻璃、松香等。晶体和非晶体的区分主要在于其内部的原子排列状态。晶体是指其原子(或分子)在三维空间呈周期性排列,即原子排列存在长程有序,这也是晶体和非晶体的本质区别。

晶体熔化时有固定的熔点,而非晶体在熔化过程中是逐渐过渡的,无固定熔点。晶体的性能(如导热性和强度等)在不同方向表现出差异性,即存在各向异性,而非晶体却为各向同性。在一定条件下,可将原子有序排列的晶体转变为无序排列的非晶体,转变的结构可使材料的性能发生极大的变化。

2. 空间点阵和晶胞

实际晶体中的原子在三维空间有无限多种排列方式。由于金属键无方向性,为了便于研究,可将原子看成是固定的刚性球,晶体就是由这些刚性(原子)球按一定的几何形状在空间堆垛而成,如图 2-1(a)所示。

为了便于研究,将 2-1(a)中的刚性球抽象为几何质点,称之为质点。采用假想的线将各质点连接起来,使每个质点的几何环境都相同,形成一个三维空间点阵,称之为晶格,如图 2-1(b)所示。

由于晶体中的原子呈周期性排列,故可在晶格中选取一个能反映晶格特征且最小的六面体几何单元来表示晶格中原子的排列规律,这个最小的几何单元称为晶胞,如图 2-1(c)所示。晶胞要具有以下几个特征:六面体能反映点阵的最高对称性;六面体的棱长和角相等的数目应最多;六面体中存在直角时,直角数应最多;晶胞应具有最小的体积。

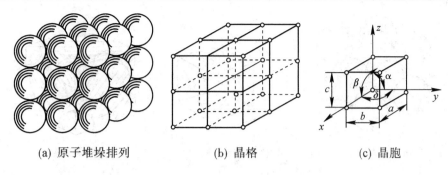

(a) 原子堆垛排列　　　　(b) 晶格　　　　(c) 晶胞

图 2-1　简单立方晶体结构的原子排列示意图

在研究晶胞时，常以晶胞的棱边长度 a、b、c 及棱边夹角 α、β、γ 来表示晶胞的几何形状及尺寸。晶胞的棱边长度一般称为晶格常数。当晶格常数 $a=b=c$，且夹角 $\alpha=\beta=\gamma$ 时，这种晶胞组成的晶格是最简单的一种，称为简单立方晶格。

2.1.2　金属晶体结构(包括致密度)

自然界中组成各种物质的晶体有无数种，但根据晶胞的三个晶格常数和三个轴间夹角进行分析，可发现晶格的基本类型可分为 14 种。在工业上使用的金属元素中，绝大部分金属元素具有较为简单的晶体结构，其中最典型和常见的金属晶体结构有体心立方结构、面心立方结构和密排六方结构。前两种属于立方晶系，后一种属于六方晶系。

1. 体心立方晶格

体心立方晶格的晶胞模型示意图如图 2-2 所示。晶胞的三个棱边长度相等，三个轴间夹角均为 90°，构成一个立方体。立方体的八个角和中心各有一个原子，每个角上的原子均与相邻的八个晶胞共有，中心的一个原子完全属于该晶胞，所以体心立方晶格晶胞中的原子数为 $8\times1/8+1=2$ 个。

常见的具有体心立方晶格的金属包含 α-Fe、Cr、W、Mo、V 等 30 余种。

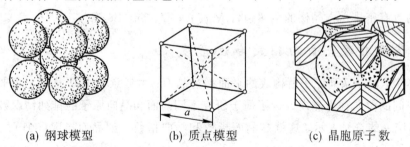

(a) 钢球模型　　　　(b) 质点模型　　　　(c) 晶胞原子数

图 2-2　体心立方晶格晶胞模型示意图

2. 面心立方晶格

面心立方晶格的晶胞模型如图 2-3 所示。晶胞的三个棱边长度相等，三个轴间夹角均为 90°，构成一个立方体。立方体的八个角和六个面各有一个原子，每个角上的原子均与相邻的八个晶胞共有，每个面上的原子均与相邻的两个晶胞共有，所以面心立方晶格晶胞中的原子数为 $8\times1/8+6\times1/2=4$ 个。

常见的具有面心立方晶格的金属包含 γ-Fe、Cu、Ni、Al、Ag 等 20 余种。

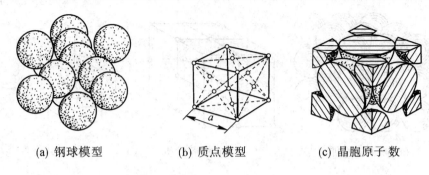

(a) 钢球模型 (b) 质点模型 (c) 晶胞原子数

图 2-3　面心立方晶胞示意图

3. 密排六方晶格

密排六方晶格的晶胞模型如图 2-4 所示。在晶胞的 12 个角上各有 1 个原子，构成六方柱体，上底面和下底面中心各有 1 个原子，晶胞内还有 3 个原子。六方柱体的每个角上的原子为相邻的六个晶胞共有，上底面和下底面中心的原子为两个晶胞共有，中心的三个原子为此晶胞独有，所以密排六方晶胞中的原子数为 $12\times1/6+2\times1/2+3=6$ 个。

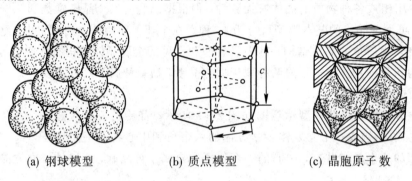

(a) 钢球模型 (b) 质点模型 (c) 晶胞原子数

图 2-4　密排六方晶格晶胞模型示意图

常见的具有密排六方晶格的金属包含 Mg、α-Ti、Zn、Be 等。

2.1.3　晶面指数、晶向指数与致密度

在晶体中，由一系列原子所构成的平面称为晶面；由任意两个原子间连线来表示某一原子列在空间的位向称为晶向。为了便于研究不同晶面和晶向原子的排列情况及所在空间位向，采用统一的符号表示，这就是晶面指数和晶向指数。如晶面指数 (001)、(111)，晶向指数 [100]、[111]。

晶胞中的刚性球按其规律排列时，原子间必然存在空隙，原子排列的紧密程度可用晶胞内原子所占体积与晶胞体积之比来表示。体心立方晶格含有 2 个原子，设定原子半径为 r，则 2 个原子所占体积为 $2\times(4/3)\pi r^3$。根据图 2-2 可知，体心立方结构的原子半径 r 与晶格常数 a 之间关系为 $r=\sqrt{3}/4a$，则体心立方晶格致密度为

$$K=\frac{\text{原子数}\times\text{原子体积}}{\text{晶胞体积}}=\frac{2\times\left(\frac{4}{3}\right)\pi r^3}{a^3}=\frac{2\times\left(\frac{4}{3}\right)\pi\left(\frac{\sqrt{3}}{4}a\right)^3}{a^3}=0.68$$

　　计算结果表明，在体心立方结构中，有 68% 的体积被原子占据，其余 32% 为空隙。同理，可以计算出面心立方结构和密排六方结构的致密度均为 0.74，说明面心立方结构和密排六方结构中的原子具有相同的致密程度。晶胞的致密度越大，原子排列越紧密。当同一种金属元素的晶体结构从体心立方结构转变为面心立方结构时，由于其致密度增大而使体积变小。

2.1.4　晶体缺陷

1. 单晶体和多晶体

　　晶体内部所有晶格位向完全一致的晶体称为单晶体。在工业上，可通过特殊的工艺获得单个的晶体。少数金属以单晶体形式使用时可体现出优异的性能。但是，实际工程上使用的金属材料，其内部包含大量颗粒状小晶粒，每个晶粒内部的晶格取向一致，但晶粒间的位向都不相同。这种由两个及以上晶粒组成的晶体称为多晶体。一般的金属材料都是多晶体。多晶体金属中晶粒位向示意图如图 2-5 所示。多晶体内各晶粒的位向取向是随机的，晶体的各向异性被相互抵消，使金属材料在宏观上不具有各向异性，这种现象称为伪等向性。

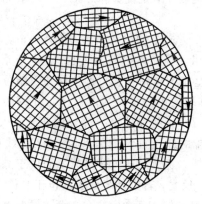

图 2-5　多晶体金属中晶粒位向示意图

2. 晶体缺陷

　　在实际使用的金属材料中，原子的排列不可能像理想晶体那样规则和完整，不可避免地存在一部分原子偏离规则排列区域，这就是晶体缺陷。晶体缺陷的存在，对金属性能产生显著影响。通常可以利用晶体缺陷的特征，采用适当的手段增加晶体缺陷，以达到提高金属性能的目的。根据晶体缺陷存在形式的几何特征，通常可将它们分为点缺陷、线缺陷和面缺陷三类。

　　1）点缺陷

　　点缺陷的特征是在其三个方向上的尺寸都很小，相当于原子尺寸。典型的点缺陷包括空位和间隙原子，如图 2-6 所示。在实际晶体中，晶格中某些节点未被原子占据，这种空着的位置称为空位。同时，在晶格空隙处可能出现多余的同种或异种原子，这类原子不占据正常节点而处在晶格空隙处，或节点由异种原子占据。

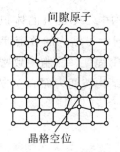

图 2-6 点缺陷示意图

点缺陷形成的原因是原子的热振动产生的原子跳跃使原子不能保持在其平衡位置上。原子克服周围原子对其约束跳离，在原位置上出现了空节点，即空位；原子跳跃到晶界处或晶格间隙内形成间隙原子；原子跳到其他节点上或节点原子由其他异种原子占据形成置换原子。

点缺陷的存在使原子离开了原来的平衡位置，产生了晶格畸变，从而使金属材料性能的改变。原子跳跃能力与温度有关。温度越高，原子跳跃加剧，点缺陷增加，从而使金属材料电阻增加。大量的点缺陷可提高金属材料的强度和硬度，但是降低其塑性和韧性。晶体中的点缺陷都处在不断的运动中，是使金属原子产生扩散的主要方式之一。

2）线缺陷

线缺陷的特征是在其两个方向上的尺寸很小，在另一个方向的尺寸相对很大。典型的线缺陷主要是各种类型的位错。在晶体中，某一列或若干列原子发生有规律的错排称为位错。位错有很多种，其中最基本的位错包含刃型位错和螺型位错。

图 2-7 所示为简单立方结构中刃型位错示意图。在图中，某一原子平面在晶体内部中断，这个原子平面就像刀刃一样将晶体上半部分切开后镶入晶体内，刀口处的原子列发生了有规律的错排，此处错排的原子列称为刃型位错；EF 线称为刃型位错线。刃型位错分为正刃型位错和负刃型位错。通常，把额外半原子面位于晶体上部时的刃型位错称为正刃型位错，用符号"⊥"表示；反之，若额外半原子面位于晶体下部时，则称为负刃型位错，用符号"⊤"表示。实际上刃型位错的正、负之分并无本质区别，只是为了表示两者的相对位置，便于分析讨论。

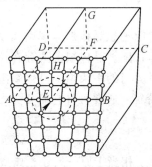

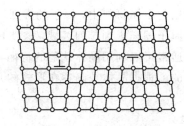

(a) 刃型位错立体示意图   (b) 正刃型位错和负刃型位错

图 2-7 刃型位错示意图

图 2-8 所示为简单立方结构中螺型位错示意图，其中 BC 线附近的原子列发生有规律的错排，此处错排的原子列称为螺型位错；BC 线称为螺型位错线。BC 线一侧的原子相当于在外力作用下使上、下两部分发生滑移，而 BC 线另一侧的原子没有发生滑移。螺型位

错根据错排区原子的螺旋方向可分为左螺旋位错和右螺旋位错两类。

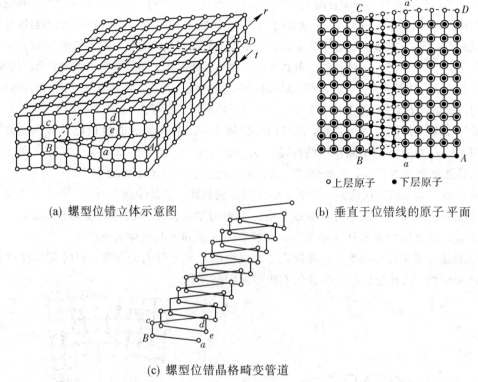

(a) 螺型位错立体示意图　　　　(b) 垂直于位错线的原子平面

○上层原子　●下层原子

(c) 螺型位错晶格畸变管道

图 2-8　螺型位错示意图

　　实际金属材料中存在大量位错，晶体中的位错数量通常采用单位体积内位错线长度即位错密度来表示。位错线密度的变化及位错线在外力作用下产生运动、堆积和塞积，对金属的性能、塑性变形及组织转变等有显著影响。图 2-9 所示为金属强度与位错密度间的关系。从图中可以看出，完全退火态金属强度最低。当位错密度低于完全退火态时，由于晶须内几乎不存在位错而具有极高的抗力。金属经冷变形后晶体中的位错密度显著增加，使金属的强度也显著提高（但金属材料的塑性下降），这种加工方法称为加工硬化或形变强化。

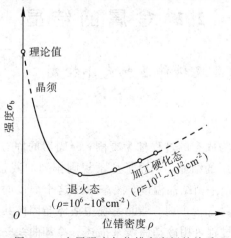

图 2-9　金属强度与位错密度间的关系

3）面缺陷

面缺陷的特征是在其一个方向上的尺寸很小，另外两个方向上的尺寸相对很大。典型的面缺陷包括晶界、亚晶界、相界等。在多晶体中，将各形状不规则且内部取向不同的晶粒区分开的界面就是晶粒间界，即晶界。多晶体金属材料中大多数相邻晶粒间位向差大于10°，这种晶界称为大角度晶界，如图 2-10 所示。一般认为大角度晶界处的原子同时包含相邻两个晶粒的原子，晶界处的原子总体排列紊乱，但也存在局部排列完整区域。故可以将晶界看成是不同位向晶粒之间的过渡层，晶界层的厚度从几个原子到几百个原子尺寸不等。

由于晶界处原子排列不规则，晶格畸变程度大，故晶界处的能量相比晶粒内较高，从而使其具有一系列不同于晶粒内的性能。在一般情况下，晶界比晶粒内部容易被腐蚀和氧化，晶界强度和硬度较高，晶界熔点较低，晶界处原子扩散速度较快等。

在晶粒内部，还存在许多小尺寸、小位向差的晶块，通常位向差只有2°~3°，这些小晶块称为亚晶粒。简单的亚晶界可看成是由一系列刃型位错组成的小角度晶界，如图 2-11 所示。亚晶粒之间的界面称为亚晶界。晶粒中的亚晶和亚晶界称为亚组织。

增加晶界和亚晶界的数量，可提高金属材料晶界和晶粒内的强度，同时可以提高材料的韧性和塑性，这种金属材料的强化方法称为细晶强化。

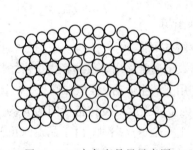 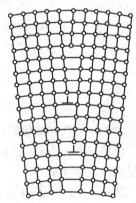

图 2-10 大角度晶界示意图　　　　　图 2-11 小角度晶界示意图

2.2 金属的结晶

2.2.1 纯金属的结晶及铸件晶粒大小控制

1. 纯金属的结晶

1）结晶条件

金属材料从液态转变为固态的过程称为凝固；凝固后的固态金属通常是晶体，所以这一过程又可称为结晶。金属的结晶，是原子从不规则排列的液态转变为规则排列的固态。在该转变过程中，存在一个平衡结晶温度，液态低于这个温度时出现结晶，固态高于这个温度时熔化。当温度处于结晶温度时，结晶系统中液体与固体共存。纯金属的结晶过程在恒温下转变完成，其结晶过程可用冷却曲线来描述。冷却曲线一般采用热分析法获得。

以工业纯铁为例，先将工业纯铁置于坩埚中加热熔化至液态，在液态金属中插入热电偶测量其温度，然后以一定的冷却速度使液态金属冷却至室温。在冷却过程中，热电偶按每隔一定时间记录一次温度直至室温为止，如此便获得了温度与时间关系的冷却曲线。

纯金属结晶的冷却曲线如图 2-12 所示，从冷却曲线可以看出，金属在结晶前，液态金属温度随时间增加而不断降低。当温度降低到纯铁的理论结晶温度（熔点）T_0 时，并未开始出现结晶，当温度降低到 T_0 以下某一温度 T_1 时，温度不再随时间增加而变化，曲线上出现了一个温度水平段，此水平段对应的温度是纯铁的实际结晶温度。根据热力学规律，物质系统总是自发地从自由能较高的状态向自由能较低的状态转变。在金属结晶过程中，结晶的动力是液态金属和固态金属的自由能之差。当液态金属温度降低到实际结晶温度后，释放的热量（结晶潜热）与向外界散发的热量大致相当，所以在冷却曲线上表现为平台，平台的延续时间就是结晶过程所用的时间。在结晶束后，固态金属向周围环境散热，温度又重新下降直到室温为止。

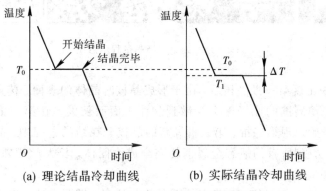

图 2-12　纯金属结晶的冷却曲线

在结晶过程中，理论结晶温度与实际结晶温度之差称为过冷度，用 Δt 表示，$\Delta t = T_0 - T_0$。过冷度越大，实际结晶温度越低。Δt 与金属的属性、纯度和冷却速度等因素相关。不同金属的过冷度不同；金属的纯度越高，过冷度越大；冷却速度越大，过冷度越大。对某一金属，过冷度有一最小值，液态金属不可能在理论结晶温度下进行结晶，即液态金属的结晶总是在有适当过冷度的条件下才能进行。

2）结晶过程

（1）晶核的形成。

晶核的形成有两种方式：均匀形核和非均匀形核。

研究表明，液态金属中的原子排列在大范围内是无序的（长程无序），但在微小范围内存在许多原子集团，原子集团内部原子紧密规则排列（近程有序）。原子集团内部原子热运动剧烈，能量起伏很大，每个原子都能克服原子集团的束缚加入别的原子集团或组成新的原子集团。液态中的原子集团处于极不稳定的状态，时大时小，时聚时散。原子集团的平均尺寸及存在时间与温度有关，温度越高，原子集团的平均尺寸越小，存在时间越短。通常将这些不稳定的原子集团称为晶胚。当过冷液态金属冷却到实际结晶温度，某些尺寸较大的晶胚开始变得稳定，并能够自发长大，称为液态金属结晶的晶核。这种依靠过冷液态合金本身，且各区域出现晶核的概率相同的晶核形成过程称为均匀形核，又称均质形核或自发形核。

但在实际液态金属结晶过程中，液态金属原子可以依附于异种原子（如金属内部杂质、型壁等)上形成晶核。由于异种原子的存在可以降低晶胚表面能，减小形核阻力，可使液态金属的结晶在较小过冷度下进行。这种液态原子依附于其他固体表面且优先形成晶核的过程称为非均匀形核，又称异质形核或非自发形核。实际上金属的结晶主要是按照非均匀形核方式进行，非均匀形核在实际生产过程中有重要意义。

纯金属结晶过程示意图如图 2-13 所示。

图 2-13　纯金属结晶过程示意图

（2）晶核长大。

当液态金属中出现第一批晶核后，由于形成晶核时晶体的表面、棱角等区域的散热条件优于其他区域，使周围的原子逐个扩散到晶体表面而长大。在第一批晶核长大的过程中，液态金属中开始出现第二批、第三批等新的晶核。在结晶过程中，晶核的形成和晶核地长大不断进行，直到所有的液态金属消耗完全成为固体，长大后相邻的晶粒相互抵触，此时结晶过程结束。

晶核长大要求液态金属能够不断地向晶体提供原子，即要求液态合金要有足够的温度以保证原子的扩散能力；同时，要求晶体表面能够不断地接纳这些原子，晶体表面微观形态直接影响原子在晶体表面的附着稳定程度。结晶过程应满足热力学规律，即结晶过程是一个系统能量降低的过程，这就要求晶核长大需要足够的过冷度。

当过冷度较大时，金属晶体通常以树枝状长大。由于晶核内部原子的排列特点及晶格各区域散热程度不一致，使固体中某一区域优先生长且长得较快、较大，像树枝一样生长成为一次晶轴。在一次晶轴上又生长出二次晶轴，二次晶轴发展到一定程度后，又在它上面长出三次晶轴，如此不断长大与分枝下去，直到液态金属全部消失，每一个枝晶成长为一个晶粒，这就是树枝晶。树枝晶生长示意图如图 2-14 所示。

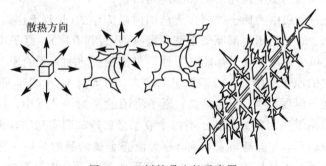

图 2-14　树枝晶生长示意图

综上所述，纯金属的结晶在恒温下进行，结晶需要有足够的过冷度，结晶时总有结晶潜热释放，金属的结晶是晶核的形成和长大的过程。

2. 晶粒大小控制

金属结晶后通常是由许多晶粒组成的多晶体。晶粒的大小称为晶粒度。晶粒的大小对金属的力学性能有很大影响。通常，金属的晶粒越细小，强度和硬度越高，同时塑性和韧性也越好。

金属结晶后晶粒的大小取决于形核率 N 和晶核的长大速度 v_g 的相对大小。形核率是在单位时间单位体积液相中形成的晶核数量。形核率越大，则单位体积中的晶核数目越多，结晶结束后长成的晶粒越细小。长大速度是指晶体长大的线速度。长大速度越大，结晶结束后长成的晶粒越粗大。因此，可通过促进形核，抑制晶粒长大的方式细化晶粒。

（1）控制过冷度。

增加过冷度，形核率和长大速度都增大，但形核率的增大速度较大。在一般金属结晶时的过冷度范围内，过冷度越大，晶粒越细小。

增加过冷度的方法主要是提高液态金属的冷却速度。如在铸造生产过程中，为了提高铸件的冷却速度，可以采用金属型替代砂型，增加金属型的厚度，局部加冷铁，采用循环水冷散热等。

（2）变质处理。

变质处理是指在液态金属中加入孕育剂（又称为变质剂），促进非均匀形核来细化晶粒。变质剂分为两类，一类可以增加晶核数量，如在液态铝合金中添加的钛和锆，在钢水中添加的钛和钒等；另一类可以阻碍晶粒的长大，如在液态 Al - Si 合金中添加的钠盐。

（3）振动和搅拌。

可采用机械振动、超声波振动、电磁搅拌等方式，促进晶核形成或使树枝晶受到外部能量冲击而破碎，这样可使已经长大的晶粒破碎而细化，且破碎的枝晶可以作为形核质点促进形核，增加形核数目，细化晶粒。

2.2.2 同素异构体转变

大多数金属只有一种晶体结构，从液态结晶成固态晶体后，其晶体结构不再随温度的变化而变化。但也有少量金属如 Fe、Ti、Sn 等在固态下具有两种或多种晶体结构，即具有多晶型。固态金属在一定温度下由一种晶体结构转变为另一种晶体结构的过程称为多晶型转变或同素异构体转变。图 2 - 15 所示为工业纯铁的同素异构体转变示意图，从图中可看出，Fe 在 1394℃至熔点 1538℃间具有体心立方结构，称为 δ - Fe；在 912～1394℃时，具有面心立方结构，称为 γ - Fe；在 912℃以下时为体心立方结构，称为 α - Fe。（L 的含义为 Fe 在熔点 1538℃以上为液态）。由于不同的晶体结构致密度不同，在发生同素异构体转变时，伴随着有体积的变化、应力和变形的产生。

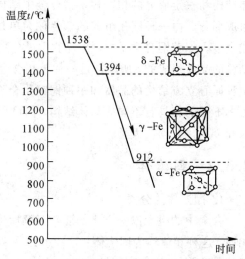

图 2 - 15 纯铁的同素异构体转变示意图

2.3 合金的相结构

纯金属具有良好的物理和化学性能，在工业上获得了一定的应用，但是其强度低，价格昂贵，不适合作为结构材料。为了满足各种机械零件的不同要求，通常采用合金。

2.3.1 基本概念

1. 合金

合金是指两种或两种以上的金属，或金属与非金属，经熔炼或烧结以及用其他方法组合而成的具有金属特性的物质。合金相比于纯金属，具有很高的强度、硬度等力学性能，还可能具有更优异的耐腐蚀性能、强磁性等，且价格较为低廉。最典型的合金如工业上应用最广泛的碳钢和铸铁，是由铁和碳组成的合金；黄铜是由铜和锌组成的合金。

2. 组元

组成合金最基本的独立存在的物质叫做组元，简称元。组元可以是组成合金的元素，如钢铁的组元为 Fe 和 C，黄铜的组元为 Cu 和 Zn；它也可以是稳定的化合物，如铁碳合金中的金属化合物 Fe_3C。可以通过调整合金中组元的比例，配制成一系列成分不同的合金，以满足不同性能要求，这一系列合金就构成一个合金系。由两个组元组成的合金系称为二元系；由三个组元组成的合金系称为三元系；由三个及以上组元组成的合金系称为多元系。

3. 相

不同的组元在熔炼和烧结过程中发生物理或化学的相互作用，形成不同的具有一定晶体结构和一定成分的相。相是指合金中结构相同、成分和性能均一，且以界面相互分开的组成部分。由一种固相组成的合金称为单相合金；由两种或两种以上相组成的合金称为多相合金。如黄铜合金系中，当锌的质量分数为 30% 时，Cu-Zn 合金是由单一的面心立方结构的晶体组成的，所以它是一种单相合金；当锌的质量分数为 40% 时，Cu-Zn 合金是由一种面心立方结构的晶体和一种铜锌化合物组成的，所以它是一种两相合金。

不同的相具有不同的晶体结构，但可根据相的晶体结构特点，将合金中的相分为固溶体和金属化合物两大类。

2.3.2 固溶体

1. 固溶体的分类

合金中的组元以一定比例混合溶解后形成固相，且其晶体结构与组成合金的某一组元相同，这种相就称为固溶体；这一组元称为溶剂；其他的组元称为溶质。固溶体的特征是保持与溶剂一致的晶体结构。

根据溶质原子在晶格中所占位置可将固溶体分为置换固溶体和间隙固溶体。置换固溶体是指溶质原子替代一部分溶剂原子而占据溶剂晶格的某些节点位置从而形成的固溶体。置换固溶体如图 2-16(a)所示。当溶质原子处于溶剂原子间的间隙中，而不是占据溶剂晶格的节点位置，这类固溶体称为间隙固溶体，如图 2-16(b)所示。

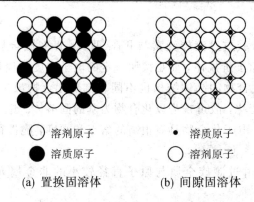

○ 溶剂原子 　　· 溶质原子
● 溶质原子 　　○ 溶剂原子

(a) 置换固溶体 　　(b) 间隙固溶体

图 2-16 固溶体的两种类型

按固溶度可将固溶体分为有限固溶体和无限固溶体。在一定条件下,溶质在溶剂中的溶解度有一定限度,超过这个限度就不再溶解。这个限度即为此溶质在溶剂中的溶解度或固溶度;这种固溶体即为有限固溶体。当溶质在溶剂中的固溶度可达到 100% 时,这种固溶体就成为无限固溶体。对于无限固溶体,通常将含量大于 50% 的组元称为溶剂;含量小于 50% 的组元称为溶质。

按照溶质原子在晶格中分布的相对状态,固溶体可分为无序固溶体和有序固溶体。当溶质原子随机地分布于溶剂晶格的节点或间隙中,且无次序性和规律性,这种固溶体称为无序固溶体。当溶质原子按一定规律占据溶剂晶格的节点或间隙,且围绕着溶剂原子分布,这种固溶体称为有序固溶体。有些合金在一定温度条件下可以由无序固溶体转变为有序固溶体,这种现象称为有序化转变。

2. 固溶体的性能

在固溶体中,当溶质含量极小时,固溶体的性能与溶剂的性能基本相同。随着溶质浓度的增加,固溶体的强度、硬度升高,而塑性、韧性有所下降,这种现象称为固溶强化。固溶强化的实质是溶质原子的添加引起了溶剂晶格的畸变,进而使位错在晶体内移动受到阻力,从而在宏观上表现为固溶体有更高的强度和硬度。通常,溶质原子与溶剂原子的尺寸差别越大,引起的晶格畸变就越大,固溶强化的效果越明显。

2.3.3 金属化合物

当合金中溶质的含量超过了固溶体的固溶度时,除了形成固溶体外,还可以形成金属化合物。由于金属化合物总是位于二元合金相图的中间,故又称为中间相。通常金属化合物的晶体结构不同于任一组元。金属化合物是金属键与离子键或共价键相混合作用的,因此具有一定的金属特性。典型的金属化合物分为三类:正常价化合物、电子化合物和间隙化合物。

1. 正常价化合物

正常价化合物通常是由元素周期表中位置相距较远,电化学性质相差较大的两种元素形成的,原子间的结合键主要以金属键、离子键或共价键为主。正常价化合物严格遵守化合物的原子价规律,有严格的化合比,成分固定不变,可以采用化学式表示,如 Mg_2Si、MnS、Mg_2Sn 等。这类化合物一般具有较高的硬度,脆性较大。

2. 电子化合物

电子化合物是由ⅠB族或过渡族元素与ⅡB、ⅢA、ⅣA族金属元素形成的金属化合物。这类化合物不遵循原子价规律，而是按照一定的电子浓度比值形成的化合物。电子浓度不同，所形成的金属化合物的晶体结构也不同。电子化合物虽然可用化学分子式表示，但其成分在一定范围内变化，故可视为以化合物为基的固溶体。电子化合物的原子间结合键以金属键为主。通常，电子化合物具有很高的熔点和硬度，脆性很大。

3. 间隙化合物

间隙化合物通常是由过渡族金属与原子直径较小的非金属元素 C、N、B、H 等形成的。

若非金属原子与金属原子半径之比小于 0.59，则形成具有简单晶体结构的间隙相，金属原子位于晶格的正常节点上，非金属原子通常位于晶格的间隙位置。间隙相具有极高的熔点和硬度以及明显的金属特性，是高合金工具钢的重要组成相，还是硬质合金和高温金属陶瓷材料的重要组成相。

间隙相不同于间隙固溶体，间隙相是一种化合物，具有不同于其他组元的晶体结构；而间隙固溶体保持与溶剂相同的晶格类型。在间隙相中，小直径原子在晶格间隙呈有规律地分布；在间隙固溶体中，小直径原子随机分布于晶格的间隙位置。

若非金属原子与金属原子半径之比大于 0.59，则形成具有复杂结构的间隙化合物，如 Fe、Mn、Cr 的碳化物均为间隙化合物；铁碳合金中的重要组成相 Fe_3C 具有复杂的斜方晶格。间隙化合物也具有很高的熔点和硬度，在加热过程中容易分解。间隙化合物是碳钢和合金钢中的重要组成相。

习题与思考题 2

2-1 简述常见金属晶格的特性。

2-2 计算密排六方晶格的致密度。

2-3 常见的晶体缺陷有哪几种？各自有哪些特征？可产生哪些强化？

2-4 什么是过冷度？过过冷度与冷却速度有什么关系？过冷度的大小对金属结晶后晶粒尺寸有什么影响？

2-5 简述金属的结晶过程。

2-6 细化液态金属凝固后的晶粒大小的方法有哪些？

2-7 什么是同素异构体转变？说明纯铁在从液态凝固到固态过程中，体积发生变化的原因。

2-8 什么是固溶体？固溶体的晶格和性能有哪些特点？什么是固溶强化？

2-9 什么是金属化合物？金属化合物的晶格和性能有哪些特点？

第3章 二元合金相图

合金的结晶过程较为复杂，通常运用合金相图来分析合金的结晶过程。这是因为相图本身就是在各种成分合金的结晶过程的测试基础上建立的。相图是表明合金系中各种合金相的平衡条件和相与相之间关系的一种简明示图，也称为平衡图或状态图。所谓平衡，是指在一定条件下合金系中参与相变过程的各相的成分和相对质量不再变化所达到的一种状态。此时合金系的状态稳定，不随时间而改变。合金在极其缓慢冷却的条件下的结晶过程，一般可以认为是平衡的结晶过程。在常压下，二元合金的相状态取决于温度和成分，因此二元合金相图可用温度-成分坐标系的平面图来表示。

3.1 二元合金相图的建立

二元相图是以试验数据为依据，在以温度为纵坐标、以组成材料的成分或组元为横坐标的坐标图中绘制的线图。试验方法有多种，最常用的是热分析法。本节以 Cu – Ni 二元合金(简称 Cu – Ni 合金)和 Pb – Sn 二元合金(简称 Pb – Sn 合金)为例作简要说明。

3.1.1 Cu – Ni 二元合金相图的建立

相图是通过实验方法建立的。利用热分析法建立 Cu – Ni 二元合金相图的过程如下：

(1) 配制一系列不同成分的 Cu – Ni 合金，如表 3 – 1 所示。

表 3 – 1 Cu – Ni 二元合金成分

编 号	1	2	3	4	5	6
w_{Cu}/(%)	0	20	40	60	80	100
w_{Ni}/(%)	100	80	60	40	20	0

(2) 在热分析仪上分别测出每个合金的冷却曲线，找出各冷却曲线上临界点(转折点或平台)的温度。

(3) 画出温度-成分坐标系，在各合金成分垂线上标出临界点温度。

(4) 将具有相同意义的点连接成线，标明各区域内所存在的相，即可得到 Cu – Ni 合金相图。

Cu – Ni 合金相图的测定与绘制如图 3 – 1 所示。图中，L 为液相，α 为固相。从冷却曲线可看出，与纯金属不同的是合金有两个相变点，上相变点是结晶开始的温度，下相变点是结晶终了的温度。因为放出结晶潜热使结晶时的温度下降缓慢，所以合金的结晶是在一定温度范围内进行的，在冷却曲线上出现两个转折点。

实际绘制相图时，远不止于只熔配上述五种合金，而是要熔配出许多成分相差不大的一系列合金，从而得到一系列冷却曲线，从冷却曲线上得到一系列的相同特征点。相同特征点数量越多，连接这些特征点而形成的相图就越准确。

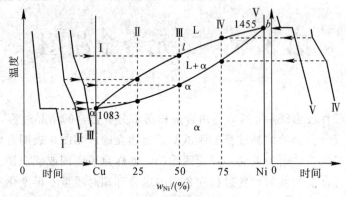

图 3-1 Cu-Ni 合金相图的测定与绘制

3.1.2 Pb-Sn 二元合金相图的建立

Pb-Sn 二元合金相图的建立方法和 Cu-Ni 二元合金相图的比较类似，此处不再赘述。图 3-2 所示为 Pb-Sn 合金相图的测定与绘制。（图中，L 为液相；α、β 为固相。下同。）

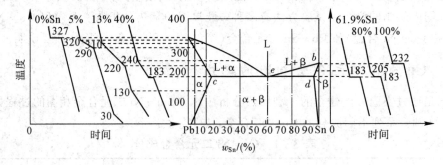

图 3-2 Pb-Sn 合金相图的测定与绘制

3.2 二元合金相图的基本类型

无论是金属材料、无机非金属材料，还是高分子聚合物，如果主要系统所发生的变化相似，相图的几何图形就比较相似，所以从理论上研究相图往往不是以物质来分类，而是以发生了什么样的变化进行分类的。虽然一些专业相图比较复杂，但是它们都可以看做不同类型的简单二元相图的组合。本节主要介绍三类相图：匀晶相图、共晶相图和包晶相图。

3.2.1 匀晶相图

若两组元在液态时无限互溶，在固态时也无限互溶，则冷却时将产生匀晶反应的合金系构成匀晶相图，如，Cu-Ni、Fe-Cr、Au-Ag 合金相图等。下面以 Cu-Ni 合金相图（如图 3-3 所示）为例，对匀晶相图及其合金的结晶过程进行分析。

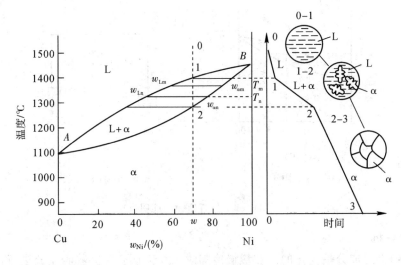

图 3-3　Cu-Ni 合金相图及结晶过程分析

1. 相图分析

如图 3-3 所示，液相线（$A1B$ 线）和固相线（$A2B$ 线）表示合金系在平衡状态下冷却时结晶的始点和终点以及加热时熔化的终点和始点。L 为液相，是 Cu 和 Ni 形成的液溶体；α 为固相，是 Cu 和 Ni 组成的无限固溶体。图中有两个单相区：液相线以上的 L 相区和固相线以下的 α 相区。图中还有一个双相区：液相线和固相线之间的 L+α 相区。A 点和 B 点所对应的温度是合金系统的两个纯金属组元 Cu 和 Ni 的熔点。

2. 合金的结晶过程

下面以 w 点成分的 Cu-Ni 合金（Ni 质量分数为 $w\%$）为例分析结晶过程。该合金的冷却曲线和结晶过程如图 3-3 所示。在 1 点温度以上，合金为液相 L。缓慢冷却至 1～2℃之间时，合金发生匀晶反应，即 L→α，从液相中逐渐结晶出 α 固溶体。2 点温度以下，合金全部结晶为 α 固溶体。其他成分合金的结晶过程与其类似。

3. 杠杆定律

在合金的结晶过程中，合金中各个相的成分及其相对量都在不断地变化。不同条件下的相的成分及其相对量可通过杠杆定律求得。

设在图 3-4(a) 中，质量分数为 w 的合金的总质量为 m，在温度 T_1 时的液相的质量分数为 w_L，对应的质量为 m_L，固相的质量分数为 w_α，对应的质量为 m_α，则有

$$m_L + m_\alpha = m \tag{3-1}$$

另外，合金中含 Ni 的总质量应等于液、固两相中所含 Ni 的质量之和，即

$$m_L w_L + m_\alpha w_\alpha = mw \tag{3-2}$$

由式（3-1）和式（3-2）可得

$$\frac{m_L}{m_\alpha} = \frac{w_\alpha - w}{w - w_L} = \frac{|cb|}{|ab|} \tag{3-3}$$

式（3-3）与力学中的杠杆关系比较相似，故称为杠杆定律。杠杆定律主要用于计算二元合金中两平衡相的相对质量。

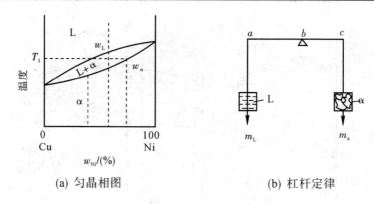

(a) 匀晶相图　　　　　　　　(b) 杠杆定律

图 3 - 4　杠杆定律的证明

4. 枝晶偏析

固溶体结晶时成分是变化的。在缓慢冷却时，由于原子的扩散能充分进行，因此所形成的是成分均匀的固溶体。如果冷却较快，原子扩散不能充分进行，则形成成分不均匀的固溶体。先结晶的树枝晶轴上含高熔点组元较多，后结晶的树枝晶枝干上含低熔点组元较多，结果造成在一个晶粒内化学成分分布不均匀，这种现象称为枝晶偏析。枝晶偏析对材料的力学性能、耐蚀性能、工艺性能都是不利的。生产上为了消除其影响，常通过扩散退火的方法把合金加热到高温，并进行较长时间保温，促使原子从高浓度晶区向低浓度晶区充分扩散，从而获得成分均匀的固溶体。

3.2.2　共晶相图

若两组元在液态时无限互溶，在固态时有限互溶，则冷却时将产生共晶反应的合金系，构成共晶相图，如 Pb - Sn、Al - Si、Ag - Cu 合金相图等。下面以 Pb - Sn 合金相图（如图 3 - 5 所示）为例，对共晶相图及其合金的结晶过程进行分析。

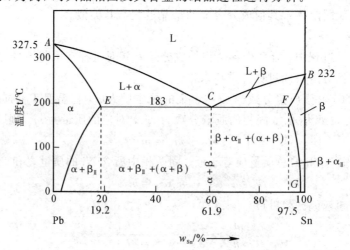

图 3 - 5　Pb - Sn 合金相图及结晶过程分析

1. 相图分析

如图 3 - 5 所示，A 点（327.5℃）是纯铅的熔点，B 点（232℃）是纯锡的熔点，C 点

$(183℃，w_{Sn}=61.9\%)$为共晶点。ACB线为液相线，液相线以上合金均为液相；$AECFB$线为固相线，固相线以下合金均为固相。α和β是Pb－Sn合金在固态时的两个基本组成相，α是锡溶于铅中所形成的固溶体，β是铅溶于锡中所形成的固液体。E点$(183℃，w_{Sn}=19.2\%)$和F点$(183℃，w_{Pb}=2.5\%)$分别为锡溶于铅中和铅溶于锡中的最大溶解度。因为在固态下铅与锡的相互溶解度随温度的降低而逐渐减小，所以ED线和FG线分别表示锡在铅中和铅在锡中的溶解度曲线，也称固溶线。

在相图中，包含有：① 三个单相区，即液相区(L)、α相区和β相区；② 三个两相区，即L＋α、L＋β和α＋β相区；③ 一个三相共存(L＋α＋β)的水平线ECF。其成分相当于C点的液相(L_C)在冷却到ECF线所对应的温度时，将同时结晶出成分为E点的α固溶体$(α_E)$及成分为F点的β固溶体$(β_F)$，其反应式为

$$L_C \underset{}{\overset{183℃}{\rightleftharpoons}} α_E + β_F \qquad\qquad (3-4)$$

这种在一定温度下，由一定成分的液相同时结晶出两种固定成分的固相转变称为共晶转变。共晶转变是在恒温下进行的，发生共晶转变的温度称为共晶温度。发生共晶转变的成分是一定的，该成分(C点成分)称为共晶成分；C点称为共晶点。共晶转变后得到的组织称为共晶组织或共晶体。ECF线称为共晶线。

C点成分的合金称为共晶合金；E点～C点之间合金均称为亚共晶合金；C点～F点之间合金均称为过共晶合金。

2. 重力偏析

亚共晶或过共晶合金结晶时，若初生相与剩余液相的密度相差很大，则密度小的相将上浮，密度大的相将下沉。这种由于密度不同而引起合金成分和组织不均匀的现象，称为重力偏析又称区域偏析。

重力偏析会降低合金的力学性能和加工工艺性能。重力偏析不能用热处理来减轻或消除。为了减轻或消除重力偏析，可采用加快冷却速度，使偏析相来不及上浮或下沉；浇注时对液态合金加以搅拌；在合金中加入某些元素，使其形成与液相密度相近的化合物，并首先结晶成树枝状的"骨架"悬浮于液相中，以阻止先析出相的上浮或下沉。

3.2.3 包晶相图

若两组元在液态时无限互溶，在固态时有限溶解，则发生包晶反应时所构成的相图，称为包晶相图。具有这种相图的合金系主要有Pt－Ag、Ag－Sn、Cd－Hg、Sn－Sb等。

Cu－Zn、Cu－Sn、Fe－C等合金系中也具有这种类型的相图。下面以铁碳合金相图中的包晶部分(如图3－6所示)为例，对包晶相图及其合金的结晶过程进行分析。

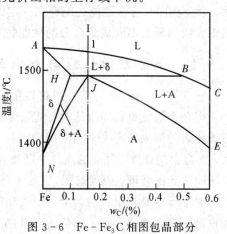

图3-6　Fe-Fe₃C相图包晶部分

1. 相图分析

如图 3-6 所示，A 点为纯铁的熔点，ABC 线为液相线，AHJE 线是固相线。HN 和 JN 分别表示冷却时 δ→A 转变的开始线和终了线。HJB 水平线为包晶线，J 点是包晶点。图中标示出的三个单相区分别为 L、δ 和 A；三个两相区分别为 L+δ、L+A 和 δ+A。

现以包晶点成分的合金 I 为例，分析其结晶过程。当合金 I 冷至 1 点时开始从液相中析出 δ 固溶体，继续冷却，δ 相数量不断增加，液相数量不断减少。δ 相成分沿 AH 线变化，液相成分沿 AB 线变化。此阶段为匀晶结晶过程。

当合金冷至包晶反应温度时，先析出的 δ 相与剩下的液相作用生成 A。A 在原有 δ 相表面生核并长大。结晶过程在恒温下进行。其反应式为

$$L_B + \delta_H \xrightarrow{\quad 1495℃ \quad} A_J \tag{3-5}$$

三相的浓度各不相同，δ 相含碳量最少，A 相较高，L 相最高。通过 Fe 原子和 C 原子的扩散，A 相一方面不断消耗液相向液体中长大，同时也不断吞并 δ 固溶体向内生长，直至把液体和 δ 固溶体全部消耗完毕为止，最后形成单相 A，包晶转变即告完成。

当合金成分位于 HJ 之间时，包晶反应终了时 δ_H 有剩余，在随后的冷却过程中，将发生 δ→A 的转变。当冷至 JN 线时 δ 相全部转变为 A。而成分位于 JB 之间的合金，包晶反应终了时液相有剩余，在以后的冷却过程中，继续发生匀晶反应，直至得到单相 A 为止。

2. 包晶偏析

在合金结晶过程中，如果冷速较快，包晶反应时原子扩散不能充分进行，则生成的 β 固溶体中会发生较大的偏析。原 α 处 Pt 的质量分数较高，而原 L 区 Pt 的质量分数较低，这种现象称为包晶偏析。包晶偏析可通过扩散退火来消除。

3.3 相图与合金性能之间的关系

合金的性能取决于合金的成分和组织，合金的某些工艺性能（如铸造性能）还与合金的结晶特点有关。而相图既可表明合金成分与组织间的关系，又可表明合金的结晶特点。因此，合金相图与合金性能之间存在一定的联系。了解相图与性能的联系规律，就可以利用相图大致判断出不同成分合金的性能特点，并作为选用和配制合金以及制定工艺的依据。

3.3.1 合金力学性能与相图的关系

图 3-7 所示为在匀晶相图和共晶相图中合金强度和硬度随成分变化的一般规律。

当合金形成单相固溶体时，其强度和硬度随成分呈曲线变化，合金性能与组元性质及溶质元素的溶入量有关。当溶剂和溶质一定时，溶质的溶入量越多，固态合金晶格畸变越大，则合金的强度、硬度越高。一般地，形成单相固溶体的合金具有较好的综合力学性能，但所能达到的强度、硬度有限。

对于形成复相组织的合金，在两相区内，合金的强度和硬度随成分呈直线关系变化，大致是两相性能的算术平均值。在共晶点处，当形成细小、均匀的共晶组织时，其强度和硬度可达到最高值（如图 3-7 中虚线所示）。

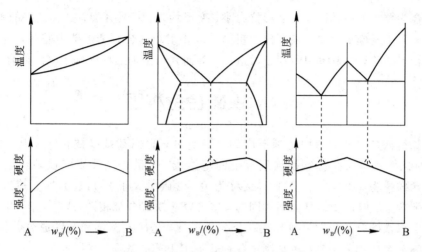

图 3-7　合金力学性能与相图的关系

3.3.2　合金工艺性能与相图的关系

图 3-8 所示为合金的铸造性能与相图的关系。相图中液相线和固相线之间的距离越小,液体合金结晶的温度范围越窄,对浇注和铸造质量越有利。当合金的液、固相线温度间隔大时,形成枝晶偏析的倾向性也大;同时先结晶出的枝晶阻碍未结晶液体的流动,降低了其流动性,增加了分散缩孔。纯组元和共晶成分的合金的流动性最好,缩孔集中,铸造性能好。但结构材料一般不使用纯组元金属,所以铸造结构材料常选取共晶或接近共晶成分的合金。

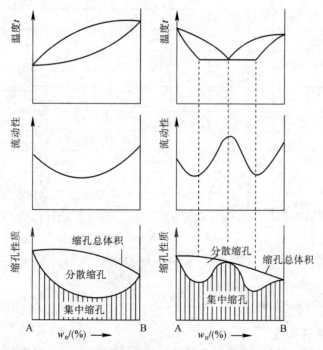

图 3-8　合金铸造性能与相图的关系

当合金为单相固溶体时，其变形抗力小，变形均匀，不易开裂，具有良好的锻造性能，但切削加工时不易断屑，加工表面比较粗糙。双相组织的合金变形能力差些，特别是当组织中存在较多的化合物相时，不利于锻造加工，而其切削加工性能好于固溶体合金。

3.4 铁碳合金相图

碳钢和铸铁是工业中应用范围最广的金属材料，它们都是以铁和碳为基本组元的合金，通常称之为铁碳合金。铁是铁碳合金的基本成分，碳是主要影响铁碳合金性能的成分。一般含碳量为 $0.0218\%\sim2.11\%$ 的称为钢；含碳量大于 2.11% 的称为铸铁。两者虽然都是铁碳合金，但性能却是大不相同的，这可以从铁碳合金相图（或状态图）中得到充分的解释。所以铁碳合金相图是研究铁碳合金的工具，是研究碳钢和铸铁成分、温度、组织和性能之间关系的理论基础，也是制定各种热加工工艺的依据。

铁碳合金相图是用试验方法做出的温度成分坐标图。当铁碳合金的含碳量超过 6.69% 时，合金太脆而无法应用，所以人们研究铁碳合金相图时，主要研究简化后的 $Fe-Fe_3C$ 相图，如图 3-9 所示。从相图上可以了解 C 的质量分数不同的钢铁在不同温度下所存在的状态（即组织）。

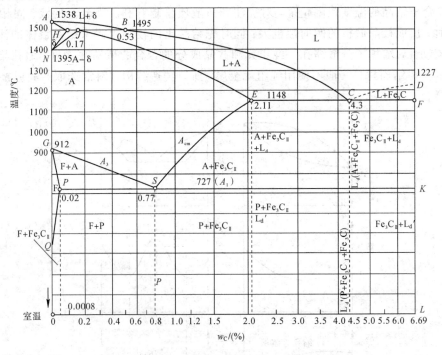

图 3-9 $Fe-Fe_3C$ 相图

3.4.1 铁碳合金的基本相与性能

1. 铁碳合金的基本相

铁碳合金相图中的基本相主要包括铁素体（F）、奥氏体（A）、渗碳体（Fe_3C）。

1) 铁素体(F)

C 在 α-Fe 中的固溶体称为铁素体,用符号 F 或 α 表示。它是碳在 α-Fe 中的间隙固溶体,呈体心立方晶格。铁素体中碳的固溶度极小,室温时碳的质量分数约为 0.0008%;600℃时为 0.0057%;在 727℃时溶碳量最大,碳的质量分数为 0.0218%。铁素体的性能特点是强度低、硬度低、塑性好。其机械性能与工业纯铁大致相同。δ 相又称高温铁素体,是碳在 δ-Fe 中的间隙固溶体,呈体心立方晶格。它在 1394℃以上存在,在 1495℃时溶碳量最大,碳的质量分数为 0.09%。

2) 奥氏体(A)

奥氏体是 C 在 γ-Fe 中的固溶体,用符号 A 或 γ 表示。它是碳在 γ-Fe 中的间隙固溶体,呈面心立方晶格。奥氏体中碳的固溶度较大,在 1148℃时溶碳量最大,其碳质量分数达 2.11%。奥氏体的强度较低,硬度不高,易于塑性变形。

3) 渗碳体(Fe_3C)

渗碳体是 Fe 和 C 的化合物,用 Fe_3C 表示。其 C 的质量分数为 6.69%。因为在 α-Fe 中 C 的溶解度很小,所以在常温下钢中的 C 大都以渗碳体形态存在。渗碳体的结构较复杂。它由 C 原子构成一个斜方晶格(即 $a \neq b \neq c$),在每个 C 原子的周围都有 6 个 Fe 原子,构成一个八面体。每个八面体的轴彼此倾斜某一个角度。每个八面体有 6 个 Fe 原子和一个 C 原子,每个 Fe 原子同时属于两个八面体。

渗碳体的熔化温度计算值为 1277℃,其硬度很高(800 HBS 左右),但非常脆($a_K \approx 0$),几乎没有延展性(δ 或 $\psi \approx 0$)。Fe 和 C 硬度都不高,一旦它们形成化合物就变成了与原来元素的性能完全不同的物质了。渗碳体根据生成条件不同有条状、网状、片状、粒状等形态,对铁碳合金的机械性能有很大影响。

2. 铁碳合金的性能

相图的形状与合金的性能之间存在一定的对应关系。铁碳合金的性能与成分的关系如图 3-10 所示。

硬度主要取决于组织中组成相或组织组成物的硬度和相对数量,而受它们的形态的影响相对较小,随碳质量分数的增加,由于硬度高的 Fe_3C 增多,硬度低的 F 减少,因此合金的硬度呈直线关系增大,由全部为 F 的硬度(约为 80HBS)增大到全部为 Fe_3C 时的硬度(约为 800 HBS)。

强度是一个对组织形态很敏感的性能。随碳质量分数的增加,亚共析钢中 P

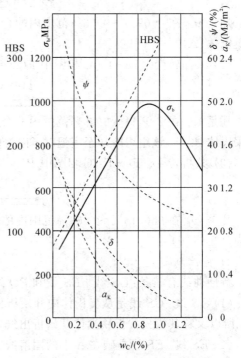

图 3-10 铁碳合金的性能与成分关系

增多而 F 减少。P 的强度比较高，其大小与细密程度有关。组织越细密，则强度值越高。F 的强度较低。所以亚共析钢的强度随碳质量分数的增大而增大。但当碳质量分数超过共析成分之后，由于强度很低的 Fe_3C_{II} 沿晶界出现，合金强度的增高变慢，当 w_C 约为 0.9% 时，Fe_3C_{II} 沿晶界形成完整的网，强度迅速降低；随着碳质量分数的进一步增加，强度不断下降，当 $w_C=2.11\%$ 后，合金中出现 $L_{d'}$ 时，强度已降到很低的值；再增大碳质量分数时，由于合金基体都为脆性很高的 Fe_3C，因此强度变化不大且值很低，趋于 Fe_3C 的强度（约为 20~30 MPa）。

铁碳合金中 Fe_3C 是极脆的相，没有塑性。合金的塑性变形全部由 F 提供。所以随碳质量分数的增大，当 F 量不断减少时，合金的塑性连续下降。当合金成为白口铸铁时，塑性就降到近于零值了。

3.4.2　铁碳合金的相图

1. 铁碳合金相图中重要的点和线

Fe-Fe_3C 相图比较复杂，但围绕三条水平线可将相图分解成三个基本相图，在了解一些重要的点和线的意义后分析时就会容易许多。

1）主要转变

主要转变有三个：包括转变、共晶转变和共析转变。

（1）包晶转变。Fe-Fe_3C 相图中 HJB 线即为包晶转变线，其反应式为

$$L_B+\delta_H \xrightleftharpoons{1495℃} \gamma_J$$

凡是 w_C 在 0.09%~0.53% 范围内的合金冷却至 HJB 线均会发生此反应。转变产物为奥氏体（A）。

（2）共晶转变。Fe-Fe_3C 相图中 ECF 线即为包晶转变线，其反应式为

$$L_C \xrightleftharpoons{1148℃} \gamma_E+Fe_3C$$

凡是 w_C 在 2.11%~6.69% 范围内的合金冷却至 ECF 线均会发生此反应。转变产物为莱氏体（L_d）。该组织冷却至室温时，称为低温莱氏体（$L_{d'}$）。

（3）共析转变。Fe-Fe_3C 相图中 PSK 线即为共析转变线，其反应式为

$$\gamma_S \xrightleftharpoons{727℃} \alpha_P+Fe_3C$$

凡是 w_C 在 0.0218%~6.69% 范围内的合金冷却至 PSK 线均会发生此反应。转变产物为珠光体（P）。

2）特性曲线

特性曲线有三条：GS 线、ES 线和 PQ 线。

（1）GS 线。GS 线是从奥氏体中开始析出铁素体的转变线。由于这条曲线在共析线以上，所以又称其为先共析铁素体开始析出线，习惯上称为 A_3 线。

（2）ES 线。ES 线是碳在 A 中的固溶线，通常叫做 A_{cm} 线。由于在 1148℃时 A 中溶碳量最大，碳质量分数可达 2.11%，而在 727℃时仅为 0.77%，因此碳质量分数大于 0.77% 的铁碳合金自 1148℃冷至 727℃的过程中，将从 A 中析出 Fe_3C。析出的渗碳体称为二次

渗碳体(Fe_3C_{II})。A_{cm}线亦为从 A 中开始析出 Fe_3C_{II} 的临界温度线。

(3) PQ 线。PQ 线是碳在 F 中的固溶线。在 727℃时，F 中溶碳量最大，碳质量分数可达 0.0218%，而室温时仅为 0.0008%，因此碳质量分数大于 0.0008% 的铁碳合金自 727℃ 冷至室温的过程中，将从 F 中析出 Fe_3C。析出的渗碳体称为三次渗碳体(Fe_3C_{III})。PQ 线亦为从 F 中开始析出 Fe_3C_{III} 的临界温度线。

3) 特性点

Fe-Fe$_3$C 相图中 14 个特征点的温度、碳含量及意义如表 3-2 所示。

表 3-2　Fe-Fe$_3$C 相图中 14 个特征点的温度、碳含量及意义

特性点	$t/℃$	$w_C/(\%)$	意　义
A	1538	0	纯铁熔点
B	1495	0.53	包晶反应时液态合金的成分
C	1148	4.30	共晶点
D	1227	6.69	渗碳体分解点
E	1148	2.11	碳在 γ-Fe 中的最大溶解度
F	1148	6.69	渗碳体的成分
G	912	0	γ-Fe 同素异构转变点(称为 A_3)
H	1495	0.09	碳在 δ-Fe 中的最大溶解度
J	1495	0.17	包晶点
K	727	6.69	渗碳体的成分
N	1394	0	δ-Fe 同素异构转变点(称为 A_4)
P	727	0.0218	碳在 α-Fe 中的最大溶解度
S	727	0.77	共析点
Q	600	0.0057	600℃时碳在 α-Fe 中的溶解度。室温时为 0.0008%

2. 铁碳合金的平衡结晶过程

根据铁碳合金中 C 的质量分数的不同，可把铁碳合金分为钢和铸铁。根据组织特点又可以把钢分成三类：C 的质量分数为 0.77% 的钢称为共析钢；C 的质量分数小于 0.77% 的钢称为亚共析钢；C 的质量分数大于 0.77% 的钢称为过共析钢。

铸铁也可分为三类：C 的质量分数等于 4.3% 的铸铁称为共晶铸铁；C 的质量分数小于 4.3% 的铸铁称为亚共晶铸铁；C 的质量分数大于 4.3% 的铸铁称为过共晶铸铁。实际上铸铁中 C 的质量分数最高不能超过 5%；否则，性能很脆，没有实用价值。现结合图 3-9 中的 Fe-Fe$_3$C 相图分析铁碳合金室温下的组织及组织形成过程。

1) 工业纯铁($w_C \leqslant 0.0218\%$)

下面以碳质量分数为 0.01% 的铁碳合金为例，对其冷却曲线和平衡结晶过程(如图 3-11 所示)进行分析。

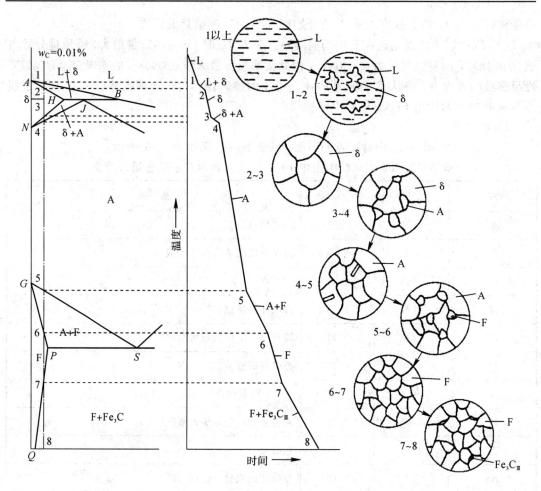

图 3-11　工业纯铁结晶过程示意图

合金在 1 点以上为液相 L。当冷却至稍低于 1 点时，合金开始从 L 中结晶出 δ，至 2 点合金全部结晶为 δ。从 3 点起，δ 逐渐转变为 A，至 4 点全部转变完成。4～5 点间 A 冷却不变，自 5 点开始，从 A 中析出 F。F 在 A 晶界处生核并长大，至 6 点时 A 全部转变为 F。在 6～7 点间 F 冷却不变。在 7～8 点间，从 F 晶界析出 Fe_3C_{III}。因此合金的室温平衡组织为 $F+Fe_3C_{III}$。F 呈白色块状；Fe_3C_{III} 量极少，呈小白片状分布于 F 晶界处。若忽略 Fe_3C_{III}，则组织全为 F。

工业纯铁中组织组成物的含量分别为

$$w_F = \frac{6.69-0.01}{6.68-0.0008} \times 100\% = 99.86\%$$

$$w_{Fe_3C} = 1 - 99.86\% = 0.14\%$$

2）亚共析钢（$0.0218\% < w_C < 0.77\%$）

以 C 的质量分数为 0.40% 的合金为例，其结晶过程示意图如图 3-12 所示。3 点以上与前述的合金类似，通过 3～4 阶段后，结晶为 A，处于均匀状态。当冷却到 4 点时，开始析出少量的 F。随着温度的下降，F 越来越多，其成分沿 GP 线不断变化，A 成分沿 GS 线变化，由于 F 内几乎不能溶 C，故在 F 不断增多的同时，剩下的越来越少的 A 中含碳量将不断增多。当温度下降到 4 点时，组织中除 F 外还有未转变的 A，A 的 C 的质量分数已增加到了 0.77%，此时，这部分 A 将转变成 P。故在 4～5 阶段，合金由 A+F 构成。在略低于 5 点温度时，合金由 F+P 构成。再继续冷却，F 中要析出三次渗碳体，但因其数量很少，一般情况下其作用很小，常被忽略。故亚共析钢的室温组织为 F+P。

亚共析钢中组织组成物的含量分别为

$$w_\alpha = \frac{0.77 - 0.40}{0.77 - 0.0218} \times 100\% = 49.5\%$$

$$w_{Fe_3C_{III}} = 1 - 49.5\% = 50.5\%$$

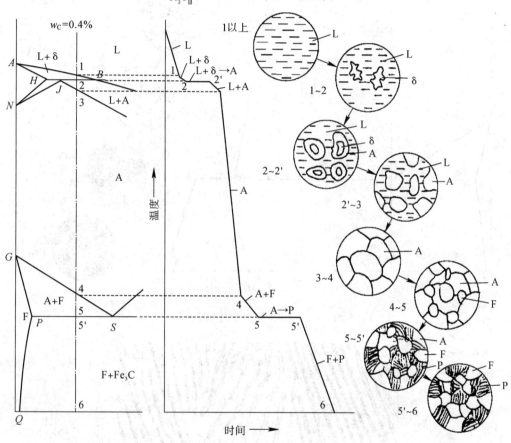

图 3-12 亚共析钢结晶过程示意图

3）共析钢（$w_C = 0.77\%$）

共析钢的含碳量为 0.77%，其结晶过程示意图如图 3-13。共析钢在温度 1～2 点间，合金按匀晶转变从液相中结晶出奥氏体，在 2 点全部转变为奥氏体。继续冷却到 3 点时，奥氏体在此恒温下发生共析转变，最终奥氏体全部转变为珠光体。这一珠光体是 F 与 Fe_3C 的层片状细密混合物，其组织如图 3-14 所示，呈指纹形态，其中白色的基体为 F，黑色的层片表示 Fe_3C。当由 727℃ 继续冷却时，珠光体中铁素体的溶碳量沿着 PQ 线逐渐减少，从而不断析出 Fe_3C_{III}。由于析出量很少，且分辨不清，因此可忽略。

P 中 F 和 Fe_3C 的含量分别为

$$w_\alpha = \frac{6.69 - 0.77}{6.69 - 0.0218} \times 100\% = 88.7\%$$

$$w_{Fe_3C_{III}} = 1 - 88.7\% = 11.3\%$$

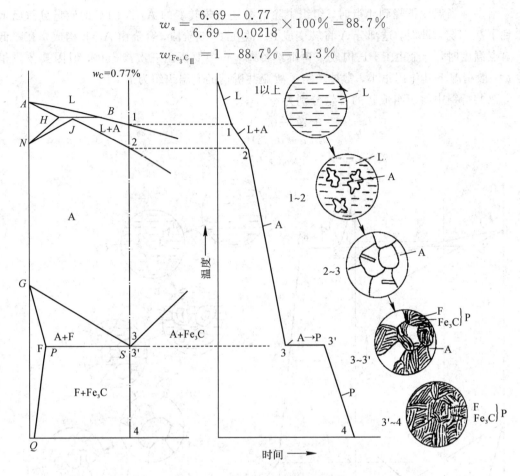

图 3-13 共析钢结晶过程示意图

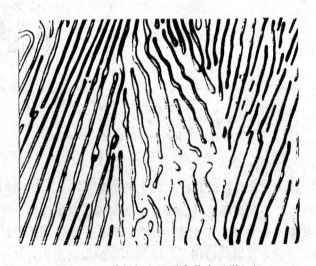

图 3-14 共析钢室温平衡状态显微组织

4）过共析钢（0.77%＜w_C≤2.11%）

以碳质量分数为1.2%的铁碳合金为例，其冷却曲线和平衡结晶过程如图3-15所示。

当合金冷却时，从 1 点起自 L 中结晶出 A，至 2 点全部结晶完。在 2~3 点间 A 冷却不变，从 3 点起，由 A 中析出 Fe_3C_{II}，Fe_3C_{II} 呈网状分布在 A 晶界上。至 4 点时，A 的碳质量分数降为 0.77%，4~4′ 点发生共析反应转变为 P，而 Fe_3C_{II} 不变化。在 4′~5 点间冷却时组织不发生转变。因此室温平衡组织为 Fe_3C_{II}+P。在显微镜下，Fe_3C_{II} 呈网状分布在层片状 P 周围。

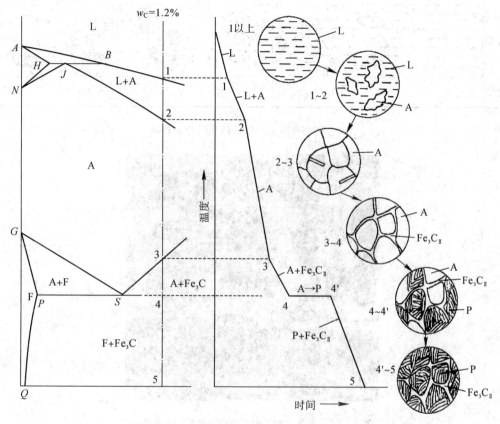

图 3-15　过共析钢结晶过程示意图

过共析钢中组织组成物的含量分别为

$$w_P = \frac{6.69 - 1.2}{6.69 - 0.77} \times 100\% = 93\%$$

$$w_{Fe_3C_{II}} = 1 - 93\% = 7\%$$

5）亚共晶白口铁（2.11% $< w_C <$ 4.30%）

以碳质量分数为 3.0% 的铁碳合金为例，其平衡结晶过程如图 3-16 所示。

合金在 1~2 点间，从液相中不断结晶出所谓的"初生奥氏体"或"先共晶奥氏体"，当冷却至 2 点时，剩余液相的含碳量为 4.3%，于此恒温下，液相发生共晶转变形成莱氏体。共晶转变时，初生奥氏体保持不变。共晶转变结束时的合金组织为初生 A+L_d。在 2~3 点间继续冷却时，初生 A 和共晶 A 都析出 Fe_3C_{II}，奥氏体的含碳量沿 ES 线逐渐降低。当温度降至 3 点时，所有的奥氏体都发生共析转变，此时 L_d 转变为 $L_{d'}$。共晶 Fe_3C 在整个结晶过程中保持不变。所以亚共晶白口铸铁（白口铸铁简称白口铁）的室温组织如图 3-17 所示，为 $P+Fe_3C_{II}+L_{d'}$。

温度	1点以上	1~2点	2点	2点终了	2~3点	3点	3点以下
组织	L	L+A	L+A+L_d	A+L_d	A+Fe$_3$C$_{II}$+L_d	A+Fe$_3$C$_{II}$+P+L_d+$L_{d'}$	P+Fe$_3$C$_{II}$+$L_{d'}$
示意图		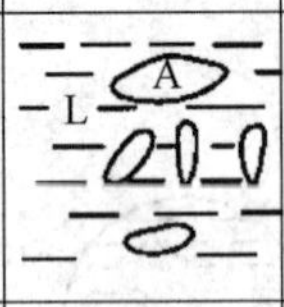		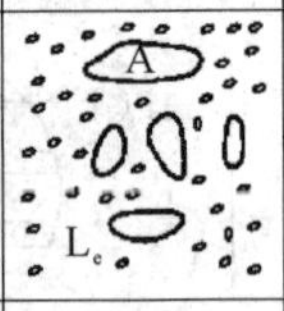	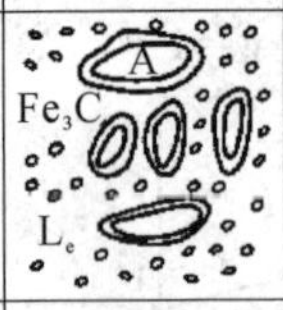	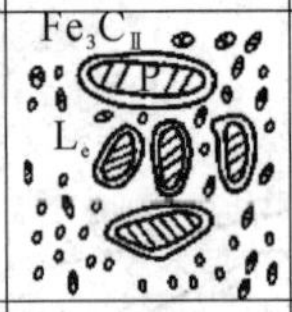	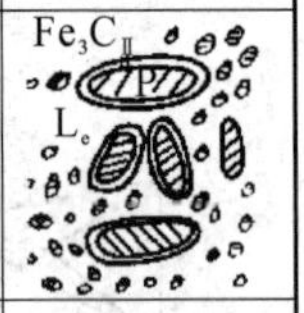
相	L	L, A	L, A, Fe$_3$C	A, Fe$_3$C	A, Fe$_3$C	A, Fe$_3$C, F	F, Fe$_3$C

图 3-16 亚共晶白口铁结晶过程示意图

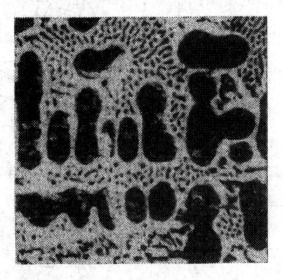

图 3-17 亚共晶白口铁室温平衡状态显微组织

亚共晶白口铁中组织组成物的含量分别为

$$w_{\gamma_初}=\frac{4.30-3.0}{4.30-2.11}\times100\%=59.4\%$$

$$w_{L_d}=1-59.4\%=40.6\%$$

从奥氏体中析出的 P 和 Fe$_3$C$_{II}$ 分别为

$$w_{Fe_3C_{II}}=\frac{2.11-0.77}{6.69-0.77}\times59.4\%=13.4\%$$

$$w_P=59.4\%-13.4\%=46\%$$

6）共晶白口铁（$w_C=4.30\%$）

共晶白口铸铁的含碳量为 4.3%，其结晶过程示意图如 3-18 所示。此合金溶液冷却到 1 点即 1148℃时，在恒温下发生共晶转变。转变产生的这一混合组织称为莱氏体，用符号 L_d 表示。莱氏体中的 Fe$_3$C 称为共晶渗碳体；其中的 A 称为共晶奥氏体。在 1~2 点间继续冷却时，共晶 A 的溶碳量沿 ES 线变化，不断析出 Fe$_3$C$_{II}$。因为它析出在基体上，分辨不出，故一般不予区别。温度降至 2 点即 727℃时，共晶 A 含碳量降至 0.77%，于此恒温下，发生共析转变形成珠光体。共晶白口铸铁这时的组织是 $P+Fe_3C$，是低温莱氏体，用符号 $L_{d'}$ 表示。$L_{d'}$ 与 L_d 的区别就在于 $L_{d'}$ 为 $P+Fe_3C$，而 L_d 则为 $A+Fe_3C$。室温下组织如图 3-19 所示。

温度	1点以上	1点	1~2点	2点以下
组织	L	$L+L_d$ $(A+Fe_3C)$	$L_d(A+Fe_3C+Fe_3C_{II})$	$L_{d'}(P+Fe_3C+Fe_3C_{II})$
示意图	 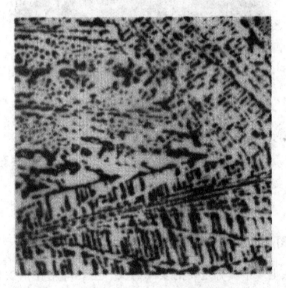	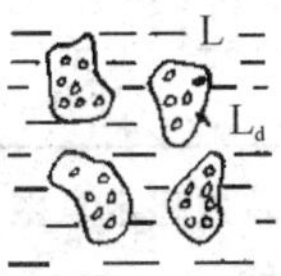		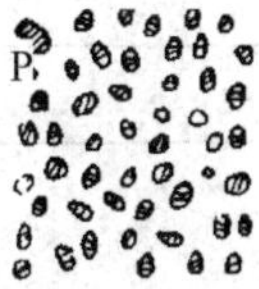
相	L	L，A，Fe_3C	A，Fe_3C	F，Fe_3C

图 3-18　共晶白口铁结晶过程示意图

图 3-19　共晶白口铁室温平衡状态显微组织

7）过共晶白口铁（$4.30\% < w_C \leqslant 6.69\%$）

以碳质量分数为 5.0% 的铁碳合金为例，其平衡结晶过程如图 3-20 所示。

过共晶白口铸铁结晶过程中的基本转变与亚共晶白口铸铁相同。但不同的是它在匀晶反应中，在 1~2 点间，从液相中不断结晶出呈大条片状的一次渗碳体 Fe_3C_I。再继续冷却直到室温，Fe_3C_I 不发生变化。所以过共晶白口铸铁的室温组织如图 3-21 所示，它是由 Fe_3C_I 和 $L_{d'}$ 组成的。

过共晶白口铁中组织组成物的含量分别为

$$w_{L_{e'}} = \frac{6.69-5.0}{6.69-4.30} \times 100\% = 70.71\%$$

$$w_{Fe_3C_I} = 1 - 70.71\% = 29.29\%$$

温度	1点以上	1~2点	2点	2~3点	3点以下
组织	L	$L+Fe_3C_I$	$L+Fe_2C_I+L_e$	$Fe_3C_I+L_d$	$Fe_3C_I+L_{d'}$
示意图	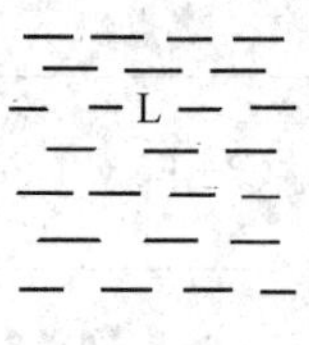 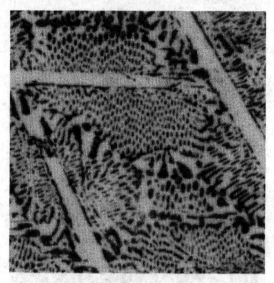	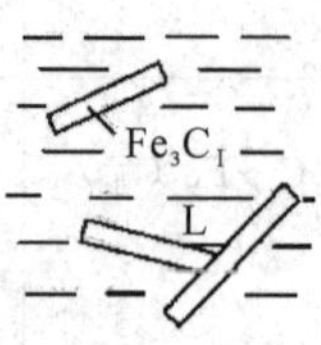	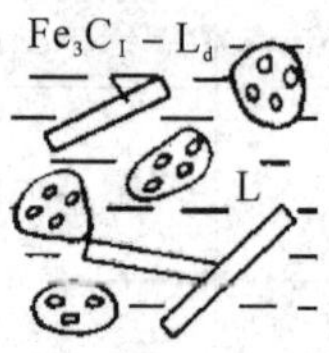	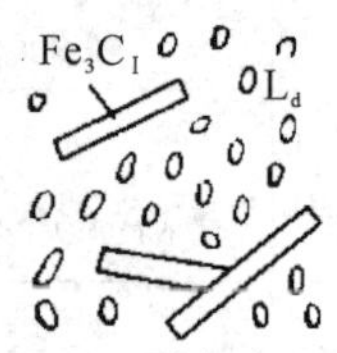	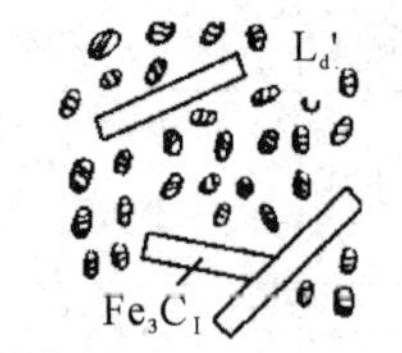
相	L	L,Fe_3C	L,Fe_3C,A	Fe_3C,A	Fe_3C,F

图 3-20　过共晶白口铁结晶过程示意图

图 3-21　过共晶白口铁室温平衡状态显微组织

3.4.3　铁碳相图的应用

Fe-Fe₃C 相图在生产中具有重要的实际意义，主要应用在钢铁材料的选用和加工工艺的制订两个方面，如钢铁材料选用、铸造工艺、热锻及热轧工艺、热处理工艺等方面。

1. 钢铁材料选用

Fe-Fe₃C 相图所表明的成分-组织-性能的规律，为钢铁材料的选用提供了依据。建筑结构和各种型钢需用塑性、韧性好的材料，因此选用碳质量分数较低的钢材。各种机械零件需要强度、塑性及韧性都较好的材料，应选用碳质量分数适中的中碳钢。各种工具要用硬度高和耐磨性好的材料，则选碳质量分数高的钢种。纯铁的强度低，不宜用作结构材料，但由于其磁导率高，矫顽力低，因此可作软磁材料使用，如作为电磁铁的铁芯等。白口铸铁硬度高、脆性大，不能切削加工，也不能锻造，但其耐磨性好，铸造性能优良，适用于制作要求耐磨、不受冲击、形状复杂的铸件，如拔丝模、冷轧辊、货车轮、犁铧、球磨机的磨球等。

2. 铸造工艺

根据 Fe-Fe₃C 相图可以确定合金的浇注温度，浇注温度一般在液相线以上 $50\sim100$ ℃。从相图上可看出，纯铁和共晶白口铸铁铸造性能最好。它们的凝固温度区间最小，因而流动性好，分散缩孔少，可以获得致密的铸件，所以铸铁在生产上总是选在共晶成分附近。在铸钢生产中，C 的质量分数规定在 $0.15\%\sim0.6\%$ 之间，因为这个范围内钢的结晶温度区间较小，铸造性能较好。

3. 热锻及热轧工艺

钢处于奥氏体状态时强度较低，塑性较好，因此，锻造或轧制用钢材选在单相奥氏体区内进行。一般始锻、始轧温度控制在固相线以下 $100\sim200$ ℃ 范围内。温度高时，钢的变形抗力小，节约能源，设备要求的吨位低，但温度不能过高，要防止钢材严重烧损或发生晶界熔化。终锻、终轧温度不能过低，以免钢材因塑性差而发生锻裂或轧裂。亚共析钢的热加工终止温度多控制在 GS 线以上一点，避免变形时出现大量铁素体，形成带状组织而使韧度降低。过共析钢的变形终止温度应控制在 PSK 线以上，以便把呈网状析出的二次渗碳体打碎。终止温度不能太高，否则再结晶后奥氏体晶粒粗大，使热加工后的组织也粗大。一般始锻温度为 $1150\sim1250$ ℃，终锻温度为 $750\sim850$ ℃。

4. 热处理工艺

Fe-Fe₃C 相图对于制订热处理工艺有着特别重要的意义。一些热处理工艺，如退火、正火、淬火的加热温度都是依据 Fe-Fe₃C 相图确定的。

在运用 Fe-Fe₃C 相图时应注意以下两点：

第一，Fe-Fe₃C 相图只反映铁碳二元合金中相的平衡状态，若含有其他元素，相图将发生变化。

第二，Fe-Fe₃C 相图反映的是平衡条件下铁碳合金中相的状态，当冷却或加热速度较快时，其组织转变就不能只用相图来分析了。

习题与思考题 3

3-1 二元合金相图表达了合金的哪些关系？各有哪些实际意义？

3-2 二元相图在三相平衡反应过程中，能否应用杠杆定律？为什么？

3-3 在 Cu-Ni 二元合金系二元相图中，三种不同含 Ni 量的合金，在 t℃ 下都具有液、固两相，此时三者各自的液、固相量及相的浓度是否相同？哪一个合金的枝晶偏析比较严重？为什么？画出相图予以说明。

3-4 试分析共晶反应、包晶反应和共析反应的异同点。

3-5 Cu-Ni 二元合金系中什么成分的合金硬度最高？硬度最高的合金铸造性能如何？

3-6 为什么铸造用合金常选用接近共晶成分的合金？

3-7 试画出 Fe-Fe₃C 相图，填出各相区的组织，说明图中的主要点、线的意义。

3-8 什么是共析反应？什么是共晶反应？

3-9 分析 C 的质量分数分别为 0.45%、1.2%、3.0%、5.0% 的铁碳合金从液态缓冷至室温的平衡相变过程和室温下的平衡组织，写出转变表达式，画出显微组织示意图。

3-10 简述 C 的质量分数对铁碳合金组织和性能的影响。

第4章 钢的热处理

4.1 钢的热处理基础

4.1.1 概述

钢的热处理是将固态钢采用适当的方式进行加热、保温和冷却，以获得所需组织结构与性能的一种工艺。也称之为钢的改性处理。热处理的工艺过程通常可用温度-时间坐标的热处理工艺曲线来表示，如图 4-1 所示。

热处理的特点是改变零件或者毛坯的内部组织，而不改变其形状和尺寸。其作用是消除毛坯，如铸件、锻件等中的某些缺陷，改善毛坯的切削性能，改善零件的力学性能，充分发挥材料的性能潜力，延长零件使用寿命，并为减小零件尺寸，减轻零件重量，提高产品质量，降低成本提供了可能性。因此，热处理得到了广泛的应用，如汽车、拖拉机制造中 70%~80% 的零件需要进行热处理，各种工夹量具和轴承则 100% 需要进行热处理。随着科学技术的发展和对材料性能要求的日益提高，热处理将发挥更大的作用。

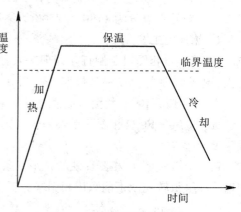

图 4-1 热处理工艺曲线

根据热处理的目的要求和工艺方法的不同，热处理分为普通热处理（退火、正火、淬火和回火）、表面热处理（表面淬火、渗碳、渗氮、碳氮共渗等）及特殊热处理（形变热处理等）。但不是所有的材料都能进行热处理强化，能进行热处理强化的材料必须满足：

（1）有固态相变。

（2）经冷加工使组织结构处于热力学不稳定状态。

（3）表面能被活性介质的原子渗入从而改变表面化学成分。

因此，要了解各种热处理工艺方法，必须首先研究钢在加热（包括保温）和冷却过程中组织转变的规律。

4.1.2 钢在加热时的转变

钢之所以能进行热处理强化，是由于钢在固态下具有相变。在固态下不发生相变的纯金属或合金则不能用热处理方法强化。

在 $Fe-Fe_3C$ 相图中，A_1、A_3 和 A_{cm} 是碳钢在极缓慢地加热或冷却时的相变温度线，是平衡临界点。在实际生产中,加热和冷却不可能极缓慢,因此不可能在平衡临界点进行组织转变。实际加热时,各临界点的位置分别为图 4-2 中的 A_{c_1}、A_{c_3}、$A_{c_{cm}}$ 线;而实际冷却时,各临界点的位置分别为 A_{r_1}、A_{r_3} 和 $A_{r_{cm}}$。

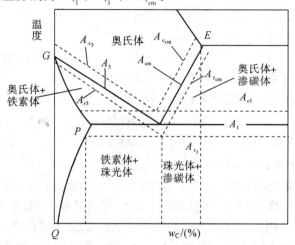

图 4-2 碳钢加热和冷却时的临界点在 $Fe-Fe_3C$ 相图上的位置

碳钢加热到 A_1 以上时,便发生珠光体向奥氏体的转变,这种转变称为奥氏体化。加热时所形成奥氏体的化学成分、均匀性、晶粒大小以及加热后未溶入奥氏体中的碳化物等过剩相的数量、分布状况等都对钢的冷却转变过程及转变产物的组织和性能产生重要的影响。奥氏体化后的钢,若以不同的方式冷却,便可得到不同的组织,从而使钢获得不同的性能。因此,奥氏体化是钢组织转变的基本条件。

1. 奥氏体的形成

共析钢在 A_1 以下全部为珠光体组织,当加热到 A_{c_1} 以上时,珠光体(P)转变成奥氏体(A)。奥氏体的形成也称为奥氏体化,形成遵循形核和长大的基本规律,并通过以下四个阶段来完成,如图 4-3 所示。

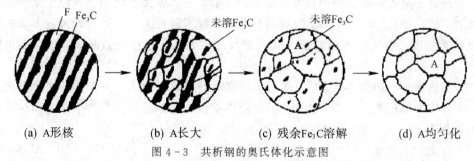

(a) A形核   (b) A长大   (c) 残余Fe₃C溶解   (d) A均匀化

图 4-3 共析钢的奥氏体化示意图

(1)奥氏体形核阶段。

由于相界面上碳浓度和结构的特点,奥氏体晶核首先在铁素体和渗碳体相界面处形成。

(2)奥氏体晶核长大阶段。

奥氏体晶核长大是依靠依靠铁、碳原子的扩散,使珠光体中的铁素体继续向奥氏体转变和渗碳体不断溶入奥氏体而进行的。在平衡条件下,铁素体向奥氏体转变的速度远比渗碳体溶解速度快得多,珠光体中的铁素体首先消失,当铁素体全部转变为奥氏体时,奥氏体的长大结束。

此时，未溶解的渗碳体残留在奥氏体中，使奥氏体的平均碳浓度低于共析成分。

（3）残余渗碳体的溶解阶段。

铁素体消失后，组织中还有一部分残余渗碳体存在。随着保温时间的延长或继续升温，残余渗碳体通过扩散不断溶入奥氏体，直到全部消失为止。

（4）奥氏体成分均匀化阶段。

残余渗碳体完全溶解后，奥氏体中碳浓度是不均匀的。这时如果继续保温一段时间，奥氏体就会通过碳原子的充分扩散实现成分的均匀化。

与共析钢相比，亚共析钢或过共析钢加热到 A_{c_1} 以上时，原始组织中的珠光体转变成奥氏体，而先析铁素体(也称为先共析铁素体)或先析渗碳体尚未完全溶解。只有进一步加热到 A_{c_3} 或 $A_{c_{cm}}$ 以上，并保温足够时间，先共析相向奥氏体转变，才能获得均匀的单相奥氏体。

2. 奥氏体晶粒的大小及其影响因素

钢在加热时所形成的奥氏体晶粒的大小，对冷却后钢的组织和性能有很大的影响。奥氏体晶粒过大，会使冷却后的钢材强度、塑性和韧性下降，尤其是塑性和韧性下降更为显著。

奥氏体晶粒大小可用晶粒度来表示。根据国家标准 GB 6394，奥氏体晶粒度一般分为 8 级，以 1 级为最粗，8 级为最细。通常，1～4 级为粗晶粒，5～8 级为细晶粒。

影响奥氏体晶粒度的因素主要有：

（1）原始组织和碳含量。在钢的原始组织中，珠光体越细，所形成的奥氏体晶粒也越细。钢中碳含量对奥氏体晶粒长大的影响很大。随奥氏体碳含量的增加，铁、碳原子的扩散速度增大，奥氏体晶粒长大倾向性增加。但当超过奥氏体饱和碳浓度以后，由于出现残余渗碳体，产生机械阻碍作用，使长大倾向性减小。

（2）加热温度和保温时间。奥氏体刚形成时晶粒是细小的，但随着温度的升高，晶粒将逐渐长大。温度越高，晶粒长大越明显。随着加热温度的继续升高，奥氏体晶粒将急剧长大。这是由于晶粒长大是通过原子扩散进行的，而扩散速度随着温度升高呈指数关系增加。在影响奥氏体长大的诸因素中，温度的影响最显著。因此，为了获得细小奥氏体晶粒，热处理时必须规定合适的加热温度范围。一般都是将钢加热到相变点以上某一适当温度。此外，钢在加热时，随着保温时间的延长，晶粒不断长大。但随着时间延长，晶粒长大速度愈来愈慢。当奥氏体晶粒长大到一定尺寸后，继续延长保温时间，晶粒不再明显长大。

（3）加热速度。加热速度愈大，奥氏体转变时的过热度愈大，奥氏体的实际形成温度愈高，奥氏体的形核率大于长大速率，因此获得细小的起始晶粒。生产中常采用快速加热和短时间保温的方法来细化晶粒。

（4）合金元素含量。钢中加入适量的强碳化物形成元素，如 Ti、Zr、Nb、V 等，这些元素与碳化合形成熔点高、稳定性强的碳化物，弥散分布在奥氏体晶粒内，阻碍奥氏体晶界的迁移，使奥氏体晶粒难以长大。不形成碳化物的合金元素，如 Si、Ni、Cu 等对奥氏体晶粒长大的影响不明显。而 Mn、P 等元素溶入奥氏体后，可促进奥氏体晶粒长大。

4.1.3 钢在冷却时的转变

钢在奥氏体化后的冷却过程是钢热处理的关键的一步，决定了钢冷却后的组织类型和性能。

　　钢在奥氏体化后的冷却方式通常分为两种:一种是连续冷却,即将奥氏体化的钢连续冷却到室温;另一种是等温处理,即将奥氏体化的钢迅速冷却到临界温度以下的某一温度进行保温,让奥氏体在等温条件下进行转变,待组织转变结束后再以某一速度冷却到室温。

　　奥氏体的稳定存在温度是在 A_1 线以上。当奥氏体温度降至临界温度以下后,称为过冷奥氏体。此时的奥氏体处于热力学不稳定状态,会发生分解,形成稳定相。根据转变温度的高低及转变机理和产物的不同,过冷奥氏体的转变可分为三种基本类型:珠光体型转变、贝氏体型转变和马氏体型转变。

1. 过冷奥氏体等温转变曲线

　　过冷奥氏体等温转变曲线是研究过冷奥氏体等温转变的重要工具,可以通过改变温度和时间,分别研究温度和时间对过冷奥氏体转变的影响,有利于搞清转变机理、转变动力学、转变产物的组织和性能。

　　过冷奥氏体等温转变曲线测定的基本原理为:将奥氏体化的共析钢试样急冷至临界点 (A_1) 以下某一温度,并在该温度下保温不同的时间,然后测定过冷奥氏体的转变量与时间的关系。以温度(℃)为纵坐标,时间(s)为横坐标(对数坐标),分别将各温度下过冷奥氏体转变开始和转变终了时间点用光滑曲线连接起来,这就是过冷奥氏体等温转变曲线,简称 TTT 曲线(Time Temperature Transform),如图 4-4 所示。由于曲线的形状与"C"字相似,故也称为 C 曲线。

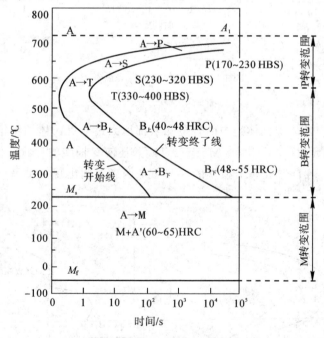

图 4-4　共析碳钢 C 曲线

　　在图 4-4 中,由纵坐标轴到转变开始线之间的水平距离表示过冷奥氏体等温转变前所经历的时间,称为孕育期。过冷奥氏体在不同温度下等温转变所需的孕育期是不同的。孕育期的长短标志着过冷奥氏体的稳定性。从共析碳钢的 C 曲线来看,在 550℃附近,即 C 曲线"鼻尖"部分,孕育期最短,过冷奥氏体稳定性最差。在不同温度下,过冷奥氏体的转变产物也不同。过冷奥氏体等温转变可以分成三种类型:"鼻尖"以上的高温转变区为珠光体类型转变;"鼻尖"至 M_s(230℃)之间的中温转变区为贝氏体类型转变;M_s — M_f(—50℃)之间的低温转变区为马氏体类型转变。

2. 影响 TTT 曲线的因素

1)碳含量

与共析碳钢 C 曲线相比,亚共析或过共析碳钢的 C 曲线形状大体上也与其相似,只是高温下的单相奥氏体在 A_3 或 A_{cm} 以下等温冷却时,会首先析出先析铁素体或二次渗碳体。因此,在 C 曲线上多了一条先析相析出线,如图 4-5 所示。另外,亚共析钢中的含碳量越低或过共析钢中的含碳量越高,将会使 C 曲线位置越向左移动,即过冷奥氏体越易于分解,稳定性越低。由图 4-5 还可看出,M_s 随奥氏体碳浓度升高而明显下降,M_f 也随之降低。

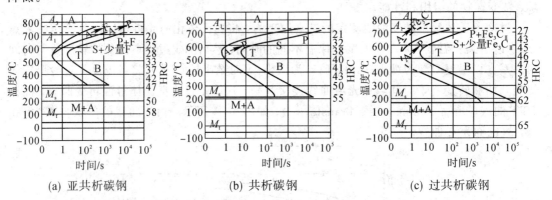

(a) 亚共析碳钢　　　　(b) 共析碳钢　　　　(c) 过共析碳钢

图 4-5　三种碳钢的 C 曲线

2)合金元素

除 Co 外,所有溶入奥氏体当中的合金元素都增大过冷奥氏体的稳定性,使 C 曲线右移;强碳化物形成元素(如 Cr、W、Mo、V、Ti 等)还使 C 曲线的形状发生变化,即珠光体转变与贝氏体转变各自形成一个独立的 C 曲线,两者之间出现一个奥氏体相当稳定的区域,如图 4-6 所示。

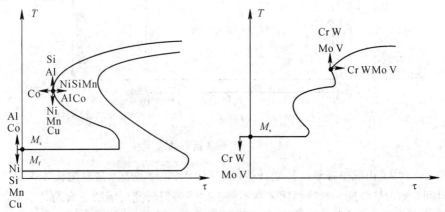

(a) 非碳化物合金元素对碳钢C曲线的影响　　(b) 碳化物合金元素对碳钢C曲线的影响

图 4-6　合金元素对碳钢 C 曲线的影响

3）奥氏体化温度和保温时间

奥氏体化温度愈高或保温时间愈长，会导致奥氏体晶粒长大，晶界减少，奥氏体成分趋于均匀，未溶碳化物数量减少，这些都不利于过冷奥氏体的分解转变，故使 C 曲线向右移动。

3. 过冷奥氏体连续冷却转变曲线

采用类似于测定 C 曲线的原理和方法（但为连续冷却），可测出各种钢的过冷奥氏体连续冷却转变图（Continuous Cooling Transformation，CCT 曲线）。共析碳钢的 CCT 曲线如图 4 - 7 所示。由图可知，它有如下特点：

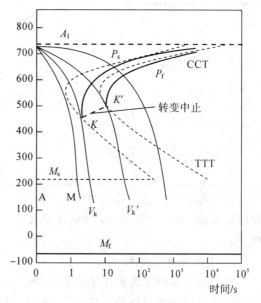

图 4 - 7　共析碳钢的 CCT 图

（1）CCT 曲线只有上半部分，而没有下半部分。这就是说，共析碳钢在连续冷却时，只发生珠光体转变和马氏体转变，而没有贝氏体转变。

（2）CCT 曲线珠光体转变区由三条曲线构成：P_s 线为 A→P 转变开始线；P_f 为 A→P 转变终了线；K 线为 A→P 转变中止线，它表示当冷却曲线碰到 K 线时，过冷奥氏体就不再发生珠光体转变，而一直保留到 M_s 点以下转变为马氏体。

（3）与 CCT 曲线相切的冷却速度线称为马氏体临界冷却速度。马氏体临界冷却速度对热处理工艺具有十分重要的意义。当钢以大于临界冷却速度冷却时，转变产物为马氏体；以小于临界冷却速度冷却时，将至少有部分奥氏体在冷却过程中会发生分解。

此外，过共析碳钢的 CCT 曲线与共析碳钢相比，除了多出一条先共析渗碳体的析出线外，其他基本相似。但亚共析碳钢的 CCT 曲线与共析碳钢却大不相同，它除多出一条先共析铁素体的析出线外，还出现了贝氏体转变区，因此亚共析碳钢在连续冷却后可以出现由更多产物组成的混合组织。例如，45 钢经油冷淬火后得到铁素体，屈氏体，上、下贝氏体，马氏体的混合组织。

钢的连续冷却转变图与其等温转变图一样，是制订热处理工艺的重要依据。各钢种（包括合金钢）的 TTT 图与 CCT 曲线都可在有关手册中查找。

4. 过冷奥氏体等温转变产物的组织与性能

过冷奥氏体的转变产物有三种类型，分别是珠光体类型组织、贝氏体类型组织和马氏体类型组织。

1）珠光体类型组织

将钢奥氏体化后冷却至稍低于 A_1 温度就会发生珠光体转变，即由面心立方的奥氏体转变为由体心立方的铁素体和复杂六方的渗碳体组成的珠光体。珠光体中铁素体与渗碳体的层片间距离，随转变温度的降低（即过冷度的增大）而减小，即组织变得更细。根据片层间距的大小，将珠光体组织分为珠光体、索氏体、屈氏体，其形成温度范围、组织和性能如

表4-1所示。

表4-1 共析碳钢三种珠光体型组织

组织名称		符号	转变温度/℃	相组成	转变类型	特　征	HRC	σ_b/MPa
珠光体型	珠光体	P	$A_1 \sim 650$	F+ Fe_3C	扩散型(铁原子和碳原子都扩散)	片层间距=0.6~0.8μm,500×分清	10~20	1000
	索氏体	S	650~600			片层间距=0.25~0.4μm,1000×分清,细珠光体	25~30	1200
	屈氏体	T	600~550			片层间距=0.1~0.2μm,2000×分清,极细珠光体	30~40	1400

　　珠光体的强度及硬度随片间距离的减小(即铁素体-渗碳体相界面增多)而升高,塑性也略有改善。在工程中,冷拔钢丝就要求具有索氏体组织才容易变形而不至因拉拔而断裂。

　　2)贝氏体类型组织

　　过冷奥氏体转变为贝氏体类型组织是在介于高温和低温之间的中温范围内进行的。这时由于转变温度相对较低,即过冷度较大,铁原子已失去扩散能力,碳原子也只能作短程的扩散,所以,贝氏体类型的组织转变为半扩散型的转变。

　　贝氏体是由含碳过饱和的铁素体与渗碳体(或碳化物)组成的两相混合物。根据转变温度和组织形态的不同,贝氏体一般分为上贝氏体($B_上$)和下贝氏体($B_下$)两种,其形成温度范围、组织和性能如表4-2所示。

表4-2 共析碳钢两种贝氏体型组织

组织名称		符号	转变温度/℃	相组成	转变类型	特　征	HRC
贝氏体型	上贝氏体	$B_上$	550~350	F过饱和+Fe_3C	半扩散型(铁原子不扩散,碳原子扩散)	羽毛状:平行密排的过饱和F板条间,不均匀分布短杆状,使条间容易脆性断裂,工业上不应用	40~45
	下贝氏体	$B_下$	350~230	F过饱和+ε-$Fe_{2.4}C$		针状:在过饱和F针内均匀分布(与针轴成55°~65°角)排列小薄片ε碳化物。具有较高的强度、硬度、塑性和韧性	50~60

　　3)马氏体类型组织

　　奥氏体化的碳钢自A_1线以上快速冷却到M_s以下将发生马氏体转变,这种转变也称为低温转变。由于马氏体转变温度极低,过冷度很大,形成速度极快,因此铁、碳原子都不能进行扩散,奥氏体只能发生非扩散性的晶格转变,过冷奥氏体由面心立方晶格向体心立方晶格转变。但由于溶解在原奥氏体中的碳原子无法析出,从而造成了晶格严重畸变,实际得到的转变产物为体心正方晶格,这样奥氏体将直接转变成一种含碳过饱和的α固溶体,称为马氏体,用符号 M 表示。

马氏体的组织形态主要有板条状和片状两种。其形成温度、范围、组织和性能如表 4-3 所示。

表 4-3 共析碳钢两种马氏体型组织

组织名称		符号	转变温度/℃	相组成	转变类型	特征	HRC
马氏体型	片状马氏体,$w_C \geqslant$ 1.0%（高碳、孪晶）	M	240～50	碳在 $\alpha-Fe$ 中过饱和固溶体（体心立方晶格）	非扩散型（铁原子和碳原子都不扩散）	①马氏体变温形成,与保温时间无关。 ②马氏体形成速度极快,仅需 $10\sim7s$。	64～66
	板条状马氏体,$w_C \leqslant$ 0.20%（低碳、位错）					③马氏体转变不完全性,碳含量 $\geqslant 0.5\%$ 钢中存在残余奥氏体。 ④马氏体的硬度与碳含量有关	30～50

钢中出现何种形态的马氏体主要取决于碳含量。马氏体的强度和硬度主要取决于马氏体中的碳含量,随着马氏体碳含量的增加,晶格畸变增大,马氏体的强度、硬度也随之增高。当含碳量大于 0.6% 时,其强度和硬度的变化趋于平缓。马氏体的塑性和韧性随碳含量增高而急剧降低。这是因为碳含量高,晶格畸变大,淬火内应力大,存在许多显微裂纹,同时微细孪晶破坏了滑移系,也使脆性增大。而低碳马氏体具有较高的强度和韧性,因此其在生产中得到广泛应用。

4.2 钢的普通热处理工艺

4.2.1 钢的退火

退火是将钢加热到预定温度,保温一定时间后缓慢冷却(通常随炉冷却),获得接近于平衡组织的热处理工艺。

退火的目的:

(1) 降低硬度,改善切削加工性。

(2) 消除残余应力,稳定尺寸,减少变形与开裂倾向。

(3) 细化晶粒,调整组织,消除组织缺陷。

根据钢的成分和退火的目的不同,退火可分为完全退火、等温退火、球化退火、均匀化退火(扩散退火)、去应力退火和再结晶退火等。

1. 完全退火

完全退火是指把钢加热到 A_{c_3} 线以上 30～50℃,保温后缓慢冷却的热处理上艺。它主要适用于亚共析成分的铸钢件、锻件、热轧型材和焊接件。通过完全退火后,获得接近于平衡状态的珠光体组织。可消除上述工件内部的粗晶结构和不均匀的组织,降低工件的硬度,提高强度和韧性,同时可以消除残余内应力,为后续加工和塑性变形作准备。

2. 等温退火

等温退火时加热温度与完全退火相同，但保温后快速冷却到 A_{c_1} 线以下再进行保温，使奥氏体的转变在稍低温度下进行，这样可以缩短转变时间，提高生产效率。同时在转变过程中，整个工件的温度均衡，可获得均匀的组织与性能。等温退火主要用于奥氏体稳定的合金钢工件和高合金钢件的处理。

3. 球化退火

球化退火是指把钢加热到 A_{c_1} 线以上 20℃ 保温后，缓慢冷却至 600℃ 出炉，在空气中冷却的热处理工艺。它主要适用于共析和过共析钢及合金工具钢的退火，使钢中的网状二次渗碳体和珠光体中的片状渗碳体球化，降低材料硬度，改变切削加工性，并可减小最终淬火变形和开裂，为以后的热处理作准备。

球化退火保温时间较长，以保证二次渗碳体球化，冷却过程要足够缓慢，以保证奥氏体发生共析转变时，共析渗碳体球化。为了获得较好的球化效果，对于含碳量高、网状渗碳体严重的钢，应在退火前用正火消除网状渗碳体。

在生产过程中，也有将球化退火应用于亚共析钢的，主要目的是使珠光体中的渗碳体变为球状，降低硬度，提高塑性，大大有利于冷拔、冷冲压等冷变形加工。

4. 均匀化退火（扩散退火）

均匀化退火是指把钢加热到 A_{c_3} 线以上 150~250℃，长时间保温后缓慢冷却的处理工艺。它主要适用于合金钢铸锭和铸件，目的是消除铸件中存在的偏析缺陷，使成分均匀化。合金元素含量越多的钢，加热温度也越高。保温时间可视工件大小和壁厚情况来确定，一般至少应保温 10 h 上。

扩散退火容易使钢的晶粒粗大，影响力学性能，因此一般扩散退火后仍需进行完全退火或正火，以细化扩散退火中因高温和长时间的保温所产生的粗大组织。

5. 去应力退火

去应力退火是指把钢加热到低于 A_{c_1} 线的某一温度（一般为 600~650℃），保温后缓慢冷却的处理工艺。它主要用于消除铸件、锻件、焊接件、冷冲件以及切削加工件中存在的残余应力。去应力退火过程中没有组织转变过程，残余应力的消除是通过保温时金属产生塑性变形来实现的。去应力退火还可稳定工件尺寸及形状，减少零件在切削加工和使用过程中的变形和裂纹倾向。去应力退火又称低温退火或人工时效。

6. 再结晶退火

再结晶退火是指把钢加热到再结晶温度以上 150℃ 左右，保温后缓慢冷却的处理工艺。它主要适用于冷变形塑性加工件，用以消除工件的加工硬化现象，获得较好的综合力学性能。

4.2.2　钢的正火

正火是将钢加热到 A_{c_3}（亚共析钢）或 $A_{c_{cm}}$（共析和过共析钢）以上 30~50℃，保温适当时间后在静止空气中冷却的热处理工艺。

正火的目的：

（1）对普通碳素钢、低合金钢和力学性能要求不高的结构件，可作为最终热处理。

（2）对低碳素钢，可用来调整硬度，避免切削加工中"粘刀"现象，改善切削加工性。

（3）对共析、过共析钢，可用来消除网状二次渗碳体，为球化退火作好组织上的准备。

正火比退火加热温度高，冷却速度快，冷却后组织中铁素体量少，珠光体弥散度大，得到的索氏体组织比退火的珠光体组织细，故正火比退火具有较高的力学性能。同样的钢件在正火后强度和硬度比退火后高，钢的含碳量愈高，用这两种方法处理后的强度和硬度差别愈大。而且，正火生产周期短、生产率高、操作简便、经济性好。

4.2.3 钢的淬火

淬火是将钢加热到 A_{c_3} 或 A_{c_1} 以上 30～50℃，经过保温后在冷却介质中迅速冷却的热处理工艺。淬火可以使钢件获得马氏体和贝氏体组织，以提高钢的力学性能。各种工具、模具、量具、滚动轴承等都需要经过淬火来提高硬度和耐磨性，以满足使用的需要。所以淬火是强化钢件的最主要的而且是最常用的热处理方法。

淬火工艺的选择对淬火工件的质量影响较大，如果选择不当，容易使淬火件力学性能不足或产生过热，马氏体晶粒粗大和变形开裂等缺陷，严重的还会造成零件报废。因此，应力求在加热中防止过热、表面氧化和脱碳，在冷却中减少变形和开裂，这些都是制定淬火工艺所必须考虑的基本因素。

1. 淬火加热温度和加热时间

碳钢的淬火加热温度范围如图 4-8 所示。

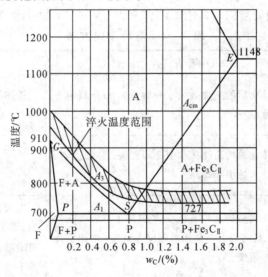

图 4-8 碳钢的淬火加热温度范围

亚共析钢的淬火加热温度为 $A_{c_3} + (30 \sim 50)℃$，淬火后的组织为均匀细小的马氏体。如果加热温度过高，将导致马氏体晶粒粗大并引起工件变形；如果加热温度小于 A_{c_3}，淬火组织为马氏体和铁素体，严重影响淬火钢的整体性能，造成强度和硬度不足。

过共析钢的淬火加热温度为 $A_{c_1} + (30 \sim 50)℃$，淬火后的组织为均匀细小的马氏体和粒状二次渗碳体，有利于增加钢的硬度和耐磨性。如果加热温度过高，则二次渗碳体将全部溶入奥氏体，使马氏体转变温度降低，淬火组织中残余奥氏体增多，而粒状渗碳体减少，使钢的硬度和耐磨性降低。同时由于加热温度高，晶粒粗大，使钢的脆性增大，可增加变形和开裂的倾向。

加热时间(包括零件的升温时间和保温时间)也是影响淬火质量的因素之一。若时间太短，会使奥氏体成分不均，甚至奥氏体转变不完全，淬火后零件出现软点或淬不硬。若加热时间过长，将增加氧化、脱碳和晶粒粗大的倾向。影响淬火加热时间的因素较多，如钢的成分、原始组织、工件形状和尺寸、加热介质、炉温、装炉方式及装炉量等。

2. 淬火冷却介质

冷却是决定钢的淬火质量的关键。工件淬火冷却时，要使其得到合理的淬火冷却速度，必须选择适当的淬火介质。

根据钢种的不同，淬火时所用的冷却介质也有所不同，目前应用较广的冷却介质是水、油及盐或碱的水溶液。水是最便宜而且在 $650\sim550℃$ 范围内具有很大的冷却能力的淬火介质，对工件的腐蚀作用弱，适合作为碳钢淬火时的冷却介质。油的冷却能力比水低，有利于减少工件的变形，适合作为合金钢淬火时的冷却介质。盐或碱的水溶液冷却能力更强，使淬火后钢的硬度高而且均匀，但容易使工件的内应力增大，它具有一定的腐蚀作用，适合作为形状简单的低、中碳钢淬火时的冷却介质。

3. 淬火方法

生产中应根据钢的化学成分、工件的形状和尺寸，以及技术要求等来选择淬火方法。选择合适的淬火方法可以在获得所要求的淬火组织和性能条件下，尽量减少淬火应力，从而减小工件变形和开裂的倾向。常用的淬火方法如表 4-4 所示。

表 4-4 常用淬火方法

淬火方法	冷 却 方 式	特点和应用
单液淬火法	将奥氏体化后的工件放入一种淬火冷却介质中一直冷却到室温	操作简单，已实现机械化与自动化，适用于形状简单的工件
双液淬火法	将奥氏体化后的工件在水中冷却到接近 M_s 点时，立即取出放入油中冷却	防止低温马氏体转变时工件发生裂纹，常用于形状复杂的合金钢
分级淬火法	将奥氏体化后的工件放入温度稍高于 M_s 点的盐浴中，使工件各部分与盐浴的温度一致后，取出空冷完成马氏体转变	大大减小热应力、变形和开裂，但盐浴的冷却能力较小，故只适用于截面尺寸小于 $10~mm^2$ 的工件，如刀具、量具等
等温淬火法	将奥氏体化的工件放入温度稍高于 M_s 点的盐浴中等温保温，使过冷奥氏体转变为下贝氏体组织后，取出空冷	常用来处理形状复杂、尺寸要求精确、强韧性高的工具、模具和弹簧等
局部淬火法	对工件局部要求硬化的部位进行加热淬火	
冷处理	将淬火冷却到室温的钢继续冷却到 $-70\sim80℃$，使残余奥氏体转变为马氏体，然后低温回火，消除应力，稳定新生马氏体组织	高硬度、耐磨性、稳定尺寸，适用于一些高精度的工件，如精密量具、精密丝杠、精密轴承等

金属材料经淬火处理后的效果可用淬透性和淬硬性来表示和衡量。

淬透性是指钢在淬火时所能得到的淬硬层深度。通常规定将工件表面到半马氏体组织(50％马氏体和50％非马氏体)的距离作为淬硬层深度。钢的淬透性主要取决于临界冷却速度。临界冷却速度愈小，过冷奥氏体愈稳定，钢的淬透性也就愈好。因此，除 Co 外，大多数合金元素都能显著提高钢的淬透性。

淬硬性是指钢在淬火后能达到的最高硬度值。淬硬性的高低主要取决于马氏体中的含碳量。淬硬性好的钢不一定其淬透性也好，而淬透性好的钢其淬硬性也未必高。

机械制造中，一般截面尺寸较大和形状复杂的重要零件，以及承受轴向拉伸或压缩应力(或交变应力)、冲击负荷的螺栓、拉杆、锻模等，应选用淬透性高的钢，并将整个工件淬透。对承受交变应力、扭转应力、冲击负荷和局部磨损的轴类零件，它们的表面受力很大，心部受力较小，不要求一定淬透，因而可选用低淬透性的钢，一般淬透到截面半径的 1/2 至 1/4 深，可根据载荷大小进行调整。

承受交变应力和振动的弹簧，应选用淬透性高的钢材，以免由于其心部没有淬透，在心部出现游离铁素体，使屈强比大大降低，工作时容易产生塑性变形而失效。

焊接件不宜选用淬透性高的钢材，否则容易在焊缝热影响区内出现淬火组织，造成焊件变形和裂纹。

4.2.4 钢的回火

回火是将淬火后的钢加热到 A_{c_1} 线以下某一温度，保温后冷却至室温的处理工艺。它是淬火工件必须进行的一个工序，其目的是为了消除淬火时因冷却过快而产生的内应力，降低淬火工件的脆性，稳定工件尺寸和使工件具有符合工作条件的性能。

根据回火加热温度的不同，回火可分为低温回火、中温回火和高温回火。

(1) 低温回火。

低温回火是把淬火后的钢加热至 150～200℃，保温后冷却至室温的处理工艺。低温回火后的组织为回火马氏体，基本保持了回火后的高硬度(58～64 HRC)和高耐磨性。它主要用于处理各种高碳工具钢、模具、滚动轴承以及渗碳和表面淬火的零件。

(2) 中温回火。

中温回火是把淬火后的钢加热至 350～500℃，保温后冷却至室温的处理工艺。中温回火后的组织为回火屈氏体，回火硬度一般为 35～50 HRC，应力基本消除，工件的弹性和韧性很高。它主要用于处理各种弹性元件。

(3) 高温回火。

高温回火是把淬火后的钢加热至 500～650℃，保温后冷却的处理工艺。高温回火后的组织为回火索氏体，其综合力学性能优良，在保持较高强度的同时，具有良好的塑性和韧性，回火硬度一般为 25～35 HRC。这种淬火后高温回火的热处理称为调质处理。它适用于处理传递运动和力的重要零件，如传动轴、齿轮、传递连杆等。

4.3 钢的表面热处理

对于承受弯曲、扭转等交变载荷及冲击载荷并在摩擦条件下工作的零件，如齿轮、轴类、轧辊等，不但要求其表面有高的强度、硬度、耐磨性和疲劳强度，还要求零件心部有足够的塑性和韧性，以使零件的表面和心部实现良好的性能配合。普通热处理方法不能满足这些性能要求，生产上常用表面热处理的方法进行处理。

4.3.1　钢的表面淬火

表面淬火是对工件表层进行淬火的工艺。它是将工件表面进行快速加热，使其奥氏体化并快速冷却获得马氏体组织，而心部仍保持原来塑性、韧性较好的退火、正火或调质状态的组织。表面淬火后需进行低温回火，以减少淬火应力和降低脆性。

目前，生产中应用最广泛的是感应加热表面淬火，其次是火焰加热表面淬火。

1. 感应加热表面淬火

感应加热是将钢件置于通入交变电流的线圈中，由于电磁感应，钢件产生频率相同、方向相反的交变电流。由于集肤效应，集中在钢件表层的高密度电流，在具有较大电阻的钢件表层呈涡旋流动并产生热效应，将钢件表层迅速加热至淬火温度，而钢件中心电流几乎为零，温度变化很小，这时经喷水冷却，钢件表面快冷淬火，得到一定深度的马氏体层。淬火后为了消除内应力和淬硬层脆性，应进行 $180 \sim 200 ℃$、$1 \sim 2$ h 低温回火处理，获得回火马氏体，保持高硬度及高耐磨性。

感应加热时，工件截面上感应电流密度的分布与通入感应线圈中的电流频率有关。电流频率愈高，感应电流集中的表面层愈薄，淬硬层深度愈小。因此可通过调节通入感应线圈中的电流频率来获得工件不同的淬硬层深度。

根据所用电流频率，感应加热可分：为高频感应加热、中频感应加热和工频感应加热。

(1) 高频感应加热。

高频感应加热所用电流频率范围为 $100 \sim 500$ kHz。国内常用电源设备为电子管式高频发生装置，其频率为 $200 \sim 300$ kHz，主要用于要求淬硬层较浅的小型轴类零件、齿轮，其淬硬层深度为 $0.5 \sim 2$ mm。

(2) 中频感应加热。

中频感应加热所用电流频率范围为 $500 \sim 10\ 000$ Hz。常用电源设备有中频发电机和可控硅中频发生器，其频率为 $2500 \sim 8000$ Hz，适用于大模数齿轮和尺寸较大的凸轮轴、曲轴等，其淬硬层深度为 $2 \sim 10$ mm。

(3) 工频感应加热。

工频感应加热所用电流频率为 50 Hz。电源设备为工频加热装置，主要用于大尺寸零件，如轧辊和大型工模具等，其淬硬层深度为 $10 \sim 15$ mm。

感应淬火具有加热速度快（只需几十秒）、淬火组织细密、零件表面氧化脱碳少、变形小、易实现自动化等优点；但加热设备较贵，对形状复杂的零件处理比较困难，故不适合单件、小批量生产。

感应加热表面淬火主要适用于中碳钢和中碳低合金钢，例如 45、40Cr、40MnB 等。若碳含量过高，会增加淬硬层脆性，降低心部塑性和韧性，并增加淬火开裂倾向；若碳含量过低，会降低零件表面淬硬层的硬度和耐磨性。在某些条件下，感应加热表面淬火也应用于高碳工具钢、低合金工具钢、铸铁等工件。

2. 火焰加热表面淬火

火焰加热表面淬火法是用乙炔-氧或其他可燃气体燃烧时形成的高温火焰将工件表面加热到相变温度以上,然后立即喷水淬火冷却的方法。

火焰加热表面淬火的淬硬层深度一般为 2～6 mm。它适用于中碳钢、中碳合金钢制成的异型、大型或特大型工件的表面淬火;还可以用于灰铸铁、合金铸铁的表面淬火,例如对车床床身导轨表面淬火。

火焰加热表面淬火方法设备简单,操作方便,成本低,适用于单件、小批量生产的大型零件和需要局部淬火及外型复杂的工具和零件,如大型轴类、大模数齿轮和大型工模具等。但火焰加热表面淬火容易过热,淬火质量不稳定,限制了它在工业生产中的广泛使用。现代化大规模生产中采用专用火焰加热淬火机床能有效地稳定淬火质量,进行大批量连续生产。

4.3.2 化学热处理

钢的化学热处理是将金属或合金工件置于一定温度的活性介质中保温,使一种或几种元素渗入表层,以改变其化学成分、组织和性能的热处理工艺。它与表面淬火不同,表面淬火是通过改变表面层组织的办法来改变表面层的性能,而化学热处理是用改变工件表层成分的办法来改变工件表层的组织和性能。化学热处理根据渗入元素的不同可分为渗碳、渗氮、碳氮共渗、渗硼、渗金属等。除了使工件表面硬度、耐磨性提高外,化学热处理还可以使工件表面获得一些特殊性能,如耐热性、耐蚀性等。

1. 渗碳

渗碳是提高一件表面含碳量的工艺方法。渗碳有固体渗碳、液体渗碳、气体渗碳三种。由于固体渗碳生产效率低、质量不易控制,而液体渗碳环境污染大、劳动条件差,因此在生产中很少采用。目前使用最广泛的是气体渗碳。

气体渗碳在井式或箱式可控气氛炉中进行。加热温度为 900～950℃,炉内滴入易分解的有机液体(如煤油、甲醇等),或直接通入渗碳气体(如煤气、石油液化气等)通过分解反应产生活性碳原子,它被工件吸收,然后碳原子向表层深处扩散,从而使工件在一定深度的表层(0.2～2 mm)含碳量达到 0.35%～1.05%。

渗碳工件一般选用低碳钢,渗碳后的工件一定要进行淬火和低温回火处理,使其表层具有回火马氏体结构和消除渗碳过程中形成的粗晶结构。

2. 渗氮

渗氮是指提高钢件表面含氮量的处理工艺。工业中广泛应用的是气体渗氮法。把氮气通入炉中,加热到 500～600℃,氮发生分解,活性氮原子渗入钢的表面并向内扩散,形成一定深度的氮化层。氮化层表面硬度很高(69HRC),所以它具有较高的耐磨性和热硬性,并具有较好的抗疲劳性。

渗氮后工件的性能主要取决于合金元素形成的氮化物,所以渗氮用钢都是含有 Cr、Al、Mo、Ti、V 等元素的合金钢,形成的 CrN、AlN、MoN 等氮化物具有极强的硬度、很高的熔点和稳定的化学性能。氮化件不需要再进行其他热处理,但其生产周期长,成本高,且需专用钢才有好效果,因此渗氮处理应用受到了一定限制。渗氮工艺主要用于耐磨性和精度都要求较高的零件，或要求耐热、抗蚀的耐磨件，如发动机汽缸、排气阀、精密丝杠、锉床主轴等。

3. 碳氮共渗

碳氮共渗是向零件表面同时渗入碳原子和氮原子的化学热处理工艺。由于碳和氮同时向钢中扩散，因此工件在较低的温度和较短的时间里就能获得相当深的共渗层。虽然碳氮共渗层的含碳量比渗碳的低，但因为有氮的存在，碳氮共渗后淬火可获得含氮马氏体和碳氮化合物，共渗层可获得高硬度。

当碳氮共渗时，向炉内通入氨气和滴入煤油，在 $820 \sim 860℃$ 温度时，即可获得活性碳氮原子，其被工件表面吸收，并逐渐扩散到内部，形成 $0.2 \sim 1$ mm 厚的共渗层，再经淬火和低温回火后即可获得所需性能。

碳氮共渗具有生产周期短、生产效率高、表面硬度高和变形小等优点，主要用于形状复杂、要求变形小的耐磨零件。除了 20CrMnTi 等低碳合金钢外，碳氮共渗处理还广泛用于中碳钢和中碳合金钢。

4. 渗硼

渗硼就是在高温下使硼原子渗入工件表面形成硼化物硬化层的化学热处理工艺。渗硼使零件表面具有很高的硬度（$1200 \sim 2000$ HV）和耐磨性、良好的抗蚀性、红硬性和抗氧化性。例如对履带销、拉伸模等进行渗硼处理，其寿命可提高 $7 \sim 10$ 倍。

渗硼方法有固体渗硼、液体渗硼和气体渗硼三种。其中，在液体渗硼法的盐浴成分中主要是硼砂，它在熔融状态下发生热分解，然后用活泼元素（硅、钛、铝、锂、镁、钙等）将硼从 B_2O_3 中置换出来，产生活性硼原子即可进行渗硼。

渗硼层的耐磨性比其他化学热处理好，尤其是高温下的耐磨性更为优越。渗硼零件一般不需要进行淬火。对心部强度要求较高的渗硼件，一定要进行淬火时，应先将渗硼后的工件在中温盐浴中预冷以减少应力，然后用油冷或分级淬火，并及时进行回火。

5. 渗金属

渗金属的基本原理和其他化学热处理相似，由含有渗入元素的介质分解产生活性原子而被吸收到基体金属表面，经扩散作用使渗入元素向零件内部迁移。因为渗入原子与基体原子半径相差小，原子在晶格中的迁移比较困难，要得到足够的扩散层，就必须有较高的温度和较长的时间。

渗金属主要是将钢材表面合金化，使之具有所需要的特殊性能。例如，渗铬可以提高工件的抗腐蚀、抗高温氧化和耐磨性，并有较好的抗疲劳性能，可代替不锈钢；渗铝可以提高抗高温氧化性，可代替耐热钢；渗锌可以提高正常大气环境中的抗腐蚀性能；渗硅零件对各种介质（海水、硝酸、硫酸、盐酸等）都具有良好的抗腐蚀性等。

钢件表面同时渗入若干元素的方法称为金属共渗。金属共渗所得到的渗层性能比渗入一种元素要好。例如，铬铝共渗层的高温抗氧化性比渗铬、渗铝都好，而且其表面硬度高于渗铬，耐磨性也较好。铝硅共渗后，抗氧化性和抗腐蚀性都有显著提高。而碳氮硼三元共渗能显著提高材料的表面硬度（$960 \sim 1100$ HV）、耐磨性和抗腐蚀能力，而且由于处理温度低，使得零件的热处理变形小。

4.4 热处理新技术

4.4.1 高能束表面处理技术

高能束表面处理是指将具有高能量密度的能源施加到材料表面,使之发生物理、化学变化,以获得特殊表面性能的方法。高能束通常指激光束、电子束和离子束。

1. 激光束表面改性

激光束表面改性是采用高功率密度的激光束,以非接触性的方式加热材料表面,借助于材料的自身传导、冷却,来实现材料表面改性的工艺方法。

激光淬火是铁基合金在固态下经受激光辐射,表层被迅速加热至奥氏体温度以上,并在激光停止辐射后,快速自冷淬火得到马氏体组织的一种工艺方法。适用激光淬火的材料主要有灰铸铁、球墨铸铁、碳钢、合金钢和马氏体不锈钢等。

激光淬火的特点:

(1) 能使硬化层内残留相当大的压应力,从而增强了材料表面的疲劳强度。

(2) 速度快,进入工件的热量少,因此热变形小。

(3) 无需淬火液,清洁卫生,并可直接将淬火工序安排在生产线上,实现自动化生产。

(4) 为非接触方式,可用于窄小的沟槽和底面的表面淬火。

2. 电子束表面改性

电子束表面改性是利用空间定向运动的电子束,在撞击工件后将部分动能转化为热能,对工件进行表面处理的技术。电子束在真空条件下可同激光一样用于表面改性,提高工件的硬度和耐磨性,而且加热时间极其短暂,变形小或无变形。

电子束表面淬火是利用高能量电子束快速扫描工件,使基体材料表层快速吸收能量而升温至钢的相变点之上,发生马氏体转变而进行的表面强化。

电子束熔凝处理是利用电子束辐照金属表面,使其温度迅速达到其熔点以上,形成过热状态,此时整体金属尚处于冷态,则基底金属就成为熔化金属的"淬火剂",将其迅速冷却至室温。它可改善合金的表层组织,获得超细晶粒。

电子束比激光束的能量效率高得多,淬火自由度也比激光束淬火大,但对于大型零件的淬火,电子束不如激光束有利。

3. 离子注入表面改性

离子注入表面改性是将几万或几十万电子伏特的高能离子注入到材料表面,使材料表面层的物理、化学和力学性能发生变化。经离子注入后,某些金属材料的耐蚀、耐磨和抗氧化性能提高近 1000 倍。

离子注入的过程是将需要注入的元素在离子源中进行离子化,以数千伏的电压把形成的离子引入质量分析器,在质量分析器中把具有一定荷质比的离子筛选出来,并导入加速系统,在数千伏到数百千伏的加速电压作用下,高能离子可在扫描电场作用下,在材料表面纵横扫描,从而实现高能离子对材料表面的均匀注入。

离子注入表面改性可获得其他方法不能得到的新合金相,且与基体结合牢固,无明显界面和脱落现象。由于处理温度一般在室温附近,因此不会引起精密零件的变形,能保证原有尺寸精度和表面光洁程度。

4.4.2　热喷涂技术

热喷涂是利用一种热源将喷涂材料加热至熔融状态，并通过气流吹动使其雾化并高速喷射到零件表面，以形成喷涂层的表面加工技术。按热源形式分，热喷涂可分为电弧喷涂、等离子弧喷涂、火焰喷涂等。

1. 电弧喷涂

电弧喷涂是以电弧为热源，将金属丝熔化并用气流雾化，使熔融粒子高速喷到工件表面形成涂层的一种工艺。电弧喷涂在不提高工作温度，不使用贵重底层材料的情况下，可获得高的结合强度，电弧喷涂层的结合强度是火焰喷涂层的 2～6 倍。其生产效率高，能源利用率高于其他喷涂方法，而且能源费用降低 50% 以上。由于电弧喷涂仅用电和压缩空气，不用易燃气体，故安全性好。

2. 等离子弧喷涂

等离子弧喷涂是以等离子弧为热源的热喷涂。等离子弧是一种高能密束热源，电弧在等离子喷枪中受到压缩，能量集中。粉末在等离子焰流中被加热到熔融状态，并高速喷打在零件表面上。当撞击零件表面时，熔融状态的球形粉末发生塑性变形，黏附在零件表面，各粉粒之间也依靠塑性变形而相互连接起来，随着喷涂时间的增长，零件表面就获得一定尺寸的喷涂层。

等离子弧喷涂的特点：

(1) 零件无变形，不改变基体金属的热处理性质。

(2) 涂层的种类多。

(3) 工艺稳定，涂层质量高。

此外，等离子喷涂还和其他方法一样，具有零件尺寸不受限制，基体材质广泛，加工余量小，可用喷涂强化普通基材零件表面等优点。

3. 火焰喷涂

火焰喷涂是以氧–燃料气体火焰作为热源，将喷涂材料加热到熔化或半熔化状态，并以高速喷射到经过预处理的基体表面上，从而形成具有一定性能涂层的工艺。燃料气体包括乙炔、氢气、液化石油气和丙烷等。比如，氧乙炔火焰喷涂可以喷涂各种丝材、棒材。它具有设备简单，工艺操作简便，应用广泛灵活，适应性强，经济性好，噪声小等特点，因而是目前热喷涂技术中普遍应用的一种。

4.4.3　真空热处理

在环境压力低于正常大气压以下的减压空间中进行加热、保温的热处理工艺称为真空热处理。

金属在进行真空热处理时，既可避免氧化，又有脱气、脱脂等作用。例如，硅钢片的真空退火可除去大部分气体和氮化物、硫化物等，可以消除内应力和晶格畸变，甚至可以提高磁感应强度。对于结构钢、碳素工具钢等零件采用真空退火，均可获得满意的光亮度。铁及钛合金进行真空退火，可以消除极易与钛产生反应的各种气体和挥发性有机物的危害，并可获得合金的光亮表面。又如，在真空中进行加热淬火工艺已广泛应用于各种钢材和钛、镍、钴基合金等，真空淬火后钢件硬度高且均匀，表面光洁，无氧化脱碳，变形小。在真空加热时的脱气作用还可以提高材料的强度、耐磨性、抗咬合性和疲劳强度，使工件寿命提高。例如模具经真空淬火后寿命可提高 40% 以上。

此外，工件在真空中加热并进行气体渗碳称为真空渗碳。真空渗碳的渗碳层均匀，渗碳层碳浓度变化平缓，表面光洁，无反常组织及晶界氧化物，而且渗碳速度快，工作环境好，基本上没有污染。

4.5　工程应用案例——工程车辆主要零件热处理工艺

工程车辆工作强度大，工况复杂，工作环境恶劣，因此，常用的一些关键零部件必须采用合适的热处理方式，以提高其强度和耐磨性等综合性能。一般情况下，工程车辆主要热处理零件包括轴（套）类、齿轮类、大型（焊接）结构件和叉架类等。工程车辆示意图如图 4-9 所示。

图 4-9　工程车辆示意图

4.5.1　轴（套）类零件热处理

工程车辆常用的轴（套）类零件材料有 45 钢、20CrMnTi、20CrMo、40Cr 和 42CrMo 等。

1. 调质处理

由于许多工程车辆零件要求具有较高的强度和可靠性，因此一般轴类、套类零件均需进行调质处理。目前，建筑机械调质处理零件一般是沿用锻造、正火、淬火和高温回火等工序，调质处理一向被认为是最合理的工艺方法，但也有一些不足之处，如工艺流程复杂及成本较高等。

工程车辆零件调质处理后应达到特定的要求：淬火后回火前，表面金相组织应为马氏体或贝氏体，当零件直径小于使用材料的临界直径时，调质后的金相组织应为回火索氏体；凡零件直径大于使用材料的临界直径，调质后心部允许有细珠光体和游离铁素体。零件调质处理后，表面硬度波动范围应符合表 4 - 5 所示要求。

表 4 - 5 工程车辆零件调质处理后表面硬度允许波动范围

零件类型	表面硬度波动范围/HRC			
	单 件		同一批件	
	≤35	>35	≤35	>35
特殊重要件	≤3	≤3	≤5	≤5
重要件	≤4	≤4	≤7	≤6
一般件	≤6	≤5	≤9	≤7

2. 锻造淬火

目前，在提倡节约型国家的大背景下，以节约能源和提高热处理性能为目的的锻造淬火逐渐被广泛采用。锻造淬火工序为钢坯加热、预轧、模锻、切边、淬火和回火。钢坯加热一般采用感应加热，所以不会产生太大的污染，工作环境良好。由于锻造淬火利用锻造后的余热直接淬火，省去了第二次加热工序，经过锻造淬火处理后工件的淬透性好，甚至可以替代低合金钢，能使心部得到充分地硬化，并且有很好的韧性。

3. 表面感应淬火

在工程车辆中，一些中碳钢的轴类零件整体或局部通常采用高频、中频或超音频表面淬火热处理工艺。高频表面淬火只是在所要求的轴(套)类零件部位进行加热，所需能量少，污染也较小，因此其应用范围日渐扩大，是一种理想的热处理方式。零件经高频加热表面淬火后，其疲劳强度和耐磨性能大幅度提高。一些中碳钢工程车辆零件如轮轴、转向节等，在进行表面高频加热淬火后，其成本大大降低，强度得到提高。此外，对于齿轮轴等一些传动零件，表面感应淬火也将作为最终热处理方式，来强化齿面或关键部位的力学性能。在采用高、中频或超音频表面淬火前，中碳钢、中碳低合金钢一般应先采用调质预处理，以使工件获得良好的综合力学性能。

4. 软氮化处理

气体软氮化处理可使零件的疲劳强度、耐磨性和抗咬合性大大提高，是一种很重要的处理方法。选用 NH_3 和吸热型气体 Rx(丁烷、丙烷的制备气)，按照 50：50 的比例通入炉内，570℃处理 3～4 h，可在钢材或铸铁表面获得 10～20 μm 的化合物层和 0.1～0.5 mm 的扩散层。

工程车辆零件采用软氮化处理的有曲轴、凸轮轴和摇臂等，某些铸铁零件也用此法来增强其抗热疲劳性能。软氮化处理作为一种提高耐磨性能的处理方法被广泛应用。

4.5.2 齿轮类零件热处理

在工程车辆齿轮零件中，耐磨性是齿轮的基本要求，其次是抗弯曲疲劳能力和抗接触疲劳能力。一般情况下，工程车辆所用齿轮均应进行热处理。常用的热处理方法主要有渗碳淬火、高频或火焰淬火、整体淬火和正火。前两种方法由于其表层的高硬度与心部的高韧性相结合，能大大提高齿轮的耐磨性、抗弯曲疲劳和接触疲劳能力。整体淬火一般适用于轻负荷的中小齿轮；正火主要用于大型无噪声齿轮。

1. 渗碳淬火

渗碳淬火主要适用于低碳（合金）钢，如 20CrMnTi、20CrMnMo 和 20CrMo。在进行热处理时应考虑以下几点：一是渗碳层组织；二是有效硬化层；三是合金元素成分及含量；四是切削加工性。

根据零件材料和结构不同，淬火方式可分为直接淬火法和再加热淬火法：

（1）直接淬火有下列特点：

① 淬火后，即使是再加热淬火也没有贝氏体析出；

② 热处理变形小；

③ 马氏体针上容易产生微裂纹，会使疲劳性能下降；

④ 渗碳齿轮直接淬火，表层组织中含有 15%～30% 的残余奥氏体，如果齿面硬度下限为 57 HRC，将含残余奥氏体 25% 的齿轮进行喷丸处理能提高疲劳强度。

（2）再加热淬火适于高合金钢或需急速冷却的齿轮。再加热淬火容易生成网状碳化物或引起脱碳，因此，在工程车辆用齿轮中，几乎所有渗碳淬火零件都采用连续炉直接淬火。

直接淬火温度要低于渗碳温度，如用 840℃ 淬火，其目的是控制残余奥氏体。直接淬火可以不必顾虑析出网状碳化物。无镍合金再加热淬火温度也应以 840℃ 为宜。一般情况下，采用渗碳淬火工艺齿轮表面硬度可达 62～63 HRC，这样可以有效防止齿轮胶合和提高耐磨性。在淬火后，中小齿轮宜采用 150～180℃ 温度回火，大型齿轮应在 190～200℃ 回火，使其表面硬度为 55 HRC 左右。

2. 感应加热表面淬火

根据齿轮形状、模数及工作条件不同，采用感应加热的齿轮淬火方法主要有以下几种热处理方式：

（1）齿穿透加热淬火。对于模数小于 4 mm 的 45 钢齿轮多采用此种方法，淬火后硬度一般为 45～50 HRC。操作时应采用较高频率的加热设备和环状感应器。

（2）单齿淬火。大模数齿轮一般采用沿工作面单齿淬火法，其优点是可采用小功率设备处理直径与模数大的齿轮；缺点是因齿根部位不能被淬硬，将使其疲劳强度有所降低。对于模数较大、齿宽也较大的齿轮，宜采用单齿面高频感应表面淬火法，只要掌握好热处理过程和工艺参数，不但能使零件的变形量减小，加工成本降低，而且还可以确保热处理后零件的多种技术要求。单齿淬火工艺的关键，一是要设计合适的感应器，在感应器宽度、高度、截面形状、喷水孔的设计上能满足淬火性能要求；二是要制定合理的工艺参数（预热时工件移动速度、淬火时工件移动速度、屏极电压、阳极电流、栅极电流和槽路电压等）。

（3）整体感应淬火。一些低要求的中小齿轮也可采用整体加热感应淬火方式，为确保零件淬火后的性能，感应器一般要结合零件结构尺寸进行设计，虽然成本较高，但生产效率高，适合于批量齿轮热处理。

4.5.3 大型结构件热处理

工程车辆的大型结构件较多，由于大型结构件在焊接后往往存在较大的焊接应力，若不消除必将造成较大的焊接变形，影响设备的使用效果。大型结构件的热处理方式一般用去应力退火，加热温度一般为 620℃ 左右，保温时间视工件尺寸而定，采取去应力退火后可基本消除焊接应力。

4.5.4 叉架类零件热处理

叉架类零件在工程车辆中应用较多,如变速器的各种拨叉零件,由于其形状比较复杂,尺寸及形位精度要求较高以及拨叉头部壁厚较薄等因素,在进行局部淬火时,容易产生裂纹和较大的变形,较难保证零件的加工精度,将直接影响零件的使用性能。

叉架类零件材料多为 ZG310～570,一般采用两次热处理过程:零件精车前的热处理和拨叉头部精加工后的淬火处理。该类零件热处理的关键是拨叉头部淬火。传统拨叉头部淬火工艺是将零件加热到 820～840℃,保温一段时间,采用水或 10wt.％的 NaCl 水溶液作为冷却介质,其目的是避免出现未熔铁素体,从而获得全马氏体组织。此种方法的缺陷是对于某些形状复杂、尺寸较小的零件容易出现淬裂或产生较大的变形。

为防止这一情况,可以采用亚温淬火工艺,适当降低淬火温度,将零件的加热、保温温度定为 A_3 线附近或稍上的部位,降低淬火时的热应力和组织应力,以消除上述两个原因带来的不利影响。亚温淬火工艺如下:将零件需要淬火的部位在盐浴加热炉中加热到 760～790℃,保温 30～40 min,出炉后直接浸入水槽中冷却,淬火后不再进行低温回火处理。

4.5.5 工程车辆零部件热处理应用趋势

1. 离子氮化处理

离子氮化是在低压气体中,利用辉光放电对被处理的零件进行加热。离子氮化工艺主要有如下特点:

(1) 不使用氨、氰盐之类的有毒物质,无公害,工作环境好;

(2) 只对被处理零件加热,节约能源;

(3) 所需气压非常低,氮化气体的消耗量少;

(4) 热处理温度为 350～570℃,变形量小;

(5) 热处理速度较快。

2. 催渗技术

催渗技术采用专用催渗介质,加快离子介质的渗入,适用于各种滴注式渗碳气氛,可降低渗碳温度,从而减小热处理变形,并提高渗碳速度 25％～45％。同时由于微合金化作用,可以形成完全球化的碳化物,从而具有更优的金相组织。一般情况下,固体催渗剂适用于异型件、深孔件渗碳。

3. 新型渗碳介质

在普通渗碳处理中,煤油是一种应用最为广泛的介质。但其最大的缺点是渗碳速度小,在渗碳层中得到最佳含碳量的重复性差。新型的渗碳介质综合了煤油和以甲醇或者松节油为基的混合物的优点,同时克服了上述介质的主要缺点。如由脂族醇类制成的有机化合物,按其安全性和卫生条件,它与煤油相似;按其渗碳速度和可控性,它与以甲醇为基的混合物相似。与煤油渗碳相比,新型介质可以使渗碳时间平均缩短一半,起到较好的节能作用,且卫生条件和安全条件得到了改善。

4. 智能化应用

在渗碳处理中,智能化的应用主要体现在不同材料零件渗碳时可控气氛的控制精度上,它通过选用合适的有机溶剂作为滴注剂,设计合理的滴注管路系统,加装碳势控制系统。其控制原理是在自动控制方式下，仪表根据现场传来的氧碳头和热电偶信号计算出炉气实际碳势值，将其与设定的碳势值进行比较和作 PID 运算，再对气氛原料（如煤油）供给量作适当调节，使炉气碳势值稳定在设定的数值上。

5. 真空热处理

真空热处理的优点是可有效防止氧化，因而目前在许多工程车辆零部件热处理中逐步推广应用。作为真空热处理的方式之一的真空渗碳工艺也得到了较快的发展。真空渗碳在高温下进行，故在极短时间内即可达到所需的深度，在高温下所形成的粗大组织，在临界点以下冷却能使其细化。真空渗碳具有以下优点：

（1）污染小，生产环境好；

（2）高温处理时间短，有效节约能源；

（3）处理后零件表面光亮；

（4）可实现快速加热和冷却。

除了上述优点外，由于真空炉几乎完全由热辐射方式加热工件，在采用真空炉进行热处理时，还具有可显著降低变形与开裂危险的优点，可以同时处理不同断面的工件，且小型工件不易过热。

习题与思考题 4

4-1　钢材的退火、正火、淬火、回火的目的是什么？各种热处理加热温度范围和冷却方法如何选择？各应用在什么场合？热处理后形成的组织是什么？

4-2　为什么要进行表面淬火？常用的表面淬火方法有哪些？各应用在什么场合？

4-3　什么是淬透性？什么是淬硬性？两者有什么区别？

4-4　正火与退火的主要区别是什么？生产中如何选择正火与退火？

4-5　试比较索氏体和回火索氏体、屈氏体和回火屈氏体、马氏体和回火马氏体之间在形成条件、组织形态、性能上的主要区别。

4-6　说明直径为 10 mm 的 45 钢试样分别经下列温度加热：700 ℃、760 ℃、850 ℃、1100 ℃，保温后在水中冷却得到的室温组织。

4-7　分析在缓慢冷却条件下，45 钢和 T10 钢的结晶过程和室温的相组成和组织组成。

4-8　用 T10 钢制造形状简单的车刀，其工艺路线为：锻造—热处理—机加工—热处理—磨加工。

（1）写出其中热处理工序的名称及作用。

（2）制定最终热处理（磨加工前的热处理）的工艺规范。

4-9　两根直径分别为 10 mm、100 mm，45 钢制造的轴，在水中淬火后，横截面上的组织和硬度是如何分布的？

4-10　确定下列钢件的退火方法，并指出退火的目的及退火的组织。

（1）经冷轧后的 15 钢钢板，要求降低硬度。

（2）ZG35 的铸造齿轮。

（3）改善 T12 钢的切削加工性能。

第 5 章　工　业　用　钢

5.1　概　　述

　　机械产品所用材料中,钢材占很大比例。工业用钢按化学成分可分为碳素钢和合金钢两大类。碳素钢(简称碳钢)是 C 的质量分数在 $0.2\%\sim2.06\%$ 之间,并含有少量 Si、Mn、P、S 等杂质元素的铁碳合金。碳钢冶炼、加工简单,价格低廉,并且通过热处理可以得到不同的性能来满足工业生产上的各种需要,因此得到了极广泛的应用。但工业的发展特别是国防、交通运输、动力、石油、化工等工业的发展,对材料提出了高强度,抗高温、高压、低温,耐腐蚀、磨损等性能的要求。碳钢的应用遇到了越来越多的困难。碳钢的性能主要有以下几方面的不足:

　　(1) 淬透性低。一般情况下,碳钢淬火要求水冷,水淬的最大淬透直径为 $15\sim20$ mm。因此在制造大尺寸和形状复杂的零件时,不能保证性能的均匀性和几何形状不变。

　　(2) 强度和屈强比低。强度低使工程结构和设备笨重。Q235 钢的 $\sigma_s\geqslant240$ MPa,而低合金结构钢 16Mn 的 $\sigma_s\geqslant360$ MPa。屈强比低,说明强度的有效利用率低。40 碳钢的 σ_s/σ_b 为 0.43,而合金钢 35CrNi3Mo 的 σ_s/σ_b 可达 0.74。

　　(3) 回火稳定性差。由于回火稳定性差,碳钢在进行调质处理时,为了保证较高强度而回火温度应降低时,韧性又随之下降,为了保证较好韧性而回火温度应提高时,强度又偏低,所以碳钢的综合机械性能水平不高。

　　(4) 不能满足某些特殊性能的要求。碳钢在抗氧化、耐腐蚀、耐热、耐低温、耐磨以及特殊电磁性能等方面往往较差,不能满足特殊使用要求。

　　为了提高碳钢的力学性能,改善碳钢的工艺性能或使其获得某些特殊物理、化学性能,有意地在钢中加入一定量的合金元素,将含有这种合金元素的碳钢称为合金钢。由于合金钢具有比碳素钢更优良的性能,因而合金钢的使用比例在逐年增大。

5.1.1　钢的分类

　　合金钢种类繁多,为了便于生产、管理和使用,必须进行分类。合金钢的分类方法有多种,按所含合金元素的多少,可分为低合金钢(合金元素总质量小于 5%)、中合金钢(合金元素总质量为 $5\%\sim10\%$)和高合金钢(合金元素总质量高于 10%);按所含主要合金元素,可分为铬钢、镍钢、锰钢、硅锰钢等;按正火或铸造状态的组织,可分为珠光体钢、马氏体钢、铁素体钢、奥氏体钢和莱氏体钢等。合金钢最常用的是按用途分类,可分为合金结构钢、合金工具钢和特殊性能钢三大类。

　　(1) 合金结构钢是专用于制造各种工程结构(船舶、桥梁、车辆、压力容器等)和机器零件(轴、齿轮、连接件等)的钢种,主要包括低合金结构钢、合金渗碳钢、合金调质钢、弹簧钢、轴承钢、易切削钢、超高强钢、低温钢等。

（2）合金工具钢是专用于制造各种加工工具的钢种，包括刃具钢、模具钢和量具钢等。

（3）特殊性能钢是指具有特殊物理、化学或力学性能的钢种，包括不锈钢、耐热钢、耐磨钢等。

5.1.2　工业用钢牌号

钢的牌号反映其主要成分和用途。我国合金钢是按碳含量、合金元素的种类和数量以及质量级别来编号的。在牌号首部用数字标明钢的碳含量。为了表明用途，规定结构钢以万分之一为单位的数字（两位数）、工具钢和特殊性能钢以千分之一为单位的数字（一位数）来表示碳含量（与碳钢编号一样）。当工具钢的碳含量超过 1% 时，碳含量不标出。在标明碳含量的数字之后，用元素符号表示钢中主要合金元素，含量由其后的数字标明。当合金元素的平均含量少于 1.5% 时，不标数；当平均含量为 1.5%～2.49%、2.5%～3.49% 时，相应地标以 2、3。

根据以上编号方法，40Cr 钢为结构钢，平均碳含量为 0.40%；主要合金元素为 Cr，其含量在 1.5% 以下。5CrMnMo 钢为工具钢，平均碳含量为 0.5%；含有 Cr、Mn、Mo 三种主要合金元素，含量皆在 1.5% 以下。CrWMn 钢亦为工具钢，平均碳含量大于 1.0%，含有 Cr、W、Mn 合金元素，含量都小于 1.5%。

专用钢以其用途的汉语拼音字首来标明。例如，滚珠轴承钢在钢号前标以"G"字。GCr15 表示碳含量约为 1.0%、铬含量约为 1.5%（铬含量以千分之一为单位的数字表示）的滚珠轴承钢。Y40Mn 表示碳含量约为 0.40%、锰含量少于 1.5% 的易切削钢。

对于高级优质钢，则在钢号的末尾加"A"表明，例如 20Cr2Ni4A 等。

要比较精确地确定钢的种类、成分及大致用途，除了需要熟悉钢的编号方法外，还要对各类钢的碳含量及所含合金元素的特点有所了解。另外，少数有特殊用途的钢的编号方法例外。例如，属于特殊性能钢的耐热钢 12Cr1MoV，其编号方法就与结构钢相同，但这种情况极少。

5.1.3　杂质与合金元素在钢中的作用

碳钢中除铁外并非只含碳元素，其中或多或少还含有一些杂质元素，如 Si、Mn、S、P 等，它们的存在会影响钢的性能。

1. Si、Mn 的影响

硅、锰是随炼钢过程中脱氧而进入钢中的元素，它们均可以固溶于铁素体中，使铁素体的强度、硬度增强，产生固溶强化，对钢的性能有利。但硅与氧的亲和力很强，可形成 SiO_2；锰与硫的亲和力很强，可形成 MnS。SiO_2 和 MnS 都是钢中的夹杂物，对钢的性能不利。因此碳钢中的硅、锰含量一般为 $w_{Si}=0.1\%～0.4\%$ 和 $w_{Mn}=0.25\%～0.8\%$。

2. S、P 的影响

硫、磷是由生铁中带来而在炼钢时又未能除尽的有害元素。硫不溶于铁，而与铁可形成熔点为 1190℃ 的 FeS。FeS 常与 $\gamma-Fe$ 形成低熔点（985℃）共晶体，分布在奥氏体晶界上。当钢材在 1000～1200℃ 锻造或轧制时，共晶体会熔化，使钢材变脆，沿奥氏体晶界开裂，这种现象称为热脆。适当增加钢中锰的质量分数，使 Mn 与 S 优先形成高熔点（1620℃）的 MnS，从而可避免热脆。另外，严格控制钢中含硫量，使之不形成或很少形成 FeS 化合物，亦可减小硫的有害作用。磷在钢中全部固溶于铁素体中，虽然有较强的固溶强化作用，但它剧烈地降低钢的塑性和韧性，特别是低温韧性，使钢在低温下变脆，这种现象称为冷脆。磷还可使钢中的偏析加重。此外，硫、磷均降低钢的焊接性能。

3. 氮、氢、氧的影响

N_2、H_2、O_2 存在于钢中，将严重影响钢的性能，降低钢材质量。

N 在铁素体中的溶解度很小，并随温度下降而减小。因此，N 的逸出会使钢产生时效而变脆。一般可在炼钢时采用 Al 和 Ti 脱 N，使 N 形成 AlN_2 和 TiN_2，以减少 N 存在于铁素体中的数量，从而减轻钢的时效倾向，这种方法称为固氮处理。

H 在钢中既不溶于铁素体，也不生成化合物，它是以原子状态或分子状态出现的。微量的 H 能使钢的塑性急剧下降，出现所谓的氢脆现象。若它以分子状态出现，则会造成局部的显微裂纹，断裂后在显微镜下可观察到白色圆痕，这就是所谓的白点。它有可能使钢突然断裂，造成安全事故。在炼钢时进行真空处理是减少含氢量的最有效方法。

O 通常以 FeO、MnO、SiO_2、Al_2O_3 等氧化物夹杂的形式存在于钢中而成为微裂纹的根源，降低了疲劳强度，会对钢的性能产生不良影响。

5.2 工业结构用钢

5.2.1 概述

结构钢按化学成分可分为碳素结构钢和合金结构钢。结构钢按用途又可分为工程用钢和机器用钢两大类。工程用钢主要是用于各种工程结构，它们大多是用普通碳素结构钢和低合金高强度结构钢制造的。这类钢冶炼简便，成本低，适用于工程用钢批量大的特点，使用时一般不进行热处理。而机器用钢大多采用优质碳素结构钢和合金结构钢，一般都经过热处理后使用。

5.2.2 碳素结构钢

碳素结构钢的牌号由代表屈服点的字母、屈服点数值、质量等级符号、脱氧方法符号等四部分按顺序组成。表 5-1 所示是碳素结构钢的化学成分。其中，Q 表示屈；A、B、C、D 表示质量等级；F 表示沸腾钢；b 表示半镇静钢；Z 表示镇静钢；TZ 表示特殊镇静钢。例如，Q235-A·F 表示碳素结构钢，其屈服强度 σ_s 为 235 MPa（试样尺寸为 16 mm）、质量级别为 A 的沸腾钢。

碳素结构钢适用于一般工程用热轧钢板、钢带、型钢、棒钢等，可供焊接、铆接、栓接构件使用。虽然这类钢的硫、磷含量以及金属夹杂物较多，但是由于其容易冶炼，工艺性好，价格便宜，在力学性能上一般能满足普通机械零件及工程结构件的要求，因此用量很大。

表 5-1　碳素结构钢的化学成分

等级		化学成分/(%)					脱氧方法
		C	Mn	Si	S	P	
				不大于			
Q195	—	0.06~0.12	0.25~0.50	0.30	0.050	0.045	F, b, Z
Q215	A	0.09~0.15	0.25~0.55	0.30	0.050	0.045	F, b, Z
	B				0.045		
Q235	A	0.14~0.22	0.30~0.65	0.30	0.050	0.045	F, b, Z
	B	0.12~0.20	0.30~0.70		0.045		
	C	0.18	0.35~0.80		0.040	0.040	Z
	D	0.17			0.035	0.035	TZ
Q255	A	0.18~0.28	0.40~0.70	0.30	0.050	0.045	Z
	B				0.045		
Q275	—	0.28~0.38	0.50~0.80	0.35	0.050	0.045	Z

为了适应各种专门用途，在碳素结构钢的基础上对成分和性能稍加调整，可发展为某些专用钢。如锅炉用钢，用 g 表示；容器用钢，用 R 表示；船舶用钢，用 C 表示（分为 2C、3C、4C、5C 等）。

5.2.3　低合金结构钢

低合金结构钢是在低碳的普通碳素结构钢的基础上添加一定量的合金元素（如 Mn、Si、Cr、Mo、Ni、Cu、Nb、Ti、V、Zr、B、P 和 N 等，但添加总量不超过 5%，一般在 3% 以下），以强化铁素体为基体，控制晶粒长大，提高强度和塑性、韧性。其强度明显高于相同含碳量的普通碳素结构钢。例如，Q235 钢的屈服强度 $\sigma_s=235$ MPa，而常用的低合金结构钢的屈服强度 $\sigma_s=300\sim400$ MPa。若用低合金结构钢来代替碳素结构钢，就可在相同受载条件下使结构质量减轻 20%~30%。

低合金高强度结构钢包括普通低合金结构钢和其他一些优质低合金高强度钢，其强度高于含碳量相当的碳素钢，但塑性、韧性和焊接性良好，适用于较重要的钢结构，如压力容器、发电站设备、管道、工程机械、海洋结构、桥梁、船舶和建筑结构等。低合金高强度结构钢一般在热轧后状态下供货，以满足用户对冲击韧度的特殊要求。如需要更高的强度，也可以在调质状态下供货。

普通低合金高强度结构钢的牌号由代表屈服点的汉语拼音字母（Q）、屈服点数值和质量等级符号（A、B、C、D、E）三个部分按顺序排列，如 Q345C、Q345D。优质低合金高强度结构钢的牌号可以采用两位阿拉伯数字（以万分之几计平均含碳量）和标准的元素符号组成。Q345 是这类钢的典型牌号，它发展得最早，应用得最多，产量也最大。与 Q295 相比，由于 C% 和 Mn% 均稍有增加，因此其强度指标也提高了。这类钢均在热轧后使用，使用状态下的显微组织是铁素体加少量珠光体，多用于石油化工设备、桥梁、船舶、车辆等大型钢结构。这类钢一般在热轧、控轧、正火及正火加回火状态下供货。Q420、Q460 的 C、D、E 级钢也可按淬火加回火状态供货。表5－2所示为低合金高强度结构钢的力学性能。

表5－2　低合金高强度结构钢的力学性能

牌号	质量等级	屈服点 σ_s/MPa				抗拉强度 σ_b/MPa	伸长率 δ_5/(%)	冲击功 A_{kv}（纵向）/J				180°弯曲试验 d＝弯心直径 a＝试样厚度（直径）	
		厚度（直径、边长）/mm						＋20℃	0℃	－20℃	－40℃	钢材厚度（直径）/mm	
		≤16	>16 ～35	>35 ～50	>50 ～100							≤16	>16 ～100
		不小于						不小于					
Q295	A	295	275	255	235	390～570	23					$d=2a$	$d=3a$
	B	295	275	255	235	390～570	23	34				$d=2a$	$d=3a$
Q345	A	345	325	295	275	470～630	21					$d=2a$	$d=3a$
	B	345	325	295	275	470～630	21	34				$d=2a$	$d=3a$
	C	345	325	295	275	470～630	22		34			$d=2a$	$d=3a$
	D	345	325	295	275	470～630	22			34		$d=2a$	$d=3a$
	E	345	325	295	275	470～630	22				27	$d=2a$	$d=3a$
Q390	A	390	370	350	330	490～650	19					$d=2a$	$d=3a$
	B	390	370	350	330	490～65	19	34				$d=2a$	$d=3a$
	C	390	370	350	330	490～65	20		34			$d=2a$	$d=3a$
	D	390	370	350	330	490～65	20			34		$d=2a$	$d=3a$
	E	390	370	350	330	490～65	20				27	$d=2a$	$d=3a$
Q420	A	420	400	380	360	520～680	18					$d=2a$	$d=3a$
	B	420	400	380	360	520～680	18	34				$d=2a$	$d=3a$
	C	420	400	380	360	520～680	19		34			$d=2a$	$d=3a$
	D	420	400	380	360	520～680	19			34		$d=2a$	$d=3a$
	E	420	400	380	360	520～680	19				27	$d=2a$	$d=3a$
Q460	C	460	440	420	400	550～720	17		34			$d=2a$	$d=3a$
	D	460	440	420	400	550～720	17			34		$d=2a$	$d=3a$
	E	460	440	420	400	550～720	17				27	$d=2a$	$d=3a$

5.2.4　工程用铸造碳钢

铸造碳钢（简称铸钢）是冶炼后直接铸造成形而不需锻轧成形的钢种。对于一些形状复杂、综合力学性能要求较高的大型零件，在加工时难于用锻轧方法成形，在性能上又不允许用力学性能较差的铸铁制造，因而可采用铸钢，如机车车辆、船舶、重型机械齿轮、轴、轧辊、机座、缸体、外壳、阀体等。

  铸钢按化学成分的不同可分为碳素铸钢和合金铸钢。碳素铸钢碳的质量分数通常在 $0.12\%\sim0.62\%$ 之间。为了提高铸钢的力学性能，可在碳素铸钢的基础上加入 Mn、Si、Cr、Ni、Mo、Ti、V 等合金元素在而形成合金铸钢。当要求特殊的物理、化学性能和特殊力学性能时，可加入较多的合金元素形成特殊铸钢，如耐蚀铸钢、耐热铸钢（参见 GB8492—87）、耐磨铸钢（常指高锰钢，如 ZGMn13）等。

表 5-3 碳素铸钢的成分、机械性能及应用

钢号	主要化学成分 $w/(\%)$			机械性能					应用举例
	C	Mn	Si	σ_s /(MPa)	σ_b /(MPa)	δ_5 /(%)	ψ /(%)	α_k /(KJ·m^{-2})	
ZG15	0.12~0.22	0.35~0.65	0.20~0.45	200	400	25	40	600	机座、变速箱壳
ZG25	0.22~0.32	0.50~0.80	0.20~0.45	240	450	20	32	450	机座、锤轮、箱体
ZG35	0.32~0.42	0.50~0.80	0.20~0.45	280	500	16	25	350	飞轮、机架、蒸汽锤、水压机工作缸、横梁
ZG45	0.42~0.52	0.50~0.80	0.20~0.45	320	580	12	20	300	联轴器、汽缸、齿轮、齿轮圈
ZG55	0.52~0.62	0.50~0.80	0.20~0.45	350	650	10	18	200	起重运输机中的齿轮、联轴器及重要的机件

  铸造碳钢的牌号、力学性能及用途列于表 5-3 中。这类铸钢常用于制造结构件（如机座、箱体等），通常不进行热处理。用于制造机器零件的铸造碳钢（如 ZG15、ZG25、ZG55）和铸造合金钢（如 ZG20SiMn、ZG40Cr、ZG35CrMo 等）一般应进行正火或退火处理，以细化晶粒，消除魏氏组织与残余应力。重要零件还应进行调质处理，如要求表面耐磨的零件可进行相应的表面处理。

  铸钢与铸铁相比，其强度、塑性、韧性较高，但流动性差，收缩性大，熔点高，所以铸造性较差，它只用于制造形状复杂，并需要一定强韧性的零件。

5.3　机械结构用钢

5.3.1　概述

  机械结构用钢是用来制作各种机器零件的钢种，是机械制造行业中用量最大的钢种。

根据用途和热处理工艺的不同，机器零件用钢可分为调质钢、渗碳钢、弹簧钢、滚动轴承钢、低碳马氏体钢、贝氏体钢、超高强度钢、耐磨钢和易切钢等。

对不重要的机器零件，当综合力学性能要求不高时，可选用中碳钢，经正火即可。综合力学性能要求较高的零件，如各类轴、连杆、螺栓等，应选用中碳中合金钢的调质钢，采用调质处理。对于表面要求耐磨，心部要求较高强韧性的零件，如变速箱齿轮，应选用低碳或低碳合金，采用渗碳、淬火和低温回火的热处理工艺。对要求有高的弹性极限和疲劳强度的弹簧，应选用较高含碳量的碳钢或合金钢，采用淬火和中温回火的热处理工艺。对要求有高硬度、高耐磨性、高的接触疲劳抗力及适当韧性的滚动轴承，应选用高碳的滚动轴承钢制作，经淬火后低温回火。

5.3.2 优质碳素结构钢

优质碳素结构钢（$w_S \leqslant 0.035\%$，$w_P \leqslant 0.035\%$）主要用于制造各种比较重要的机器零件和弹簧。优质碳素结构钢的牌号、成分、性能如表 5-4 所示。

优质碳素结构钢的力学性能主要取决于碳的质量分数及热处理状态。从选材角度来看，碳的质量分数越低，其强度、硬度越低，塑性、韧性越高，反之亦然。锰的质量分数较高的钢，强度、硬度也较高。一般情况下，08~25 钢属低碳钢，这些钢具有良好的塑性和韧性，强度、硬度较低，其压力加工性能和焊接性能优良，主要用于制造冲压件、焊接件和对强度要求不高的机器零件。当对零件的表面硬度和耐磨性要求较高，同时整体要求高韧性时，可选用渗碳钢（15 钢、20 钢）经渗碳、淬火加低温回火后使用。30~55 钢属于中碳钢，具有较高的强度、硬度和较好的塑性、韧性，通常要经过调质处理（淬火后高温回火）后使用，因而也叫做调质钢。它主要用于制造受力较大的机器零件（如轴、齿轮、连杆等）。60 钢及碳的质量分数更高的钢属高碳钢，具有更高的强度、硬度及耐磨性，且其弹性很好，但塑性、韧性、焊接性能及切削加工性能均较差。它主要用于制造要求较高强度、耐磨性及弹性的零件（如钢丝绳、弹簧、工具）。w_{Mn} 较高的优质碳素结构钢，其性能和用途与 w_C 相同而 w_{Mn} 较低的钢基本相同，但其淬透性稍好，可用于制造截面尺寸稍大或对强度要求稍高的零件。

表 5-4 常用优质碳素结构钢的牌号、成分和力学性能

牌号	w_c/%	w_{Mn}/%	正火态力学性能（试样、纵向）				钢材交货状态硬度/HBS	
			σ_b/MPa	σ_s/MPa	δ_5/(%)	ψ/(%)	不大于	
			不小于				未热处理	退火钢
08F	0.05~0.11	0.25~0.50	295	175	35	60	131	
08	0.05~0.12		325	195	33	60	131	
10	0.07~0.14	0.35~0.65	335	205	31	55	137	
20	0.17~0.24		410	245	25	55	156	

牌号	w_c/%	w_{Mn}/%	正火态力学性能(试样、纵向)				钢材交货状态硬度/HBS	
			σ_b/MPa	σ_s/MPa	δ_5/(%)	ψ/(%)	不大于	
			不小于				未热处理	退火钢
25	0.22~0.30	0.55~0.80	450	275	23	50	170	
40	0.37~0.45		570	335	19	45	217	187
45	0.42~0.50		600	355	16	40	229	197
50	0.47~0.55		630	375	14	40	241	207
60	0.57~0.65		675	400	12	35	255	229
70	0.67~0.75		715	420	9	30	269	229
15Mn	0.12~0.19	0.70~1.00	410	245	26	55	163	
60Mn	0.57~0.65		695	410	11	35	269	229
65Mn	0.62~0.70	0.90~1.20	735	430	9	30	285	229
70Mn	0.67~0.75		785	450	8	30	285	229

5.3.3 机械结构用钢

1. 合金渗碳钢

渗碳钢是指经渗碳、淬火和低温回火后使用的结构钢。渗碳钢基本上都是低碳钢和低碳合金钢。渗碳钢主要用于制造高耐磨性、高疲劳强度和要求具有较高心部韧性(即表硬心韧)的零件,如各种变速齿轮及凸轮轴等。

合金渗碳钢是在低碳渗碳钢(如 15、20 钢)的基础上发展起来的。低碳渗碳钢淬透性低,经渗碳、淬火和低温回火后,虽可获得高的表面硬度,但心部强度低,只适用于制造受力不大的小型渗碳零件。而对于性能要求高,尤其是对整体强度要求高或截面尺寸较大的零件,则应选用合金渗碳钢。

合金渗碳钢碳的质量分数通常在 0.10%~0.25% 之间,以保证心部有足够塑性和韧性。合金元素主要有 Cr、Ni、Mn、Si、B、Ti、V、Mo、W 等。其中 Cr、Ni、Mn、Si、B 的主要作用是提高淬透性,可使较大截面零件的心部在淬火后获得具有高强度、优良的塑性和韧性的低碳(板条)马氏体组织。这种组织既能承受很大的静载荷(由高强度保证),又能承受大的冲击载荷(由高韧性保证),从而克服了低碳渗碳钢零件心部得不到有效强化的缺点。Ti、V、W、Mo 的主要作用是形成高稳定性、弥散分布的特殊碳化物,防止零件在高温长时间渗碳时奥氏体晶粒的粗化,从而起到细晶强韧化和弥散强化作用,并进一步提高表层耐磨性。渗碳件的表层强化是通过渗碳、淬火和低温回火后,获得具有高硬度、高耐磨性的高碳回火马氏体实现的。

渗碳钢可根据淬透性高低分为低淬透性渗碳钢、中淬透性渗碳钢和高淬透性渗碳钢。低淬透性渗碳钢在水中的临界淬透直径为 20~35 mm，中淬透性渗碳钢在油中的临界淬透直径为 25~60 mm，高淬透性渗碳钢在油中的临界淬透直径在 100 mm 以上。常用渗碳钢的牌号、热处理、力学性能及用途如表 5-5 所示。

表 5-5 常用渗碳钢的牌号、热处理、力学性能和用途

类别	牌号	热处理/℃		力学性能(不小于)				用途
		第一次淬火	第二次淬火	σ_b/MPa	σ_s/MPa	δ_5/(%)	A_k/J	
低淬透性	15	890，空	770~800，水	≥500	≥300	15		小轴、活塞销等
	20Cr	880，水、油	780~820，水	835	540	10	47	齿轮，小轴、活塞销等
	20MnV		880，水、油	785	590	10	55	用途同上，也可作锅炉、高压容器、管道等
中淬透性	20CrMnMo		850，油	1175	885	10	55	汽车、拖拉机变速箱齿轮等
	20CrMnTi	880，油	870，油	1080	835	10	55	用途同上
	20MnTiB		860，油	1100	930	10	55	代 20CrMnTi
高淬透性	18Cr2Ni4WA	950，空	850，空	1175	835	10	78	重型汽车、坦克、飞机的齿轮和轴等
	12Cr2Ni4	860，油	860，油	1080	835	10	71	用途同上
	20Cr2Ni4	880，油	880，油	1175	1080	10	63	用途同上

渗碳件热处理后，其表面组织为细针状回火高碳马氏体＋粒状碳化物＋少量残余奥氏体，硬度为 58~64 HRC；心部按钢淬透性的不同可为"铁素体＋屈氏体"或低碳马氏体，硬度为 30~45 HRC。

2. 合金调质钢

合金调质钢是在中碳调质钢的基础上发展起来的，适用于对强度要求高、截面尺寸大的重要零件。合金调质钢为中碳合金钢，碳的质量分数通常在 0.25%~0.50% 之间(以保证既强又韧)。合金元素主要有 Mn、Si、Cr、Ni、B、Ti、V、W、Mo 等。其中，主加元素 Mn、Si、Cr、Ni、B 等的主要作用是提高钢的淬透性，并产生固溶强化；辅加合金元素 Ti、V、W、Mo 等的主要作用是形成高稳定性碳化物，阻止淬火加热时奥氏体晶粒的长大，起细晶强韧化作用；Mo、W 还能防止产生高温回火脆性。合金元素还可明显地提高钢的抗回火能力，使钢在高温回火后仍能保持较高硬度。

根据淬透性的高低可将合金调质钢分为低淬透性调质钢、中淬透性调质钢、高淬透性调质钢。它们在油中的临界淬透直径分别为 20～40 mm、40～60 mm、60～100 mm。

表 5 - 6　常用调质钢的牌号、热处理、力学性能和用途

类别	牌号	热处理/℃		力学性能(不小于)				用　途
		淬火	回火	σ_b /MPa	σ_s /MPa	δ_5 /（%）	A_k /J	
低淬透性	45	840，水	600，空	600	355	16	39	尺寸小、中等韧性的零件，如主轴、曲轴、齿轮等
	40Cr	850，油	520，水、油	980	785	9	47	重要调质件，如轴、连杆、螺栓、机床齿轮等
	40MnB	850，油	500，水、油	980	785	10	47	性能接近或优于40Cr，用于调质零件
中淬透性	40CrNi	820，油	500，水、油	980	785	10	55	用于大截面齿轮与轴等
	35CrMo	850，油	550，水、油	980	835	12	63	代40CrNi作大截面齿轮与轴等
	30CrMnSi	880，油	520，水、油	1080	885	10	39	高速砂轮轴、齿轮、轴套、起落架、螺栓
高淬透性	40CrNiMoA	850，油	600，水、油	980	835	12	78	高强度零件，如航空发动机轴及零件、起落架
	40CrMnMo	850，油	600，水、油	980	785	10	63	相当于40CrNiMoA的调质钢
	37CrNi3	820，油	500，水、油	1130	980	10	47	高强韧大型重要零件
	38CrMoAl	940，水、油	640，水、油	980	835	14	71	氮化零件，如高压阀门、钢套、镗杆等

常见调质钢的牌号、热处理、力学性能和用途如表 5 - 6 所示，表中列出了 45 钢的数据，以便比较。此类钢常采用调质处理，在回火索氏体状态下使用，有时也在回火屈氏体、回火马氏体状态下使用。部分钢种（如 45MnV、35MnS）通过控制锻造工艺参数直接生产零件，也可达到调质的性能。有些钢种（如 20CrMnTi、20MnV、15MnVB、27SiMn 等）处理成低碳马氏体或贝氏体后，也可代替调质钢在常温下使用。

3. 合金弹簧钢

合金弹簧钢是因为其主要用于制造弹簧而得名的。弹簧钢应具有高的弹性极限、高的疲劳强度和足够的塑性与韧性。

弹簧钢一般为高碳钢、中碳合金钢和高碳合金钢(以保证弹性极限及一定韧性)。高碳弹簧钢(如 65、70、85 钢)的碳质量分数通常较高,以保证高的强度、疲劳强度和弹性极限,但其淬透性较差,不适于制造大截面弹簧。由于合金弹簧钢有合金元素的强化作用,因此碳的质量分数通常在 0.45%~0.70%之间,而碳的质量分数过高会导致塑性、韧性下降较多。合金弹簧钢中含有 Si、Mn、Cr、B、V、Mo、W 等合金元素,既可提高淬透性,又可提高强度和弹性极限,可用于制造截面尺寸较大、对强度要求高的重要弹簧。常用的弹簧钢的牌号、热处理、力学性能和用途如表 5 - 7 所示。

表 5 - 7　常用弹簧钢的牌号、热处理、力学性能和用途

牌　号	热处理/℃		力学性能(不小于)				用　　途
	淬火	回火	σ_b /MPa	σ_s /MPa	δ_{10}/(%)	ψ/(%)	
65	840,油	500	980	784	9	35	截面<12mm 的小弹簧
65Mn	830,油	540	980	784	8	30	截面≤15mm 的弹簧
55Si2Mn	870,油	480	1274	1176	6	30	截面≤25 mm 的机车板簧、缓冲卷簧
60Si2Mn	870,油	480	1274	1176	5	25	
60Si2CrVA	850,油	410	1862	1666	6(δ_5)	20	截面≤30 mm 的重要弹簧,如汽车板簧、温度≤350℃ 的耐热弹簧
50CrVA	850,油	500	1274	1127	10(δ_5)	40	

弹簧钢的热处理、弹簧成形方法与弹簧钢的原始状态密切相关:冷成型(冷卷、冷冲压等)弹簧,因弹簧钢已经冷变形强化或热处理强化,只需进行低温去应力退火处理即可;热成型弹簧通常要经淬火、中温回火热处理(得到回火屈氏体),以获得高的弹性极限。目前,已有低碳马氏体弹簧钢的应用。对于耐热、耐蚀应用场合,应选不锈钢、耐热钢、高速钢等高合金弹簧钢或其他弹性材料(如铜合金等)。

4. 其他结构钢

1) 易切削结构钢

易切削钢中含较多的 S、P、Pb、Ca 等元素。S(w_S 为 0.04%~0.33%)在钢中通常以(MnFe) S、MnS 微粒形式存在,Pb(w_{Pb} 为 0.15%~0.35%)通常以 Pb 微粒(3 μm)均匀分布于钢中。这些硫化物和铅微粒可中断钢基体的连续性,切削时形成易断、易排出的切屑,切屑不易黏附在刀刃上,有利于降低零件表面的粗糙度。同时它还具有自润滑作用,可减小摩擦力,减小刀具磨损,延长刀具寿命。P(w_P 为 0.04%~0.15%)在钢中主要溶于基体相铁素体中,可使铁素体的塑性、韧性明显降低,使切屑易断易排,并能降低零件表面粗糙度。钢中的 Ca(w_{Ca} 为 0.002%~0.006%)在高速切削时能在刀具表面形成具有减摩作用的保护膜,可显著减小刀具磨损,延长刀具寿命。显然,上述元素的加入大多

降低了钢的强韧性、压力加工性及焊接性。常见的易切削钢的牌号有 Y12、Y12Pb、Y15、Y15Pb、Y20、Y35、Y40Mn、Y45Ca(GB8731 — 88)。

易切削钢常用于制造受力较小,强度要求不高,但要求尺寸精度高、表面粗糙度低且进行大批量生产的零件(如螺栓等)。这类钢在切削加工前不进行锻造和预先热处理,以免损害其切削加工性能,通常也不进行最终热处理(Y45Ca 常在调质后使用)。

2)超高强度钢

超高强度钢是在合金结构钢的基础上,通过严格控制材料冶金质量、化学成分和热处理工艺而发展起来的,以强度为首要要求并辅以适当韧性的钢种。工程上一般将屈服强度超过 1380 MPa 或抗拉强度超过 1500 MPa 的钢称为超高强度钢。它主要用于制造飞机起落架、机翼大梁、火箭、发动机壳体和武器(炮筒、枪筒、防弹板)等。为了保证极高的强度要求,这类钢材充分利用了马氏体强化、细晶强化、化合物弥散(或沉淀或时效) 强化与溶质固溶强化等多种机制的复合强化作用,而改善韧性的关键是提高钢的纯净度(降低 S、P 杂质含量和非金属夹杂物含量),细化晶粒(如采用形变热处理工艺),并减小对碳的固溶强化的依赖程度(故超高强度钢一般是中低碳,甚至是超低碳钢)。

按化学成分和强韧化机制不同,超高强度钢可分为四类,如表 5 - 8 所示。

表 5 - 8　部分超高强度钢的牌号、热处理与性能

种类与钢号	热处理工艺	$\sigma_{0.2}$/MPa	σ_b/MPa	δ_5/(%)	ψ/(%)	K_{Ic}/(MPa·m$^{1/2}$)
低合金超高强度钢 30CrMnSiNi2A 40CrNi2MoA	900℃ 油淬, 260℃ 回火	1430	1795	11.8	50.2	67.1
	840℃ 油淬, 200℃ 回火	1605	1960	12.0	39.5	67.7
二次硬化型超高强度钢 4Cr5MoSiV1(H13 钢) 20Ni9Co4CrMo1V	1010℃ 空冷, 500℃ 回火	1570	1960	12	42	37
	850℃ 油淬, 550℃ 回火	1340	1380	15	55	143
马氏体时效钢 0Ni18Co9Mo5TiAl (18Ni 钢)	815℃ 固溶空 (水)冷, 480℃ 时效	1400	1500	15	68	80~180
沉淀硬化不锈钢 0Cr16Ni4Cu3Nb (PCR 钢)	1040℃ 固溶 (空)水冷, 480℃ 时效	1273	1355	14	56	—

5.3.4　滚动轴承钢

1. 性能要求

用于制造滚动轴承的钢称为轴承钢。滚动轴承是一种高速转动的零件,工作时接触面积很小,不仅有滚动摩擦,而且有滑动摩擦,承受很高、很集中的周期性交变载荷,所以常常是接触疲劳破坏。因此对滚动轴承钢的要求:

(1)有高而均匀的硬度(61~65HRC)和耐磨性;

(2)有高的弹性极限和接触疲劳强度;

(3)有足够的韧性和淬透性;

（4）在大气及润滑剂中，有一定的抗腐蚀能力；

（5）对钢的冶金质量要求很高，要求钢的纯度高，组织均匀性好，杂质少，硫和磷的含量低，碳化物均匀。

2. 成分及钢种

常用的轴承钢的化学成分、热处理工艺及用途如表 5-9 所示。通常所说的轴承钢是指高碳铬钢，为了保证有足够的硬度，钢含碳量为 $0.95\% \sim 1.10\%$，同时加入 $0.4\% \sim 1.65\%$ 的 Cr，用以提高淬透性，并使合金碳化物 Fe·C 等均匀弥散地分布，提高耐磨性。对于大型轴承（钢球直径 $>30 \sim 40$ mm；套圈壁厚 >12 mm，外径 >250 mm），加入硅、锰等元素，进一步提高淬透性，硅还能显著提高钢的强度极限、弹性极限和回火抗力，并保持较好的韧性。若加入钼则效果更好。

轴承钢的牌号用 GCr+数字表示。其中，G 表示滚动轴承，Cr 表示含铬，数字表示含铬量的千分之几。例如，GCr15 表示含铬量是 1.5% 的滚动轴承钢。常用的牌号有 GCr6、GCr9、GCr15、GCr15SiMn，其中 GCr15 应用最广泛。根据我国的资源情况，充分发挥多元合金化作用，试制了无铬轴承钢，牌号有 GSiMnV、GSiMnMoV、GSiMnVRE，经试用表明，其性能接近 GCr15。

表 5-9　轴承钢的化学成分、热处理工艺及用途

牌　号	化学成分/(%)								典型的热处理		用　途
	C	Mn	Si	Cr	RE	Mo	V	S, P	淬火/℃	回火/℃	
GCr6	1.05 ≀ 1.15	0.20 ≀ 0.40	0.15 ≀ 0.35	0.40 ≀ 0.70					800～820(水)	150～160	直径<10 mm 的滚珠、滚柱、滚锥、滚针，20 mm 以内所有的各种滚动轴承，壁厚<14 mm，外径<250 mm 的轴承套，20～50 mm 的钢球，直径为 25 mm 的滚柱等
GCr9	1.00 ≀ 1.10	0.20 ≀ 0.40	0.15 ≀ 0.35	0.90 ≀ 1.20					800～820(水)	150～160 (1～2 h)	
GCr15	0.95 ≀ 1.05	0.20 ≀ 0.40	0.15 ≀ 0.35	1.30 ≀ 1.65					820～840(油)	150～160 1～2 h	
GCr15SiMn	0.95 ≀ 1.05	0.90 ≀ 1.20	0.40 ≀ 0.65	1.30 ≀ 1.65					810～830(油)	150～160 (1～2 h)	壁厚>14 mm、外径 250 mm 的套圈，直径为 50～200 mm 的钢球，其他同 GCr15
GSiMnV	0.95 ≀ 1.10	1.10 ≀ 1.30	0.55 ≀ 0.80				0.20 ≀ 0.30	0.03	780～820(油)	160	
GSiMnVRE	0.95 ≀ 1.10	1.10 ≀ 1.30	0.55 ≀ 0.80		0.10 ≀ 0.15		0.20 ≀ 0.30	0.03	780(油)	160 2 h	可替代 GCr15、GCr15SiMn
GSiMnMoV	0.90 ≀ 1.10	0.75 ≀ 1.05	0.45 ≀ 0.65			0.20 ≀ 0.40	0.20 ≀ 0.30		780～820(油)	150～160	

3. 热处理特点

轴承钢的热处理主要是球化退火、淬火和低温回火。轴承钢锻造后的组织是索氏体＋少量粒状二次渗碳体，锻后硬度为 255～340HB，切削加工性差。球化退火的目的是降低硬度（HB ＜ 210），便于切削加工，同时消除锻造缺陷，为淬火做好组织准备。最终热处理是加热到 840℃，在油中淬火，并在淬火后立即进行低温回火（160～180℃），回火后的硬度＞ 61 HRC。使用状态下的组织是回火马氏体＋粒状碳化物＋少量残余奥氏体。对于精密轴承，为了稳定尺寸，可在淬火后进行冷处理（－60～－80℃），以消除残余奥氏体，避免由于残余奥氏体的分解而造成尺寸变化；在磨削加工后再进行 120℃左右的时效处理，进一步消除内应力，以达到尺寸的稳定。

5.4　工　具　钢

工具钢是用来制造刀具、模具和量具的钢。工具钢按化学成分可分为碳素工具钢、低合金工具钢、高合金工具钢等；按用途可分为刃具钢、模具钢、量具钢。

5.4.1　刃具钢

1. 刃具钢的性能要求

（1）高的硬度。

不论是车刀、铣刀还是钻头，都要切削金属材料，刃具的硬度就必须大于被切材料的硬度，一般要求 HRC＞60。由于钢淬火后的硬度主要取决于含碳量，而合金元素的作用并不大，因此刃具钢的含碳量都较高，一般为 0.6％～1.5％，甚至更高。

（2）高耐磨性。

耐磨性直接影响刃具的使用寿命和生产效率，若铣刀磨损达一定程度就会失效，车刀磨损后就需经常磨刀。耐磨性与硬度有关，同时也取决于碳化物的性质、数量、大小、分布。要求在高碳的回火马氏体基体上均匀分布细小而硬的碳化物颗粒，以提高钢的耐磨性。

（3）高的热硬性。

所谓热硬性，是指刃具在高温下保持高硬度的能力。刃具在切削金属时产生切削热，在刃部有时达 600℃左右或更高。在高温下，刃具的硬度下降就无法继续切削，因此要求刃具在高温下仍能保持足够高的硬度，即要求刃具材料具有良好的热硬性。

（4）适当的韧性。

刃具在切削过程中会受到弯曲、扭转、冲击、震动等作用，因此要求其具有一定的韧性和塑性，以承受冲击等复杂应力的作用，避免脆性断裂和崩刃。

用于刃具的材料有碳素工具钢、低合金工具钢、高速钢、硬质合金等。

2. 碳素工具钢

1）成分与钢种

碳素工具钢的含碳量为 0.65％～1.35％，Si 为 0.35％，Mn 为 0.4％。硫、磷的含量是优质钢的含量范围（S％ 0.03％，P ％ 0.035％）。含碳量越高，则碳化物量越多，耐磨性就越高，但韧性越差。因此受冲击的工具应选用含碳量低的。

碳素工具钢的牌号冠以碳或 T，其后为数字，表示含碳量的千分之几；牌号后加 A 字的属高级优质，要求 S%0.02%，P%0.03%。例如，T8A 表示 C%＝0.8 %的碳素工具钢。有 T7、T7A、T8、T8A、…、T13A，共 8 个钢种、16 个牌号，如表 5－10 所示。一般来说，冲头、凿子选用 T7、T8 等，车刀、钻头可选用 T10，而精车刀、锉刀则选用 T12、T13 之类。

表 5－10　碳素工具钢的牌号、成分及用途

牌　号	化学成分/(%)			硬　度		用途举例
	C	Si	Mn	供应状态 HB(不大于)	淬火后 HRC(不小于)	
T7 T7A	0.65～0.74	0.35	0.40	187	62	承受冲击、韧性好、硬度适当的工具，如扁铲、手锤、大锤、改锥、木工工具
T8 T8A	0.75～0.84	0.35	0.40	187	62	承受冲击、要求较高硬度的工具，如冲头、压缩空气工具、木工工具
T8Mn T8MnA	0.80～0.90	0.35	0.40～0.60	187	62	用途同上，但淬透性较大，可制断面较大的工具
T9 T9A	0.85～0.94	0.35	0.40	192	62	韧性中等、硬度高的工具，如冲头、木工工具、凿岩工具
T10 T10A	0.95～1.04	0.35	0.40	197	62	不受剧烈冲击、高硬度耐磨的工具，如车刀、刨刀、丝锥、钻头、手锯条
T11 T11A	1.05～1.14	0.35	0.40	207	62	不受冲击、高硬度耐磨的工具，如车刀、刨刀、冲头、丝锥、钻头
T12 T12A	1.15～1.24	0.35	0.40	207	62	不受冲击、要求高硬度和高耐磨的工具，如锉刀、刮刀、精车刀、丝锥、量具
T13 T13A	1.25～1.35	0.35	0.40	217	62	用途同上，要求高耐磨的工具，如刮刀、剃刀

2）热处理

预备热处理：机械加工之前，进行球化退火(T7 可采用完全退火)，组织为铁素体基体＋细小均布的粒状渗碳体，硬度＜217 HBW。

最终热处理：机械加工之后，进行淬火(780℃)＋低温回火(180℃)，组织为回火马氏体＋粒状渗碳体＋少量残余奥氏体(一般 T7 有 2%～3%，T12 有 5%～8%)。

碳素工具钢经热处理后，硬度可达 60～65 HRC，其耐磨性和加工性都较好，价格又便宜，因此在生产上得到了广泛应用。碳素工具钢的缺点是热硬性差，当刃部温度大于200℃时，硬度、耐磨性会显著降低。另外，由于淬透性差(直径厚度在 15～20 mm 以下的试样在水中才能淬透)，尺寸大的就淬不透，而形状复杂的零件，水淬容易变形和开裂，所以碳素工具钢大多用于受热程度较低的、尺寸较小的手工工具，低速及小走刀量的机用工

具，也可作尺寸较小的模具和量具。

3. 低合金工具钢

为了克服碳素工具钢淬透性低、热硬性低、耐磨性低等缺点，可在碳素工具钢的基础上加入少量的合金元素，一般不超过 3%～5%，就形成了低合金工具钢。

低合金工具钢牌号的表示方法基本同于合金结构钢，不同的是，牌号左侧的数字用一位数字表示平均含碳量的千分之几，而且含碳量 1% 时不标注。

1）成分及钢种

低合金工具钢的含碳量一般为 0.75%～1.50%，含碳量高，主要是为了保证钢的高硬度，保证形成足够的合金碳化物，因而耐磨性高；而含合金元素相对比较高的，主要是为了保证钢具有足够的淬透性。通常，钢中加的合金元素有 Si、Mn、Cr、Mo、W、V 等。其中，Si、Mn、Cr、Mo 的主要作用是提高淬透性；Si、Mn、Cr 可强化铁素体；Cr、Mo、W、V 可细化晶粒使钢进一步强化，提高钢的强度；作为碳化物形成元素，Cr、Mo、W、V 等在钢中形成合金渗碳体和特殊碳化物，从而提高钢的硬度和耐磨性。常用低合金工具钢的牌号、成分、热处理与用途如表 5-11 所示。

表 5-11　常用低合金工具钢的牌号、成分、热处理与用途

牌　号	化学成分/(%)					热处理及硬度				用途举例
	C	Mn	Si	Cr	其他	淬火/℃	淬火后/HRC	回火/℃	回火后/HRC	
Cr06	1.30～1.45	0.40	0.40	0.50～0.70	—	800～810 水	63～65	160～180	62～64	锉刀、刮刀、刻刀、刀片
Cr2	0.95～1.10	0.40	0.40	1.30～1.65	—	830～850 油	62～65	150～170	60～62	同上
9SiCr	0.85～0.95	0.30～0.60	1.20～1.60	0.95～1.25	—	830～860 油	62～64	150～200	61～63	丝锥、板牙、钻头、铰刀
CrWMn	0.90～1.05	0.80～1.10	0.40	0.90～1.20	W1.20～1.60	800～830 油	62～63	160～200	61～62	拉刀、长丝锥、长铰刀
9Mn2V	0.85～0.95	1.70～2.00	0.40	—	V0.10～0.25	760～780 油	>62	130～170	60～62	丝锥、板牙、铰刀
CrW5	1.25～1.50	0.40	0.40	0.40～0.70	W4.50～5.50	800～850 油	65～66	160～180	64～65	低速切削硬金属刀具，如铣刀、车刀

2）热处理

预备热处理：锻造后进行球化退火。

最终热处理：淬火＋低温回火，其组织为回火马氏体＋未溶碳化物＋残余奥氏体。与碳素工具钢相比较，由于合金元素的加入，低合金工具钢的淬透性提高了，因此可采用油淬火，淬火后的硬度与碳素工具钢都处在同一范围，但淬火变形、淬火开裂的倾向小。

4. 高速钢

高速钢是一类具有很高耐磨性和很高热硬性的工具钢，在高速（如 50～80 m/min）切削条件下，刃部温度达到 500～600℃ 时仍能保持很高的硬度，使刃口保持锋利，从而保证高速切削，高速钢也由此得名。

高速钢为高碳合金钢，高速钢中的高碳（$w_C = 0.7\% \sim 1.6\%$）可保证钢在淬火、回火后具有高的硬度和耐磨性。高速钢中含有大量合金元素（W、Mo、Cr、V、Co、Al 等），其主要作用如下：

（1）提高热硬性。

提高热硬性的元素主要是 W 和 Mo，加热淬火后得到含有大量 W 和 Mo 的马氏体，在回火温度达 560℃ 左右时（对此钢仍得回火马氏体）析出弥散分布的高硬度、高耐热的 W_2C 和 Mo_2C，具有明显的弥散强化效果，产生二次硬化，其回火硬度甚至比淬火硬度还高 HRC2～3。同时，W_2C 和 Mo_2C 在 500～600℃ 温度范围内非常稳定，不易聚集长大，仍保持弥散强化效果，因而具有良好的热硬性。

（2）提高钢的淬透性。

提高淬透性的元素主要是 Cr。Cr 在退火高速钢中多以 $Cr_{23}C_6$ 方式存在，在淬火加热时几乎全部溶入奥氏体，可增大过冷奥氏体的稳定性，提高钢的淬透性，使其在空气中冷却也能获得马氏体。实践表明，最佳 w_{Cr} 为 4%。加热时溶入奥氏体中的 W、Mo 等元素也可提高钢的淬透性。

（3）提高钢的耐磨性。

提高耐磨性的元素主要是 V。V 的碳化物 VC 硬度极高，对提高钢的硬度和耐磨性有很大的作用。W_2C 和 Mo_2C 对提高钢的耐磨性也有较大贡献。

（4）防止奥氏体晶粒粗化。

退火高速钢中约有 30% 的各种合金碳化物，均具有较高的稳定性，尤其是 W、Mo、V 形成的 Fe_3W_3C、Fe_3Mo_3C、VC 稳定性很高，加热到 1160℃ 时才能较多地溶入奥氏体。淬火加热时，通常约有 10% 的未溶碳化物，可阻碍奥氏体晶粒的长大，使奥氏体在高温加热时仍保持细小晶粒，这对提高强度、保持韧性具有重要意义。

常用的高速钢牌号有：W18Cr4V、W6Mo5Cr4V2、W9Mo3Cr4V（详见 GB9943—88）。

高速钢的热处理较为特别，通常要在 1170～1300℃ 加热淬火后于 560℃ 进行 3～4 次回火，以保证具有高的热硬性。使用的状态组织为回火马氏体＋粒状碳化物＋少量残余奥氏体。

5.4.2 模具钢

模具钢是指主要用于制造各种模具（如冷冲模、冷挤压模、热锻模等）的钢。根据用途模具钢可分为冷作模具钢、热作模具钢和成形模具钢等。下面仅简单介绍冷作模具钢和热作模具钢。

1. 冷作模具钢

冷作模具钢是指主要用于制造冷冲模、冷挤压模、拉丝模等使被加工材料在冷态下进行塑性变形的模具用钢。冷作模具钢应具有高强度、高硬度、高耐磨性、一定的韧性和较高的淬透性。

常用的冷作模具钢有碳素工具钢和合金工具钢。碳素工具钢（如 T8A）用于制造要求不太高、尺寸较小、对受冲击要求较高的模具；合金工具钢中的 9Mn2V、CrWMn 主要用于制造要求较高、形状较复杂、尺寸较大的模具；而淬透性更好、淬火变形更小的 Cr12、Cr12MoV、Cr4W2MoV 用于制造要求更高的大型模具。高速钢及基体钢（如 65Nb）等也可用于冷作模具。常用冷作模具钢的牌号、热处理、力学性能和主要用途如表 5-12 所示。

冷作模具钢多在淬火、低温回火状态下使用，Cr12，Cr12MoV 也可高温淬火后在510～520℃多次回火以产生二次硬化，析出的碳化物能显著提高钢的耐磨性，其使用的状态组织同刀具钢。此外，为了提高耐磨性，部分钢种还可进行渗氮处理。

表 5-12　常用合金工具钢的牌号、热处理、力学性能和主要用途

钢　组	钢　号	交货状态硬度/HB	试样淬火		主 要 用 途
			淬火温度/℃，冷却剂	硬度值不少于	
量具刃具用钢	9SiCr	241～179	820～860，油	62HRC	板牙、丝锥、钻头、铰刀、齿轮铣刀、冷冲模、冷轧辊等
	Cr2	229～179	830～860，油	62 HRC	
冷作模具钢	Cr12	269～217	950～1000，油	60 HRC	冷冲模冲头、冷切剪刀、粉末冶金模、拉丝模、木工切削工具、圆锯、切边模、螺纹滚丝模
	Cr12MoV	255～207	950～1000，油	58 HRC	
	9Mn2V	≤229	780～810，油	62 HRC	
	CrWMn	255～207	800～830，油	62 HRC	
	6W6Mo5Cr4V	≤269	1180～1200，油	60 HRC	
热作模具钢	5CrMnMo	241～197	820～850，油	324～364 HBS	中、大型锻模、螺钉或铆钉热压模，压铸模等
	5CrNiMo	241～197	830～860，油	364～402 HBS	
	3Cr2W8V	255～207	1075～1125，油	40～48 HRC	
	4Cr5MoSiV	≤235	1000，空或油	53～57 HRC	
	4Cr5MoSiV1	≤235	1000，空或油	53～57 HRC	
	4Cr5W2VSi	≤229	1030～1050，油或空	53～57 HRC	

2. 热作模具钢

热作模具钢是指用于制造热锻模、压铸模、热挤压模等使被加工材料在热态下成形的模具用钢。热作模具钢应具有较高的强度、良好的塑性和韧性、较高的热硬性和高的热疲劳抗力。热作模具钢为中碳合金钢。中碳成分（w_C 为 0.3%～0.6%）可保证较高的强度、硬度，合适的塑性、韧性以及热疲劳抗力。Cr、Ni、Mn、Mo、W、V 等合金元素可提高钢的淬透性、强度和回火稳定性，Mo 可防止高温回火脆性，W、Mo、V 还能产生二次硬化，提高钢的热硬性。

热作模具钢通常在淬火后中温或高温回火状态下（组织为回火屈氏体或回火索氏体）使用，也可为高硬度、高耐磨的回火马氏体基体（对某些专用模具钢），以获得较高的强度、硬度，以及良好的塑性、韧性。应该指出，4Cr5MoSiV（H11）、4Cr5MoSiV1（H13）、4Cr5W2VSi 以及 3Cr3Mo3VNb 等新型空冷硬化热作模具钢以其优良的性能，有取代传统热作模具钢的趋势。常用热作模具钢的牌号、热处理、力学性能和主要用途如表 5-12 所示。

5.5 特殊性能钢

5.5.1 不锈钢

不锈钢是指在自然环境或一定工业介质中耐腐蚀（电化学腐蚀及化学腐蚀）的钢种，是典型的耐蚀合金。它是在碳钢基础上加入 Cr、Ni、Si、Mo、Ti、Nb、Al、N、Mn、Cu 等形成的。其中，Cr 是保证"不锈"的主要元素，当钢中 Cr 含量达一定量（$w_{Cr} > 12\%$）时，不仅使基体电极电位大大提高（从而减小了腐蚀原电池形成的可能性），而且在氧化性介质中还会使钢表面快速形成致密、稳定、牢固的 Cr_2O_3 膜，以减小或阻断腐蚀电流（这是耐蚀的主要原因）。一定量的 Cr（或与其他元素配合）可使钢在室温下形成单相铁素体或奥氏体，而不利于腐蚀原电池的产生，可进一步提高耐蚀性。由于 Cr 为强碳化物形成元素，易与碳反应而使溶入基体中原子态的 Cr 含量降低，甚至低于 12%，所以钢中碳愈少，Cr 愈多，则愈耐蚀（但会使强度硬度降低）。为此，大多数不锈钢中碳的质量分数均很低。特别地，Cr_2O_3 膜易受氯等卤族元素的离子穿透及破坏。同时，Cr 在非氧化性酸（如盐酸、稀硫酸）和碱中钝化能力较差，会使不少不锈钢在含此类离子的介质中易产生点蚀、应力腐蚀、晶界腐蚀等；而含少量 Mo、Nb、Ti 或更多 Cr 的不锈钢及双相不锈钢，则对此类介质的耐蚀性有所提高，强度也有所增加。

不锈钢按正火后组织的不同，可分为马氏体型、铁素体型、奥氏体型、奥氏体-铁素体型（其强韧性、抗应力腐蚀性较好）和沉淀硬化型（其强度、硬度更高）五种（GB1220—92）。下面主要介绍马氏体不锈钢、铁素体不锈钢和奥氏体不锈钢。

1. 马氏体不锈钢

马氏体不锈钢的碳含量范围较宽，$w_C = 0.1\% \sim 1.0\%$，$w_{Cr} = 12\% \sim 18\%$。由于合金元素单一，故此类钢只在氧化性介质（如大气、海水、氧化性酸）中耐蚀，在非氧化性介质（如盐酸、碱溶液等）中会因达不到良好的钝化而使耐蚀性很低。钢的耐蚀性随铬含量的降低和碳含量的增加而受到损害，但其强度、硬度和耐磨性则随 C 的增加而改善。

常见马氏体不锈钢有低、中碳的 Cr13 型（如 1Cr13、2Cr13、3Cr13、4Cr13）和高碳的 Cr18 型（如 9Cr18、9Cr18MoV 等）。此类钢的淬透性良好，即空冷或油冷便可得到马氏体，锻造后须经退火处理来改善其切削加工性。在工程上，一般将 1Cr13、2Cr13 进行调质处理，得到回火索氏体组织，作为耐蚀结构零件使用（如螺栓、汽轮机叶片、水压机阀等）；而对 3Cr13、4Cr13 及 9Cr18 进行"淬火＋低温回火"处理，获得回火马氏体，用以制造高硬度、高耐磨性和一定耐蚀性结合的零件或工具(如医疗器械、量具、塑料模、滚动轴承、餐刀、弹簧等)。

马氏体不锈钢与其他类型不锈钢相比,具有价格最低、可热处理强化(即强度、硬度较高)的优点,但其耐蚀性较低,塑性加工与焊接性能较差。

2. 铁素体不锈钢

铁素体不锈钢的碳含量较低($w_C < 0.15\%$)、铬含量较高($w_{Cr} = 12\% \sim 30\%$),因而耐蚀性优于马氏体不锈钢。此外,Cr 是铁素体形成元素,致使此类钢从室温到高温(1000℃左右)均为单相铁素体,这进一步改善了耐蚀性;但使其不可进行热处理强化,故强度与硬度低于马氏体不锈钢,而塑性加工、切削加工和焊接性较好。因此,其主要用于对力学性能要求不高,而对耐蚀性和抗氧化性有较高要求的零件,如耐硝酸、有机酸及其盐、碱、硫化氢、磷酸的结构件和抗高温氧化结构件。它也常用于民用设备如装饰型材及厨具等方面。

常用的铁素体不锈钢有 0Cr13、1Cr17、1Cr17Ti、1Cr28 等。为了进一步提高其在非氧化性酸中的耐蚀性,也可加入 Mo、Ti、Cu 等其他合金元素(如 1Cr17Mo2Ti)。铁素体不锈钢一般是在退火或正火状态下使用。热处理、焊接或锻造时,应注意的主要问题是其脆性问题(如晶粒粗大导致的脆性、σ 相析出的脆性、475℃脆性等)。

铁素体不锈钢的成本虽略高于马氏体不锈钢,但因其不含贵金属元素 Ni,故其价格远低于奥氏体不锈钢,实际应用仅次于奥氏体不锈钢。

3. 奥氏体不锈钢

奥氏体不锈钢原是在 Cr18Ni8(简称 18 - 8)基础上发展起来的,具有低碳(绝大多数 $w_C < 0.12\%$),高铬($w_{Cr} > 17\% \sim 25\%$)和较高镍($w_{Ni} = 8\% \sim 29\%$)的成分特点。由此可知,此类钢具有最佳的耐蚀性,对苛性碱(熔融碱除外)、硫酸及硝酸盐、硫化氢、磷酸、醋酸、大多数无机酸及有机酸、100 ℃以下的中低浓度硝酸及 850 ℃以下高温空气环境耐蚀性很好,并有良好的抗氢、氮能力,而对还原性介质(如盐酸、稀硫酸)则不太耐蚀。Ni 的存在使钢在室温下为单相奥氏体组织,这进一步改善了钢的耐蚀性,并且还赋予了奥氏体不锈钢优良的低温韧性、高的加工硬化能力、耐热性和无磁性等特性,冷塑性、加工性和焊接性能较好,但切削加工性差。奥氏体不锈钢在化工设备、装饰型材等方面应用广泛。

奥氏体不锈钢的典型牌号有 1Cr18Ni9、1Cr18Ni9 Ti 及 0Cr18Ni9 等。加入 Mo、Cu、Si 等合金元素,可显著改善不锈钢在非氧化性酸等介质中的耐蚀性(因 Cr 在其中的钝化能力较差),如 00Cr17Ni12Mo2。因 Mn、N 与 Ni 同为奥氏体形成元素,为了节约 Ni 资源,国内外研制了许多节镍型和无镍型奥氏体不锈钢,如 1Cr17Mn9、0Cr17Mn13Mo2N 和 1Cr18Mn10Ni5Mo3N 甚至 Mn30Al10Si 等,而 Mn、N 的加入还提高了其在有机酸中的耐蚀性。因奥氏体不锈钢的切削加工性较差,为此还发展了改善切削加工性的易切削不锈钢,如 Y1Cr18Ni9、Y1Cr18Ni9Se 等。

奥氏体不锈钢退火组织为奥氏体+碳化物,该组织不仅强度低,而且耐蚀性也有所下降。为了使耐蚀性得到保证,须进行固溶处理——高温(1050～1150℃)加热使碳化物溶解,再快速冷却得到单相奥氏体的组织。但其强度较低($\sigma_b \approx 600$ MPa),强度潜力未充分发挥。奥氏体不锈钢虽然不可热处理(淬火)强化,但因其具有强烈的加工硬化能力,故可通过冷变形方法使之显著强化(σ_b 升至 1200～1400 MPa),随后必须进行去应力退火(300～350℃加热后空冷),以防止出现应力腐蚀现象。

5.5.2 耐热钢

耐热钢是指用于制造在高温条件下使用的零件或构件的钢。耐热钢应具有良好的抗氧化能力和高温强度。

耐热钢多为中碳合金钢、低碳合金钢（w_C 较高则使塑性、抗氧化性、焊接性及高温强度下降），所含合金元素主要有 Cr、Ni、Mn、Si、Al、Mo、W、V 等，这些合金元素均可产生固溶强化作用。其中的 Cr、Si、Al 在高温下可被优先氧化形成致密的氧化膜，将金属与外界氧气隔离，避免氧化的进一步发生。Mo、V、W、Ti 等元素可与碳结合形成稳定性高、不易聚集长大的碳化物，起弥散强化作用。同时，这些元素大多数可提高钢的再结晶温度，增大基体相中原子之间的结合力，提高晶界强度，从而提高钢的高温强度。若含少量稀土（RE）元素，则其性能会进一步提高。

按使用特性不同，耐热钢分为抗氧化钢和热强钢；按组织不同，耐热钢又可分为铁素体类耐热钢（又称 α-Fe 基耐热钢，包括珠光体钢、马氏体钢及铁素体钢）和奥氏体类耐热钢（又称 γ-Fe 基耐热钢）。

5.5.3 耐磨钢

磨损是机械工程上广泛存在的问题，通常有磨料磨损、磨蚀磨损、黏着磨损、表面疲劳磨损等，但到目前尚未形成独立的钢类。只是根据工作条件、磨损类型不同，选择不同的钢种。

采用低碳合金钢经渗碳—淬火—低温回火，可制造"里韧外硬"的耐磨性较高的零件，如齿轮、销子等。采用中碳钢和中碳合金钢，经调质和表面淬火可制造要求强度和耐磨性高的零件，如负荷较大的轴类、齿轮等。采用高碳钢和高碳合金钢，经淬火+低温回火可制造要求耐磨性更高的零件，如用 GCr15 制作喷油嘴等。

这里要介绍的耐磨钢是指在冲击和磨损条件下使用的高锰钢，如球磨机的衬板、破碎机的颚板、挖掘机的斗齿、拖拉机和坦克的履带板、铁路的道岔、防弹钢板等。高锰钢的主要成分是含碳量为 1%～1.3%，含锰量为 11%～14%。这种钢由于机械加工困难，基本上是铸造后使用，其牌号为 ZGMn13，其中 ZG 表示铸钢，Mn13 表示含锰量为 13%，规定含碳量 1% 时前面不写数字。这种钢的铸态组织是奥氏体+碳化物（沿晶界析出），故其性能既硬又脆，耐磨性并不好。实践证明，只有使高锰钢全部获得奥氏体，使用时才能显示出良好的韧性和耐磨性。为此，要施行水韧处理，即把钢加热到 1100℃，使碳化物完全溶解在奥氏体中，水冷后可获得均匀的过饱和单相奥氏体。这时，其强度、硬度并不高，而塑性、韧性却很好（$\sigma_b = 560 \sim 700$ MPa，HB=180～200，$\delta = 15\% \sim 40\%$，$\alpha_k = 150 \sim 200$ J/cm^2）。但是由于工作时受到强烈的冲击，零件表面发生加工硬化，并沿滑移面形成马氏体，使表面硬度提高 500～550 HBW，因而获得高的耐磨性；而心部仍然保持着原来奥氏体所固有的软而韧的状态，能承受冲击。当表面磨损后，新露出的表面又可在冲击和磨损条件下获得新的硬化层，因此，这种钢具有很高的耐磨性和抗冲击能力。需要强调的是，这种钢只有在强烈的冲击和磨损条件下工作，才显示出高的耐磨性；而在低冲击载荷和低应力摩擦下，高锰钢的耐磨性并不比相同硬度的其他钢种高。

高锰钢由于具有很高的加工硬化性能，因此很难机械加工。但采用硬质合金、含钴高速钢等切削工具,并采取适当的刀角及切削条件,还是可以加工的。

5.5.4 低温钢

低温钢是指用于工作温度低于0℃(也有认为-40℃)的零件的钢种。它广泛用于钢铁冶金、化工、冷冻设备、液体燃料的制备与储运装置、海洋工程与极地机械设施等。对其性能的要求主要为冷脆转变温度低,低温韧性好,耐蚀性,可焊性、冷塑性、成形性良好。为此,低温钢一般为低碳钢(w_C < 0.2%),并加入一定量的Ni、Mn及细化晶粒元素V、Ti、Nb甚至稀土RE,并严格限制有损韧性的P、Si等的含量。常用低温钢如表5-13所示。

表5-13 常用低温钢

钢 类	温度等级/℃	钢 号	热处理	组织类型
低碳锰钢	−40	16MnDR	正火	铁素体类
	−70	09Mn2VDR、09MnTiCuReDR(Q345E)	正火或调质	
低碳镍钢	−100	10Ni4(ASTMA203−70D)(3 5Ni)	正火或调质	
	−120～−170	13Ni5(5Ni)	正火或调质	
	−196	1Ni9(ASTM A533−70A)(9Ni)	调质	
奥氏体钢	−253	0Cr18Ni9、1Cr18Ni9	固溶	奥氏体类
	−253	15Mn26A14	固溶	
	−269	0Cr25Ni20(JIS G4304−1972)	固溶	

5.6 工程应用案例——结构钢在建筑工程中的应用

钢结构主要是由钢制材料组成的结构,是主要的建筑结构类型之一。结构主要由型钢和钢板等制成的钢梁、钢柱、钢桁架等构件组成,各构件或部件之间通常采用焊缝、螺栓或铆钉连接。钢结构与普通钢筋混凝土结构相比,其具有匀质、高强、施工速度快、抗震性好和回收率高等优越性,钢比砖石与砼的强度和弹性模量要高出很多倍,因此在荷载相同的条件下,钢构件的质量轻。从被破坏方面看,钢结构在事先有较大变形预兆,属于延性破坏结构,能够预先发现危险,从而避免。因其自重较轻,且施工简便,故广泛应用于大型厂房、场馆、超高层等领域。如图5-1所示。

(a) 鸟巢   (b) 伦敦千年穹顶

图5-1 钢结构

型钢是一种有一定截面形状和尺寸的条型钢材，是钢材四大品种（板、管、型、丝）之一。根据断面形状，型钢分为简单断面型钢和复杂断面型钢（异型钢）。前者指方钢、圆钢、扁钢、角钢、六角钢等；后者指工字钢、槽钢、钢轨、窗框钢、弯曲型钢等。不同截面的型钢如图5-2所示。

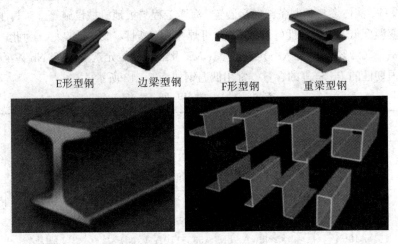

E形型钢　　边梁型钢　　　F形型钢　　　重梁型钢

图5-2　不同截面的型钢

钢结构在使用过程中会受到各种形式的作用（荷载、基础不均匀沉降、温度等），所以要求钢材应具有良好的机械性能（强度、塑性、韧性）和加工性能（冷热加工和焊接性能），以保证结构安全、可靠。建筑施工所用钢结构的材料一般为碳素结构钢（Q195、Q215、Q235、Q275等）、低合金高强度结构钢、优质碳素结构钢、合金结构钢、专门用途钢。钢材的种类很多，符合钢结构要求的只是少数几种，如碳素钢中的Q235，低合金钢中的16Mn，用于高强螺栓的20锰钒钢（20MnV）等。冷弯薄壁型钢采用的材料为Q235、Q345，经模压或弯曲而制造，壁厚一般为1.5～5 mm。

习题与思考题5

5-1　钢中常存的杂质有哪些？硫、磷对钢的性能有哪些有害和有利影响？

5-2　指出下列牌号属于什么钢，各符号代表什么。Q235，15，T7，T10A，Q345，ZG25，08F，Y40Mn

5-3　材料库中存有42CrMo、GCr15、T13、60Si2Mn。现要制作锉刀、齿轮、连杆螺栓，试选用材料，并说明应采用何种热处理方法及使用状态下的显微组织。

5-4　判断下列说法是否正确。

(1) 40Cr钢是合金渗碳钢。

(2) 60Si2Mn钢是合金调质钢。

(3) GCr15钢的含铬量是15%。

(4) 1Cr13钢的含碳量是1%。

(5) W18Cr4V钢的含碳量≥1%。

5-5　试以表5-14所列的方面，归纳对比各类合金钢的特点。

表 5 - 14 习题 5 - 5 表

	钢的种类	含碳量/(%)	常用合金元素及作用	典型牌号	常用热处理	使用状态下的显微组织	主要性能及用途
工具钢	低合金工具钢						
	高速钢						
	冷模钢						
	热模钢						
	量具钢						
结构钢	低合金高强度结构钢						
	渗碳钢						
	调质钢						
	弹簧钢						
	轴承钢						

5-6 用 20CrMnTi 钢制作的汽车变速齿轮,拟改用 40 钢或 40Cr 钢经高频淬火,是否可以?为什么?

5-7 下列牌号的组织用什么热处理工艺获得?

(1) 40Cr 钢表面是回火马氏体,心部是回火索氏体。

(2) 20Cr2Ni4 钢表面是回火马氏体和碳化物,心部是板条回火马氏体。

(3) T12A 钢获得索氏体和渗碳体。

(4) CrWMn 钢获得回火马氏体和碳化物。

(5) W18Cr4V 钢获得索氏体和碳化物。

5-8 说明下列牌号属于哪种钢,并说明其数字和符号含义、每个牌号的用途(各举实例 1~2 个)。

Q345,20CrMnTi,40Cr,GCr15,60Si2Mn,ZGMn13 - 2,W18Cr4V,1Cr18Ni9,1Cr13,9SiCr,Cr12,5CrMnMo,CrWMn,38CrMoAl,W6Mo5Cr4V2,4Cr9Si2,9Mn2V,1Cr17

5-9 某厂原用 45MnSiV 生产高强韧性钢筋,现该厂无此类钢,但库房尚有 15 钢、25MnSi、65Mn、9SiCr 钢。这四种钢中有无可代替上述 45MnSiV 钢筋的材料?若有,应进行怎样的热处理?理论依据是什么?

第 6 章 铸 铁

铸铁是 $w_C > 2.11\%$ 的铁碳合金。它是以铁、碳、硅为主要组成元素，并比碳钢含有较多的锰、硫、磷等杂质元素的多元合金。铸铁件生产工艺简单，成本低廉，并且具有优良的铸造性、切削加工性、耐磨性和减振性等。因此，铸铁件广泛应用于机械制造、冶金、矿山及交通运输等部门。

6.1 概 述

与碳钢相比，铸铁的化学成分中除了含有较高 C、Si 等元素外，而且含有较多的 S、P 等杂质。在特殊性能铸铁中，还含有一些合金元素。这些元素含量的不同，将直接影响铸铁的组织和性能。

6.1.1 成分与组织特点

工业上常用铸铁的成分(质量分数)一般含碳为 2.5%～4.0%、含硅为 1.0%～3.0%、含锰为 0.5%～1.4%、含磷为 0.01%～0.5%、含硫为 0.02%～0.2%。为了提高铸铁的力学性能或某些物理、化学性能，还可以添加一定量的 Cr、Ni、Cu、Mo 等合金元素，得到合金铸铁。

铸铁中的碳主要是以石墨(G)形式存在的，所以铸铁的组织是由钢的基体和石墨组成的。铸铁的基体有珠光体、铁素体、珠光体＋铁素体三种，它们都是钢中的基体组织。因此，铸铁的组织可以看做在钢的基体上分布着不同形态的石墨。

6.1.2 铸铁的性能特点

铸铁的力学性能主要取决于铸铁的基体组织及石墨的数量、形状、大小和分布。石墨的硬度仅为 3～5 HBS，抗拉强度约为 20 MPa，伸长率接近于零，故分布于基体上的石墨可视为空洞或裂纹。由于石墨的存在，减少了铸件的有效承载面积，且受力时石墨尖端处产生的应力集中，大大降低了基体强度的利用率。因此，铸铁的抗拉强度、塑性和韧性比碳钢低。

由于石墨的存在，使铸铁具有了一些碳钢所没有的性能，如良好的耐磨性、消振性、低的缺口敏感性以及优良的切削加工性能。此外，铸铁的成分接近共晶成分，因此铸铁的熔点低，约为 1200℃，液态铸铁流动性好。由于石墨结晶时体积膨胀，因此铸造收缩率低，其铸造性能优于钢。

6.2　铸铁的石墨化

6.2.1　铁碳合金双重相图

　　碳在铸件中存在的形式有渗碳体（Fe_3C）和游离状态的石墨（G）两种。渗碳体是由铁原子和碳原子所组成的金属化合物，它具有较复杂的晶格结构。石墨的晶体结构为简单六方晶格，如图6-1所示。晶体中碳原子呈层状排列，同一层上的原子间为共价键结合，原子间距为1.42 Å，结合力强；层与层之间为分子键，而间距为3.40 Å，结合力较弱。

　　若将渗碳体加热到高温，则可分解为铁素体或奥氏体与石墨，即$Fe_3C \rightarrow F(A)+G$。这表明石墨是稳定相，而渗碳体仅是介（亚）稳定相。成分相同的铁液在冷却时，冷却速度越慢，析出石墨的可能性越大；冷却速度越快，析出渗碳体的可能性越大。因此，描述铁碳合金结晶过程的相图应有两个，即前述的$Fe-Fe_3C$相图（它说明了介稳定相Fe_3C的析出规律）和$Fe-G$相图（它说明了稳定相石墨的析出规律）。为了便于比较和应用，习惯上把这两个相图合画在一起，称为铁碳合金双重相图，如图6-2所示。

图6-1　石墨的晶体结构

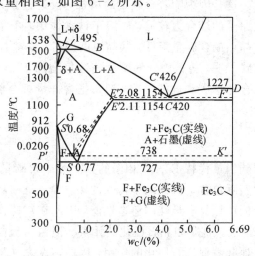

图6-2　铁碳合金双重相图

6.2.2　石墨化过程

1. 石墨化方式

　　铸铁组织中石墨的形成过程称为石墨化（Graphitization）过程。铸铁的石墨化有以下两种方式：

　　（1）按照$Fe-G$相图，从液态和固态中直接析出石墨。在生产中经常出现的石墨飘浮现象，就证明了石墨可从铁液中直接析出。

　　（2）按照$Fe-Fe_3C$相图结晶出渗碳体，随后渗碳体在一定条件下分解出石墨。在生产中，白口铸铁经高温退火后可获得可锻铸铁，证实了石墨也可由渗碳体分解得到。

2. 石墨化过程

　　现以过共晶合金的铁液为例，当它以极缓慢的速度冷却，并全部按$Fe-G$相图进行结晶时，则铸铁的石墨化过程可分为三个阶段：

第一阶段(液相-共晶阶段)：从液体中直接析出石墨，包括过共晶液相沿着液相线 $C'D'$ 冷却时析出的一次石墨 G_I，以及共晶转变时形成的共晶石墨 G 共晶，其反应式可写成：$L \rightarrow L_{C'} + G_I$，$L_{C'} \rightarrow A_{E'} + G$ 共晶。

第二阶段(共晶-共析阶段)：过饱和奥氏体沿着 $E'S'$ 线冷却时析出的二次石墨 G_{II}，其反应式可写成：$A_{E'} \rightarrow A_{S'} + G_{II}$。

第三阶段(共析阶段)：在共析转变阶段，由奥氏体转变为铁素体和共析石墨 G 共析，其反应式可写成：$A_{S'} \rightarrow F_{P'} + G$ 共析。

6.2.3　影响石墨化的因素

影响铸铁石墨化的主要因素是化学成分和结晶过程中的冷却速度。

1. 化学成分的影响

化学成分的影响主要为碳、硅、锰、硫、磷的影响，具体如下：

(1)碳和硅。碳和硅是强烈促进石墨化的元素，铸铁中碳和硅的含量愈高，便越容易石墨化。这是因为随着含碳量的增加，液态铸铁中石墨晶核数增多，所以促进了石墨化。硅与铁原子的结合力较强，硅溶于铁素体中，不仅会削弱铁、碳原子间的结合力，而且还会使共晶点的含碳量降低，共晶温度提高，这都有利于石墨的析出。

实践表明，铸铁中硅的质量分数每增加 1%，共晶点碳的质量分数相应降低 0.33%。为了综合考虑碳和硅的影响，通常把含硅量折合成相当的含碳量，并把这个碳的总量称为碳当量 w_{CE}。

$$w_{CE} = w_C + \frac{1}{3}w_{Si}$$

用碳当量代替 Fe-G 相图的横坐标中含碳量，就可以近似地估算出铸铁在 Fe-G 相图上的实际位置。因此调整铸铁的碳含量，是控制其组织与性能的基本措施之一。由于共晶成分的铸铁具有最佳的铸造性能，因此在灰铸铁中，一般将其碳当量控制在 4% 左右。

(2)锰。锰是阻止石墨化的元素。但锰与硫能形成硫化锰，减弱了硫的有害作用，但又间接地起着促进石墨化的作用，因此，铸铁中含锰量要适当。

(3)硫。硫是强烈阻止石墨化的元素。硫不仅增强铁、碳原子的结合力，而且形成硫化物后，常以共晶体形式分布在晶界上，阻碍碳原子的扩散。此外，硫还降低铁液的流动性和促使高温铸件开裂。所以硫是有害元素，铸铁中含硫量愈低愈好。

(4)磷。磷是微弱促进石墨化的元素，同时它能提高铁液的流动性，但形成的 Fe_3P 常以共晶体形式分布在晶界上，增加铸铁的脆性，使铸铁在冷却过程中易于开裂，所以一般铸铁中磷含量也应严格控制。

2. 冷却速度的影响

在实际生产中，往往存在同一铸件厚壁处为灰铸铁，而薄壁处却出现白口铸铁。这种情况说明，在化学成分相同的情况下，铸铁结晶时，厚壁处由于冷却速度慢，有利于石墨化过程的进行；薄壁处冷却速度快，则不利于石墨化过程的进行。

冷却速度对石墨化程度的影响，可用铁碳合金双重相图进行解释：由于 Fe-G 相图较 Fe-Fe₃C 相图更为稳定，因此成分相同的铁液在冷却时，冷却速度越缓慢，即过冷度较小时，越有利于按 Fe-G 相图结晶，析出稳定相石墨的可能性就愈大。相反，冷却速度越快，即过冷度增大时，越有利于按 Fe-Fe₃C 相图结晶，析出介稳定相渗碳体的可能性就越大。

根据上述影响石墨化的因素可知，当铁液的碳当量较高，结晶过程中的冷却速度较慢时，易于形成灰铸铁；相反，则易形成白口铸铁。生产中铸铁冷却速度可由铸件的壁厚来调态，图 6-3 所示为铸铁化学成分和冷却速度对铸铁组织的影响。可见，碳硅含量增加，壁厚增加，易得到灰口组织，石墨化愈完全；反之，碳硅含量减少，壁厚愈小，愈易得到白口组织，石墨化过程越不易进行。

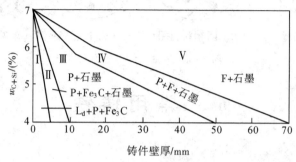

图 6-3　铸件壁厚(冷速)和化学成分对铸件组织的影响

6.2.4　铸铁的分类

1. 按石墨化程度分类

根据铸铁在结晶过程中石墨化过程进行的程度，可将其分为三类：

(1) 白口铸铁。它是第一、第二、三阶段的石墨化过程全部被抑制，而完全按照 Fe-Fe₃C 相图进行结晶而得到的铸铁，其中的碳几乎全部以 Fe₃C 形式存在，断口白亮，故称为白口铸铁。此类铸铁组织中存在大量莱氏体，性能是硬而脆，切削加工较困难。除少数用来制造不需加工的硬度高、耐磨零件外，白口铸铁主要用作炼钢原料。

(2) 灰口铸铁。它是第一、二阶段石墨化过程充分进行而得到的铸铁，其中的碳主要以石墨形式存在，断口呈暗灰色，故称为灰口铸铁。灰口铸铁是工业上应用最多、最广的铸铁。

(3) 麻口铸铁。它是第一阶段石墨化过程部分进行而得到的铸铁，其中的一部分碳以石墨形式存在，而另一部分以 Fe₃C 形式存在，其组织介于白口铸铁和灰口铸铁之间，断口呈黑白相间而构成麻点，故称为麻口铸铁。该铸铁性能硬而脆、切削加工困难，故工业上使用也较少。

2. 按灰口铸铁中石墨形态分类

根据灰口铸铁中石墨存在的形态不同，可将铸铁分为以下四种：

(1) 灰铸铁：铸铁组织中的石墨呈片状。这类铸铁力学性能较差，但生产工艺简单，价格低廉，工业上应用最广。

(2) 可锻铸铁：铸铁中的石墨呈团絮状。其力学性能好于灰铸铁，但生产工艺较复杂，成本高，故只用来制造一些重要的小型铸件。

(3) 球墨铸铁：铸铁组织中的石墨呈球状。此类铸铁生产工艺比可锻铸铁简单，且力学性能较好，故得到广泛应用。

(4) 蠕墨铸铁：铸铁组织中的石墨呈短小的蠕虫状。蠕墨铸铁的强度和塑性介于灰铸铁和球墨铸铁之间。此外，它的铸造性、耐热疲劳性比球墨铸铁好，因此可用来制造大型复杂的铸件，以及在温度梯度下工作的铸件。

铸铁中石墨存在的主要形态如图 6-4 所示。

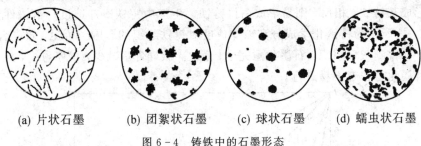

(a) 片状石墨　　(b) 团絮状石墨　　(c) 球状石墨　　(d) 蠕虫状石墨

图 6-4　铸铁中的石墨形态

6.3　常用铸铁

6.3.1　灰铸铁

1. 灰铸铁的成分、组织与性能特点

1）灰铸铁的成分

铸铁中碳、硅、锰是调节组织的元素，磷是控制使用的元素，硫是应限制的元素。目前在生产中，灰铸铁的化学成分范围一般为：$w_C = 2.5\% \sim 3.6\%$，$w_{Si} = 1.1\% \sim 2.5\%$，$w_{Mn} = 0.6\% \sim 1.2\%$，$w_P \leqslant 0.15\%$，$w_S \leqslant 0.15\%$。

2）灰铸铁的组织

灰铸铁是第一阶段和第二阶段石墨化过程都能充分进行时形成的铸铁。它的显微组织特征是片状石墨分布在各种基体组织上。

由于第三阶段石墨化程度的不同，可以获得三种不同基体组织的灰铸铁，如图6-5所示。

(a) 铁素体　　　　　　(b) 珠光体　　　　　　(c) 铁素体+珠光体

图 6-5　灰铸铁的显微组织

3）灰铸铁的性能特点

(1) 力学性能。灰铸铁的抗拉强度、塑性、韧性和弹性模量远比相应基体的钢低。石墨片的数量愈多，尺寸愈粗大，分布愈不均匀，对基体的割裂作用和应力集中现象愈严重，则铸铁的强度、塑性与韧性就愈低。

由于灰铸铁的抗压强度 σ_{bc}、硬度与耐磨性主要取决于基体，石墨的存在对其影响不大，故灰铸铁的抗压强度一般是其抗拉强度的 3～4 倍。同时，珠光体基体比其他两种基体的灰铸铁具有较高的强度、硬度与耐磨性。

(2) 其他性能。石墨虽然会降低铸铁的抗拉强度、塑性和韧性，但也正是由于石墨的存在，使铸铁具有一系列其他优良性能。

① 铸造性能良好。由于灰铸铁的碳当量接近共晶成分，因此与钢相比，它不仅熔点低，流动性好，而且铸铁在凝固过程中要析出比容较大的石墨，部分地补偿了基体的收缩，从而减小了灰铸铁的收缩率，所以灰铸铁能浇铸形状复杂与壁薄的铸件。

② 减摩性好。减摩性是指减少对偶件被磨损的性能。灰铸铁中石墨本身具有润滑作用，而且当它从铸铁表面掉落后，所遗留下的孔隙具有吸附和储存润滑油的能力，使摩擦面上的油膜易于保持而具有良好的减摩性。所以承受摩擦的机床导轨、汽缸体等零件可用灰铸铁制造。

③ 减振性强。铸铁在受震动时，石墨能阻止震动的传播，起缓冲作用，并把震动能量转变为热能。灰铸铁减振能力约比钢大 10 倍，故常用作承受压力和震动的机床底座、机架、机床床身和箱体等零件。

④ 切削加工性良好。由于石墨割裂了基体的连续性，使铸铁切削时容易断屑和排屑，且石墨对刀具有一定的润滑作用，因此可使刀具磨损减少。

⑤ 缺口敏感性小。钢常因表面有缺口（如油孔、键槽、刀痕等）造成应力集中，使力学性能显著降低，故钢的缺口敏感性大。灰铸铁中石墨本身已使金属基体形成了大量缺口，致使外加缺口的作用相对减弱，所以灰铸铁具有小的缺口敏感性。

由于灰铸铁具有以上一系列的优良性能，而且价廉，易于获得，因此在目前工业生产中，它仍然是应用最广泛的金属材料之一。

2. 灰铸铁的孕育处理

灰铸铁组织中石墨片比较粗大，因而它的力学性能较低。为了提高灰铸铁的力学性能，生产上常进行孕育处理。孕育处理(Inoculation)就是在浇注前往铁液中加入少量孕育剂，改变铁液的结晶条件，从而获得细珠光体基体加上细小均匀分布的片状石墨组织的工艺过程。降低碳硅成分和经过孕育处理后的铸铁称为孕育铸铁。

生产中常先熔炼出含碳(2.7%～3.3%)、硅(1%～2%)均较低的铁水，然后向出炉的铁水中加入孕育剂，经过孕育处理后再浇注。常用的孕育剂为含硅 75% 的硅铁，加入量为铁水重量的 0.25%～0.6%。

因孕育剂增加了石墨结晶的核心，故经过孕育处理的铸铁中石墨细小、均匀，并获得珠光体基体。孕育铸铁的强度、硬度较普通灰铸铁均高，如 $\sigma_b = 250 \sim 400$ Pa，硬度达 170～270 HBS。孕育铸铁中的石墨仍为片状，塑性和韧性仍然很低，其本质仍属灰铸铁。

3. 灰铸铁的牌号和应用

灰铸铁的牌号以其力学性能来表示。灰铸铁的牌号以 HT 起首；其后以三位数字来表示，其中 HT 表示灰铸铁，数字为其最低抗拉强度值。灰铸铁共分为 HT100、HT150、HT200、HT250、HT300、HT350 六个牌号。其中，HT100 为铁素体灰铸铁，HT150 为珠光体-铁素体灰铸铁，HT200 和 HT250 为珠光体灰铸铁，HT300 和 HT350 为孕育铸铁。选择铸铁牌号时必须考虑铸件的壁厚和相应的强度值，如表 6-1 所示。例如，某铸件的壁厚 40 mm，要求抗拉强度值为 200 MPa，此时，应选 HT250，而不选 HT200。

表 6-1 不同壁厚灰铸铁的成分

铸铁牌号	铸件壁厚/mm	化学成分（$w/(\%)$）				
		C	Si	Mn	P	S
					不大于	
HT100	<10	3.6~3.8	2.3~2.6			
	10~30	3.5~3.7	2.2~2.5	0.4~0.6	0.40	0.15
	>30	3.4~3.6	2.1~2.4			
HT150	<20	3.5~3.7	2.2~2.4			
	20~30	3.4~3.6	2.0~2.3	0.4~0.6	0.40	0.15
	>30	3.3~3.5	1.8~2.2			
HT200	<20	3.3~3.5	1.9~2.3			
	20~40	3.2~3.4	1.8~2.2	0.6~0.8	0.30	0.12
	>40	3.1~3.3	1.6~1.9			
HT250	<20	3.2~3.4	1.7~2.0			
	20~40	3.1~3.3	1.6~1.8	0.7~0.9	0.25	0.12
	>40	3.0~3.2	1.4~1.6			
HT300	>15	3.0~3.2	1.4~1.7	0.7~0.9	0.20	0.10
HT350	>20	2.9~3.1	1.2~1.6	0.8~1.0	0.15	0.10
HT400	>25	2.8~3.0	1.0~1.5	0.8~1.2	0.15	0.10

灰铸铁的抗压强度和硬度主要取决于基体组织。灰铸铁的抗压强度一般比抗拉强度高 3~4 倍，这是灰铸铁的一种特征。因此，与其把灰铸铁用作抗拉零件，还不如作耐压零件更适合。灰铸铁主要应用于机床床身、底座、电器壳体、缸体、泵体、盖、手轮等受力不大、耐磨、减震零件。

4. 灰铸铁的热处理

1）消除内应力的退火

铸件在铸造冷却过程中容易产生内应力，可能导致铸件变形和裂纹。为保证其尺寸的稳定，防止变形开裂，对一些大型复杂的铸件，如机床床身、柴油机汽缸体等，往往需要进行消除内应力的退火处理（又称人工时效）。其工艺规范一般为：加热温度 500~600℃，加热速度一般在 60~120℃/h，经一定时间保温后，炉冷到 150~220℃出炉空冷。

2）改善切削加工性的退火

灰口铸铁的表层及一些薄截面处，由于冷速较快，可能产生白口，硬度增加，切削加工困难，故需要进行退火降低硬度。其工艺规程：将铸件加热至 850~900℃，保温 2~5 h，使渗碳体分解为石墨，而后随炉缓慢冷却至 400~500℃，再空冷。若需要提高铸件的耐磨性，采用空冷，可得到珠光体为主要基体的灰铸铁。

3）表面淬火

表面淬火的目的是提高灰铸铁件的表面硬度和耐磨性。其方法除感应加热表面淬火外，铸铁还可以采用接触电阻加热表面淬火。

图 6-6 所示为机床导轨进行接触电阻加热表面淬火方法的示意图。其原理是用一个电极（紫铜滚轮）与欲淬硬的工作表面紧密接触，通以低压（2～5 V）大电流（400～750 A）的交流电，利用电极与工作接触处的电阻热将工件表面迅速加热到淬火温度。操作时将电极以一定的速度移动，于是被加热的表面依靠工件本身的导热而迅速冷却下来，从而达到表面淬火的目的。

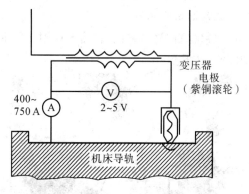

图 6-6　接触电阻加热表面淬火示意图

接触电阻加热表面淬火层的深度可达 0.20～0.30 mm，组织为极细的马氏体（或隐针马氏体）＋片状石墨，硬度达 59～61 HRC，可使导轨的寿命提高 1.5 倍以上。这种表面淬火方法设备简单，操作方便，且工件变形很小。为了保证工件淬火后获得高而均匀的表面硬度，铸铁原始组织应是珠光体基体上分布细小、均匀的石墨。

6.3.2　可锻铸铁

1. 可锻铸铁的生产方法

第一步，浇注出白口铸件坯件。为了获得纯白口铸件，必须采用碳和硅的含量均较低的铁水。为了后面缩短退火周期，也需要进行孕育处理。常用孕育剂为硼、铝和铋。

第二步，石墨化退火。其工艺是将白口铸件加热至 900～980℃，再保温 15 h 左右，使其组织中的渗碳体发生分解，得到奥氏体和团絮状的石墨组织。在随后缓冷过程中，从奥氏体中析出二次石墨，并沿着团絮状石墨的表面长大。当冷却至 750～720℃ 共析温度时，奥氏体发生转变生成铁素体和石墨，最终得到铁素体可锻铸铁，其退火工艺曲线如

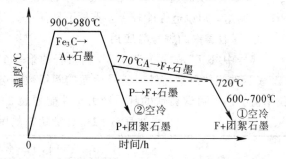

图 6-7　可锻铸铁的可锻化退火工艺曲线

图6-7中曲线①所示。如果在共析转变过程中冷却速度较快，其退火工艺曲线如图 6-7 中的曲线②所示。最终将得到珠光体可锻铸铁。

2. 可锻铸铁的成分、组织与性能特点

1）可锻铸铁的成分

目前在生产中，可锻铸铁的碳含量为 $w_C = 2.2\% \sim 2.6\%$，硅含量为 $w_{Si} = 1.1\% \sim 1.6\%$，锰含量可在 $w_{Mn} = 0.42\% \sim 1.2\%$ 范围内选择。含硫与含磷量应尽可能降低，一般要求 $w_P < 0.1\%$，$w_S < 0.2\%$。

2）可锻铸铁的组织

可锻铸铁的组织特征：按图 6-7 中曲线①所示的生产工艺进行完全石墨化退火后，获得的铸铁由铁素体和团絮石墨构成，称为铁素体基体可锻铸铁。若按图 6-7 中曲线②所示的生产工艺只进行第一阶段石墨化退火，获得的铸铁由珠光体和团絮状石墨构成，称为

珠光体基体可锻铸铁。

团絮状石墨的特征：表面不规则，表面面积与体积之比值较大。可锻铸铁的显微组织如图 6-8 所示。

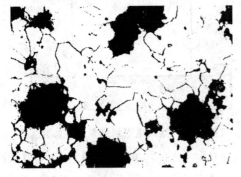

(a) 铁素体基体　　　　　　　　　　　　　　　　(b) 珠光体基体

图 6-8　可锻铸铁的显微组织

3）可锻铸铁的性能特点

可锻铸铁的力学性能优于灰铸铁，并接近于同类基体的球墨铸铁，但与球墨铸铁相比，它具有铁水处理简易、质量稳定、废品率低等优点。因此在生产中，常用可锻铸铁制作一些截面较薄而形状较复杂，工作时受到振动而强度、韧性要求较高的零件，因为这些零件若用灰铸铁制造，则不能满足力学性能要求；若用球墨铸铁铸造，则易形成白口；若用铸钢制造，则铸造性能较差，质量不易保证。

3．可锻铸铁的牌号与应用

牌号中"KT"是"可铁"两字汉语拼音的第一个字母，其后面的"H"表示黑心可锻铸铁，"Z"表示珠光体可锻铸铁。符号后面的两组数字分别表示其最小的抗拉强度值（MPa）和伸长率值（%）。可锻铸铁的牌号和力学性能如表 6-2 所示。

表 6-2　可锻铸铁的牌号及力学性能

牌　号		试样直径 d/mm	抗拉强度	屈服强度	伸长率 δ/(%) ($L_0 = 3d$)	硬度 HB
A	B		/(N/mm²)			
			≥			
KTH300-06	—	12 或 15	300	—	6	≤150
	KTH330-08		330	—	8	
KTH350-10	—		350	200	10	
	KTH370-12		370	—	12	
KTZ450-06			450	270	6	150~200
KTZ550-04			550	340	2	180~230
KTZ650-02			650	430	2	210~260
KTZ700-02			700	530	2	240~290

可锻铸铁的强度和韧性均较灰铸铁高，并具有良好的塑性与韧性，常用作汽车与拖拉

机的后桥外壳、机床扳手、低压阀门、管接头、农具等承受冲击、震动和扭转载荷的零件；珠光体可锻铸铁的塑性和韧性不及黑心可锻铸铁，但其强度、硬度和耐磨性高，常用作曲轴、连杆、齿轮、摇臂、凸轮轴等强度与耐磨性要求较高的零件。

6.3.3　球墨铸铁

1. 球墨铸铁的生产方法

1）制取铁水

制造球墨铸铁所用的铁水碳含量要高（3.6％～3.9％），但硫、磷含量要低。为防止浇注温度过低，出炉的铁水温度必须高达1400℃以上。

2）球化处理和孕育处理

球化处理和孕育处理是制造球墨铸铁的关键，必须严格操作。球化剂的作用是使石墨呈球状析出，国外使用的球化剂主要是金属镁，我国广泛采用的球化剂是稀土镁合金。稀土镁合金中的镁和稀土都是球化元素，其含量均小于10％；其余为硅和铁。以稀土镁合金作球化剂，是结合了我国的资源特点，其作用平稳，减少了镁的用量，还能改善球墨铸铁的质量。球化剂的加入量一般为铁水质量的1.0％～1.6％（视铸铁的化学成分和铸件大小而定）。冲入法球化处理如图6-9所示。

图6-9　冲入法球化处理

孕育剂的主要作用是促进石墨化，防止球化元素所造成的白口倾向。常用的孕育剂为硅含量75％的硅铁，加入量为铁水质量的0.4％～1.0％。

3）铸型工艺

球墨铸铁较灰铸铁容易产生缩孔、缩松、皮下气孔和夹渣等缺陷，因此在工艺上要采取防范措施。

4）热处理

由于铸态的球墨铸铁多为珠光体和铁素体的混合基体，有时还存有自由渗碳体，形状复杂件还存有残余内应力，因此，多数球铁件在铸后要进行热处理，以保证应有的力学性能。常用的热处理是退火和正火，退火可获得铁素体基体，正火可获得珠光体基体。

2. 球墨铸铁的成分、组织与性能特点

1）球墨铸铁的成分

球墨铸铁的化学成分与灰铸铁相比，其特点是含碳量与含硅量高，含锰量较低，含硫量与含磷量低，并含有一定量的稀土与镁。

由于球化剂镁和稀土元素都起阻止石墨化的作用，并使共晶点右移，因此球墨铸铁的碳含量较高。一般$w_C = 3.6\% \sim 3.9\%$，$w_{Si} = 2.2\% \sim 2.7\%$。

2）球墨铸铁的组织

球墨铸铁的组织特征：球铁的显微组织由球形石墨和金属基体两部分组成。随着成分和冷速的不同，球铁在铸态下的金属基体可分为铁素体、铁素体＋珠光体、珠光体三种，如图6-10所示。

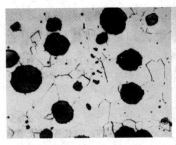 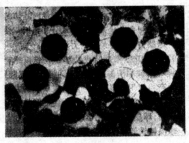 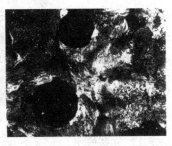

(a) 铁素体　　　　　　(b) 铁素体+珠光体　　　　　(c) 珠光体

图 6-10　球墨铸铁的显微组织

3）球墨铸铁的性能特点

（1）力学性能。球墨铸铁的抗拉强度、塑性、韧性不仅高于其他铸铁，而且可与相应组织的铸钢相媲美。对于承受静载荷的零件，用球墨铸铁代替铸钢，就可以减轻机器的重量。球墨铸铁的塑性与韧性却低于钢，球墨铸铁中的石墨球愈小、愈分散，球墨铸铁的强度、塑性与韧性愈好，反之则差。

球墨铸铁的力学性能还与其基体组织有关。铁素体基体具有高的塑性和韧性，但强度与硬度较低，耐磨性较差。珠光体基体强度较高，耐磨性较好，但塑性、韧性较低。铁素体＋珠光体基体的性能介于前两种基体之间。经热处理后，具有回火马氏体基体的硬度最高，但韧性很低；下贝氏体基体则具有良好的综合力学性能。

（2）其他性能。由于球墨铸铁有球状石墨存在，使它具有近似于灰铸铁的某些优良性能，如铸造性能、减摩性、切削加工性等。但球墨铸铁的过冷倾向大，易产生白口现象，而且铸件也容易产生缩松等缺陷，因而球墨铸铁的熔炼工艺和铸铁工艺都比灰铸铁要求高。

3. 球墨铸铁的牌号与应用

球墨铸铁牌号的表示方法是用 QT 代号及其后面的两组数字组成。其中，"QT"为球铁二字的汉语拼音字头，第一组数字代表最低抗拉强度值，第二组数字代表最低伸长率值。球墨铸铁的牌号及力学性能如表 6-3 所示。

表 6-3　球墨铸铁的牌号及力学性能

牌号	σ_b /MPa (kgf.mm^{-2})	$\sigma_{0.2}$ /MPa (kgf.mm^{-2})	δ /（%）	供参考	
	最小值			硬度/HB	主要金相组织
QT400-18	400（40.80）	250（25.50）	18	130～180	铁素体
QT400-15	400（40.80）	250（25.50）	15	130～180	铁素体
QT450-10	450（45.90）	310（31.60）	10	160～210	铁素体＋少许珠光体
QT500-7	500（51.00）	320（32.65）	7	170～230	铁素体＋珠光体
QT600-3	600（61.20）	370（37.75）	3	190～270	铁素体＋珠光体
QT700-2	700（71.40）	420（42.85）	2	225～305	珠光体
QT800-2	800（81.60）	80（48.98）	2	245～335	珠光体或索氏体
QT900-25	900（91.80）	60（61.20）	2	280～360	贝氏体或回火马氏体

球墨铸铁通过热处理可获得不同的基体组织,其性能可在较大范围内变化,而且球墨铸铁的生产周期短,成本低(接近于灰铸铁),因此,球墨铸铁在机械制造业中得到了广泛的应用。它成功地代替了不少碳钢、合金钢和可锻铸铁,用来制造一些受力复杂,强度、韧性和耐磨性要求高的零件。如具有高强度与耐磨性的珠光体球墨铸铁,常被用来制造拖拉机或柴油机中的曲轴、连杆、凸轮轴、各种齿轮、机床的主轴、蜗杆、蜗轮、轧钢机的轧辊、大齿轮及大型水压机的工作缸、缸套、活塞等。具有高的韧性和塑性铁素体基体的球墨铸铁,常被用来制造受压阀门、机器底座、汽车的后桥壳等。

4. 球墨铸铁的热处理

球墨铸铁常用的热处理方法有退火、正火、等温淬火、调质处理等。

1) 退火

(1) 去应力退火。球墨铸铁的弹性模量以及凝固时收缩率比灰铸铁高,故铸造内应力比灰铸铁约大两倍。对于不再进行其他热处理的球墨铸铁铸件,都应进行去应力退火。

去应力退火工艺是将铸件缓慢加热到500~620℃左右,保温2~8 h,然后随炉缓冷。

(2) 石墨化退火。石墨化退火的目的是消除白口,降低硬度,改善切削加工性以及获得铁素体球墨铸铁。根据铸态基体组织不同,石墨化退火可分为高温石墨化退火和低温石墨化退火两种。

① 高温石墨化退火:为了获得铁素体球墨铸铁,需要进行高温石墨化退火。高温石墨化退火工艺是将铸件加热到共析温度以上,即900~950℃,保温2~5 h,使自由渗碳体石墨化,然后随炉缓冷至600℃,使铸件发生第二和第三阶段石墨化,再出炉空冷。球墨铸铁高温石墨化退火工艺曲线如图6-11所示。

② 低温石墨化退火:当铸态基体组织为珠光体+铁素体而无自由渗碳体存在时,为了获得塑性、韧性较高的铁素体球墨铸铁,可进行低温石墨化退火。

低温石墨化退火工艺是把铸件加热至共析温度范围附近,即720~760℃,保温3~6 h,使铸件发生第二阶段石墨化,然后随炉缓冷至600℃,再出炉空冷。球墨铸铁低温石墨化退火工艺曲线如图6-12所示。

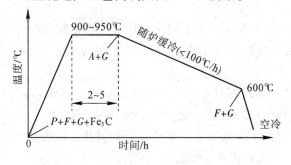

图6-11 球墨铸铁高温石墨化退火工艺曲线

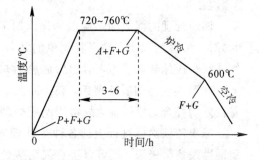

图6-12 球墨铸铁低温石墨化退火工艺曲线

2) 正火

球墨铸铁止火的目的是为了获得珠光体组织,并使晶粒细化,组织均匀,从而提高零件的强度、硬度和耐磨性,并可作为表面淬火的预先热处理。正火可分为高温正火和低温正火两种。

(1) 高温正火。高温正火工艺是把铸件加热至共析温度范围以上,一般为880~

920℃，保温1～3 h，使基体组织全部奥氏体化，然后出炉空冷，使其在共析温度范围内，由于快冷而获得珠光体基体。对含硅量高的厚壁铸件，则应采用风冷或者喷雾冷却，以保正火后能获得珠光体球墨铸铁。球墨铸铁高温正火工艺曲线如图6-13所示。

（2）低温正火。低温正火工艺是把铸件加热至共析温度范围内，即840～880℃，保温1～4 h，使基体组织部分奥氏体化，然后出炉空冷。低温正火后，获得珠光体＋分散铁素体球墨铸铁，可以提高铸件的韧性与塑性。球墨铸铁低温正火工艺曲线如图6-14所示。

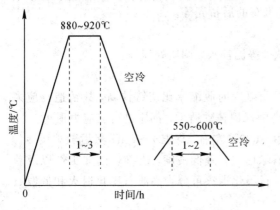

图6-13　球墨铸铁高温正火工艺曲线　　　　图6-14　球墨铸铁低温正火工艺曲线

由于球墨铸铁导热性较差，弹性模量又较大，正火后铸件内有较大的内应力，因此多数工厂在正火后，还进行一次去应力退火（常称回火），即加热到550～600℃，保温1～2 h，然后出炉空冷。

3）等温淬火

球墨铸铁等温淬火工艺是把铸件加热至860～900℃，保温一定时间，然后迅速放入温度为250～300℃的等温盐浴中进行0.5～1.5 h的等温处理，再取出空冷。等温淬火后的组织为下贝氏体＋少量残余奥氏体＋少量马氏体＋球状石墨。

4）调质处理

调质处理的淬火加热温度和保温时间，基本上与等温淬火相同，即加热温度为860～900℃，保温2～4 h。除形状简单的铸件采用水冷外，一般都采用油冷。淬火后的组织为细片状马氏体和球状石墨，然后加热到550～600℃并回火2～4 h。

球墨铸铁经调质处理后，获得回火索氏体和球状石墨组织，硬度为250～380 HBS，具有良好的综合力学性能，故常用调质处理来处理柴油机曲轴、连杆等重要零件。

球墨铸铁除能进行上述各种热处理外，为了提高球墨铸铁零件表面的硬度、耐磨性、耐蚀性及疲劳极限，还可以进行表面热处理，如表面淬火、渗氮等。

6.3.4　蠕墨铸铁

1. 蠕墨铸铁的生产方法

蠕墨铸铁是将铁水经过蠕化处理，即加蠕化剂（镁或稀土）所获得的一种具有蠕虫状石墨组织的铸铁。蠕虫状石墨实际上是球化不充分的缺陷形式。蠕墨铸铁作为一种新型铸铁材料出现在20世纪60年代，我国是研究蠕墨铸铁最早的国家之一。

2. 蠕墨铸铁的成分、组织与性能特点

蠕墨铸铁的化学成分一般为：$w_C = 3.4\% \sim 3.6\%$，$w_{Si} = 2.4\% \sim 3.0\%$，$w_S <$ 0.06%，$w_{Mn} = 0.4\% \sim 0.6\%$，$w_P < 0.07\%$。蠕墨铸铁的石墨形态介于片状和球状石墨之间。蠕墨铸铁的石墨形态在光学显微镜下看起来像片状，但不同于灰口铸铁的是其片较短而厚、头部较圆(形似蠕虫)。所以可以认为蠕虫状石墨是一种过渡型石墨。

蠕墨铸铁的显微组织由金属基体和蠕虫状石墨组成。金属基体比较容易获得铁素体基体。在大多数情况下，蠕虫状石墨总是与球状石墨共存。

蠕虫状石墨的形态介于片状与球状之间，所以蠕墨铸铁的力学性能介于灰铸铁和球墨铸铁之间。蠕墨铸铁的抗拉强度、延伸率、弹性模数、弯曲疲劳强度均优于灰口铸铁，接近于铁素体基体的球墨铸铁。蠕墨铸铁的导热性、铸造性、可切削加工性均优于球墨铸铁，与灰口铸铁相近。因此，蠕墨铸铁是一种具有良好综合性能的铸铁。

3. 蠕墨铸铁的牌号与应用

蠕墨铸铁的牌号为：RuT＋数字。牌号中，"RuT"是"蠕铁"二字汉语拼音的大写字头，为蠕墨铸铁的代号；后面的数字表示最低抗拉强度。例如，牌号 RuT300 表示最低抗拉强度为 300 MPa 的蠕墨铸铁。根据蠕墨铸铁的强度可分为 5 个等级，其牌号与性能如表 6-4 所示。

表 6-4 蠕墨铸铁的牌号与性能

牌号	抗拉强度/MPa	屈服强度/MPa	伸长率/(%)	硬度值(HBS)	蠕化率 VG/(%) ≥	主要基体组织
	≥	≥	≥			
RuT420	420	335	0.75	200~280		珠光体
RuT380	380	300	0.75	193~274		珠光体
RuT340	340	270	1.0	170~249	50	珠光体＋铁素体
RuT300	300	240	1.5	140~217		珠光体＋铁素体
RuT260	260	195	3	121~197		铁素体

因为蠕墨铸铁综合性能好，组织致密，所以它主要应用在一些经受热循环载荷的铸件(如钢锭模、玻璃模具、柴油机缸盖、排气管、刹车件等)和组织致密零件(如一些液压阀的阀体、各种耐压泵的泵体等)以及一些结构复杂而设计又要求高强度的铸件。

6.3.5 特殊性能铸铁

在普通铸铁基础上加入某些合金元素可使铸铁具有某种特殊性能，如耐磨性、耐热性或腐蚀性等，从而形成一类具有特殊性能的合金铸铁。这些合金铸铁可用来制造在高温、高摩擦或耐蚀条件下工作的机器零件。

1. 耐磨铸铁

根据工作条件的不同，耐磨铸铁可以分为减磨铸铁和抗磨铸铁两类。减磨铸铁用于制造在润滑条件下工作的零件，如机床床身、导轨和汽缸套等。这些零件要求较小的摩擦系数。抗磨铸铁用来制造在干摩擦条件下工作的零件，如轧辊、球磨机磨球等。

(1) 减磨铸铁。

提高减磨铸铁耐磨性的途径主要是合金化和孕育处理。常用的合金元素为 Cu、Mo、

Mn、P、稀土元素等，常用的孕育剂是硅铁。减磨铸铁中应用最多的是高磷铸铁，其化学成分和用途如表 6-5 所示。

表 6-5　常用几种高磷合金铸铁的化学成分和用途

名称	化学成分/(%)									用途
	C	Si	Mn	Cr	Mo	Sb	Cu	P	S	
磷铬钼铸铁	3.1~3.4	2.2~2.6	0.5~1.0	0.33~0.55	0.15~0.35	—	—	0.55~0.80	<0.10	气缸套
磷铬钼铜铸铁	2.9~3.2	1.9~2.3	0.9~1.3	0.90~1.30	0.30~0.60		0.80~1.50	0.30~0.60	≤0.12	活塞环
磷锑铸铁	3.2~3.6	1.9~2.4	0.6~0.8	—	—	0.06~0.08	—	0.30~0.40	≤0.08	气缸套

（2）抗磨铸铁。

抗磨铸铁在干摩擦条件下工作，要求它的硬度高且组织均匀，通常金相组织为莱氏体、贝氏体或马氏体。表 6-6 列出了它们的化学成分、硬度和用途。

表 6-6　常用抗磨铸铁的化学成分与用途

名　称	化学成分						硬度 HRC	用途举例
	C	Si	Mn	P	S	其　他		
普通白口铁	4.0~4.4	≤0.6	≥0.6	≤0.35	≥0.15		>48	犁铧
高韧性白口铁	2.2~2.5	~1.0	0.5~1.0	<0.1	<0.1		55~59	犁铧
中锰球墨铸铁	3.3~3.8	3.3~4.0	5.0~7.0	<0.15	<0.02		48~56	球磨机磨球、衬板、煤粉机锤头
高铬白口铁	3.25	0.5	0.7	0.06	0.03	Cr15.0 Mo3.0	62~65	球磨机衬板
铬钒钛白口铁	2.4~2.6	1.4~1.6	0.4~0.6	<0.1	<0.1	Cr4.4~5.2 V0.25~0.30 Ti0.09~0.10	61.5	抛丸机叶片
中镍铬合金激冷铸铁	3.0~3.8	0.3~0.8	0.2~0.8	≤0.55	≤0.12	Ni1.0~1.6 Cr0.4~0.7	表层硬度 ≥65	轧辊

2．耐热铸铁

铸铁在高温条件下工作，通常会产生氧化和生长等现象。氧化是指铸铁在高温下受氧化性气氛的侵蚀，在铸件表面发生的化学腐蚀的现象。由于表面形成氧化皮，减少了铸件的有效断面，因而降低了铸件的承载能力。生长是指铸铁在高温下反复加热冷却时发生的不可逆的体积长大，造成零件尺寸增大，并使机械性能降低。铸件在高温和负荷作用下，由于氧化和生长最终导致零件变形、翘曲，产生裂纹、甚至破裂。所以铸铁在高温下抵抗破坏的能力通常指铸铁的抗氧化性和抗生长能力。耐热铸铁是指在高温条件下具有一定的抗氧化和抗生长性能，并能承受一定载荷的铸铁。

提高铸铁耐热性的途径：

（1）合金化。在铸铁中加 Si、Al、Cr 等合金元素，通过在高温下的氧化，在铸铁表面形成一层致密、牢固、完整的氧化膜，阻止氧化气氛进一步渗入铸铁的内部，防止产生氧化，并抑制铸铁的生长。

（2）提高铸铁金属基体的连续性。对于普通灰口铸铁，由于石墨呈片状，外部氧化扩展气氛容易渗入铸铁内部，产生内氧化，因此灰口铸铁仅能在 400℃ 左右的温度下工作。通过球化处理或变质处理的铸铁，由于石墨呈球状或蠕虫状，提高了铸铁合金基体的连续性，减少了外部氧化性气氛渗入铸铁内部的现象，有利于防止铸铁产生内氧化，因此球墨铸铁和蠕墨铸铁的耐热性比灰铸铁好。

我国耐热铸铁合金化系列有硅系、铝系、铬系及铝-硅系等。表 6-7 列出了典型耐热铸铁常用牌号、力学性能及用途。

表 6-7　典型耐热铸铁常用牌号、力学性能及用途

牌号	室温力学性能		高温短时力学性能 σ_b /MPa					用途举例
	σ_b /MPa	HBS	500℃	600℃	700℃	800℃	900℃	
RTCr	≥200	189~288	225	114	—	—	—	在空气、炉气中耐热温度 550℃，制作炉条、高炉支架式水箱、金属型玻璃
RTSi5	≥150	160~270	—	—	41	27	—	在空气、炉气中耐热温度 700℃，制作炉条、煤粉烧嘴、锅炉用梳形定位板、换热器等
RQTSi5	≥370	228~302	—	—	67	30	—	在空气、炉气中耐热 800℃，硅含量上限时可到 900℃，制作煤粉烧嘴、炉条、辐射管、烟道闸门等
RQTAlSi5	≥200	302~363	—	—	—	167	75	在空气、炉气中耐热 1050℃，制作焙烧机篦条、炉用件

3. 耐蚀铸铁

普通铸铁的耐蚀性是很差的，这是因为铸铁本身是一种多相合金，在电解质中各相具有不同的电极电位，其中以石墨的电极电位最高，渗碳体次之，铁素体最低。电位高的相是阴极，电位低的相是阳极，这样就形成了一个微电池，于是作阳极的铁素体不断被消耗掉，一直深入到铸铁内部。

提高铸铁耐蚀性的手段主要是：加入合金元素以得到有利的组织和形成良好的保护膜。铸铁的基体组织最好是致密、均匀的单相组织，即 A 或 F。中等大小又不相互连续的石墨对耐蚀性有利。至于石墨的形状，则以球状或团絮状为有利。

加入合金元素主要从以下三方面提高铸铁的耐蚀性：

（1）改变某些相在电介质中的电极电位，降低原电池电动势，因而使耐蚀性提高。如 Cr、Mo、Cu、Ni、Si 等元素能提高铸铁基体的电极电位。

（2）改善铸铁基体组织和石墨形状、大小及分布，减少原电池数量和电动势，提高铸铁的耐蚀性。

（3）使铸铁表面形成一层致密完整而牢固的保护膜。如加入 Si、Al、Cr，相应形成 SiO_2、Al_2O_3、Cr_2O_3 氧化膜，有助于提高铸铁的耐蚀性。

我国耐蚀铸铁以 Si 为主要元素，有时也加入 Al、Cu、Mo、Cr 等。目前，应用较多的

为高硅耐蚀铸铁、高铬耐蚀铸铁、铝耐蚀铸铁和抗碱球墨铸铁。典型耐蚀铸铁的化学成分、性能及用途如表 6-8 所示。

表 6-8　典型耐蚀铸铁的化学成分、性能及用途

名称	化学成分/（%）（质量）						σ_b /MPa	硬度 HBS	应　用
	C	Si	Mn	Cr	Ni	其他			
高硅铸铁	≤1.0	14.25~15.75	≤0.5	—	—	Re: ≤0.10	140	48HRC	用于除还原性以外的酸类介质的零件，如离心泵、阀、容器等
含铝铸铁	2.4~3.0	3.5~6.5	0.8~1.0	0.5~1.0	—	Al: 4~6	180~210	220~230	用于碱类溶液介质零件，也能耐热
高铬铸铁	1.5~2.2	1.3~1.7	0.5~0.8	Cr: 32~36	—	—	≥400	250~320	多用于氧化性酸，如硝酸和盐液等介质
高镍铸铁	<3.0	1.0~2.5	0.8~1.5	Cr: 1.75~2.5	Ni: 18~22	Cu: <0.5	170~210	130~160	多用于还原性介质，如烧碱、盐卤、海水、还原性无机酸等

6.4　工程应用案例——蠕墨铸铁在发动机中的应用

1. 发动机新技术应用与材料发展趋势

发动机的比功率（kW/排量·升）越来越大，增加了蠕墨铸铁的应用机会。例如，现在柴油机增压的比功率（每升排量所达到的 kW 功率数）已达到 60~65 kW/升，不久的将来将到 80 kW/升，甚至 100 kW/升。升扭矩将达到 200 Nm。同时，其点火压力随着排放要求的提高而提高。这导致发动机气缸体与气缸盖的载荷越来越重，工作温度越来越高，而零件的很多部位，其温度已超过 200℃，这时铝合金的强度迅速下降，已不足以承受载荷和热负荷，而铸铁则毫无影响。发动机气缸体与气缸盖如图 6-15 所示。

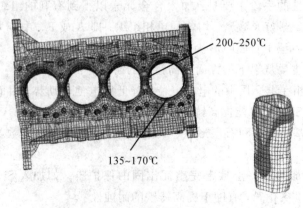

图 6-15　发动机气缸体与气缸盖

2. 轿车发动机缸体面临的挑战

(1) 随着发动机强化程度越来越高,气缸体所承受的机械负荷应力越来越高。

(2) 随着发动机功率密度的提高以及尺寸越来越紧凑,气缸体承受的热负荷也越来越高,特别是连体缸套缸体相邻两缸之间的热负荷越来越高。

(3) 由于爆发压力高,热负荷大,控制缸筒磨损和变形也越来越困难。

(4) 由于发动机设计越来越紧凑,对气缸体毛坯尺寸精度的要求越来越高,特别是镶缸套的铝气缸体。

(5) 由于机械负荷和热负荷的提高,对气缸体关键部位(如两缸之间、主轴承座)的铸造质量要求越来越高。

(6) 由于节能的需要,气缸体的质量应不断减轻,使得铸造工艺变得困难。

(7) 满足低成本要求。

发动机缸体多用珠光体基体蠕墨铸铁,即欧标 GJV450,它比灰铸铁和铝合金的抗拉强度要高出 75% 以上,弹性模量高 40% 以上,而疲劳强度要高出近 100%。蠕墨铸铁与传统材料灰铸铁、铝合金的力学性能对比如表 6-9 所示。

表 6-9　蠕墨铸铁与传统材料灰铸铁、铝合金的力学性能对比(20℃)

性　能	单位	GJV450	GJL250	GJV300	A 390.0
抗拉强度	MPa	450	250	300	275
弹性模量	GPa	145	105	115	80
伸长率	%	1~2	0	0	1
旋转弯曲疲劳(20℃)	MPa	210	110	125	100
旋转弯曲疲劳(225℃)	MPa	205	100	120	35
热导率	W/(m·K)	36	46	39	130
热膨胀系数	$10^{-6}K^{-1}$	12	12	12	18
密度	g/cc	7.1	7.1	7.1	2.7
硬度	BHN 10-3000	215~255	190~225	215~255	110~150

习题与思考题 6

6-1　铸铁和碳钢相比,在成分组织和性能上有什么主要区别?

6-2　C、Si、Mn、P、S 元素对铸铁石墨化有什么影响?为什么三低(C、Si、Mn 低)一高(S 高)的铸铁易出现白口?

6-3　石墨形态是铸铁性能特点的主要矛盾因素,试分别比较说明石墨形态对灰铸铁和球墨铸铁力学性能及热处理工艺的影响。

6-4 灰铸铁石墨化过程中，若第一、第二阶段完全石墨化，第三阶段石墨化完全进行、部分进行、没有进行，试问它们各获得什么组织的铸铁？

6-5 球墨铸铁的性能特点及用途是什么？

6-6 和钢相比，球墨铸铁的热处理有什么异同？

6-7 HT200、HT350、KTH300-06、QT400、QT600 各是什么铸铁？各具有什么样的基体和石墨形态？说明它们的力学性能特点及用途。

第7章 有色金属及其合金

大家对电插座(参见图 7-1)很熟悉。除了塑料外壳外,其插孔里的弹簧片、插头的插板、导线都是用铜制造的,插板与导线的连接是用锡焊的,有时导线也用铝来制造。这是为什么呢?为什么不用铁制造?与铁相比,这类有色金属及其合金有哪些特别的性能呢?有色金属及其合金有哪些种类?除了制作这些导体之类的元器件外,有色金属及其合金还可以有哪些性能和用途?

图 7-1 家用电插座

有色金属及合金是指除钢铁材料以外的各种金属及合金,又称为非铁材料。其中,合金的种类很多,虽然其产量和使用量不及黑色金属多,但由于有色金属具有许多优良的特性,从而决定了其在国民经济中占有十分重要的地位。有色金属包括铝、铜、钛、镁、锌、镍、钼、钨等。例如,铝、镁、钛等金属及其合金,具有密度小、比强度高的特点,在飞机制造、汽车制造、船舶制造等工业中的应用十分广泛;而银、铜、铝等有色金属,其导电性及导热性优良,是电气工业和仪表工业不可缺少的材料。再如,镍、钨、钼、钽、铌及其合金是制造在 1300℃以上使用的高温零件及电真空元件的理想材料。表 7-1 列出了常用有色金属(铝、铜、钛、锌、镁)和铁的性能比较。

表 7-1 常用有色金属与铁的性能比较

名　称	元素符号	原子序数	密度/ (g/cm³)	晶体结构	熔点/℃	弹性模量 /GPa	热导率/ (W/(m·K))	电阻率(20℃)/ (nΩ·m)
铝	Al	13	2.70	面心立方	660	69	237	28.2
铜	Cu	29	8.94	面心立方	1084	110	401	16.78
钛	Ti	22	4.51	密排六方	1668	117	21.9	420
锌	Zn	30	7.14	密排六方	419	108	116	59
镁	Mg	12	1.74	密排六方	650	48	156	43.9
铁	Fe	26	7.87	体心立方	1538	209	80.4	96.1

与钢铁材料相似，有色金属及合金的热处理对金相组织及使用性能具有极大的影响。因此，正确选择合金成分、加工方式和热处理工艺，对发挥材料潜力，延长机件使用寿命至关重要。本章仅对铝及其合金、铜及其合金、镁及其合金、滑动轴承合金作一些简要介绍。

7.1 铝 及 铝 合 金

铝合金是仅次于钢铁用量的金属材料。据调查，在铝合金市场中，有23%用于建筑业和结构业，22%用于运输业，21%用于容器和包装，在电气工业中占10%。在航空工业中，铝合金的用量占据绝对优势。

7.1.1 工业纯铝

纯铝是一种银白色的轻金属，熔点为660℃，具有面心立方晶格，没有同素异构转变。它的密度小（只有2.72 g/cm³）；导电性好，仅次于银、铜和金；导热性好，比铁几乎大3倍。纯铝化学性质活泼，在大气中极易与氧作用，在表面形成一层牢固致密的氧化膜，可以阻止进一步氧化，从而使它在大气和淡水中具有良好的抗蚀性。纯铝在低温下，甚至在超低温下都具有良好的塑性和韧性，在0～−253℃之间塑性和冲击韧性不降低。

纯铝具有一系列优良的工艺性能，易于铸造，易于切削，也易于通过压力加工制成各种规格的半成品。所以纯铝主要用于制造电缆电线的线芯、导电零件、耐蚀器皿和生活器皿，以及配制铝合金和作铝合金的包覆层。由于纯铝的强度很低，其抗拉强度仅有90～120 MPa/m²，所以一般不宜直接作为结构材料和制造机械零件。

纯铝按其纯度分为高纯铝、工业高纯铝和工业纯铝。纯铝的牌号用"铝"字汉语拼音字首"L"和其后面的编号表示。高纯铝的牌号有LG1、LG2、LG3、LG4和LG5，其中，"G"是高字的汉语拼音字首；其后面的数字越大，表示铝的纯度越高，它们的含铝量在99.85%～99.99%之间。工业纯铝的牌号有L1、L2、L3、L4、L4-1、L5、L5-1和L6，其中，后面的数字表示纯度，数字越大，表示纯度越低。

7.1.2 铝合金

纯铝的强度和硬度很低，不适宜作为工程结构材料使用。向铝中加入适量Si、Cu、Mg、Zn、Mn等元素（主加元素）和Cr、Ti、Zr、B、Ni等元素（辅加元素）组成铝合金，可提高强度并保持纯铝的特性。

1. 铝合金的分类

根据铝合金的成分、组织和工艺特点，可以将其分为铸造铝合金与变形铝合金两大类。变形铝合金是将铝合金铸锭通过压力加工（轧制、挤压、模锻等）制成半成品或模锻件，所以要求它有良好的塑性变形能力。铸造铝合金则是将熔融的合金直接浇铸成形状复杂的甚至是薄壁的成型件，所以要求它具有良好的铸造流动性。

工程上常用的铝合金大都具有与图7-2类似的相图。由图可见，凡位于相图上D点成分以左的合金，在加热至高温时能形成单相固溶体组织，合金的塑性较高，适用于压力加工，所以称为变形铝合金；凡位于D点成分以右的合金，因其含有共晶组织，液态流动性较高，适用于铸造，所以称为铸造铝合金。

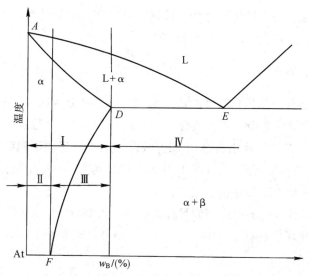

Ⅰ—变形铝合金；Ⅱ—热处理不可强化铝合金；Ⅲ—热处理可强化铝合金；Ⅳ—铸造铝合金

图 7 - 2 铝合金分类示意图

变形铝合金又可分为两类：成分在 F 点以左的合金，其固溶体成分不随温度而变，故不能用热处理使之强化，属于热处理不可强化铝合金；成分在 D、F 点之间的铝合金，其固溶体成分随温度而变化，可用热处理强化，属于热处理可强化铝合金。

铸造铝合金中也有成分随温度而变化的固溶体，故也能用热处理强化。但距 D 点越远，合金中固溶体相越少，强化效果越不明显。

应该指出，上述分类并不是绝对的。例如，有些铝合金，其成分虽位于 D 点右边，但仍可进行压力加工，因此仍属于变形铝合金。

2. 铝合金的时效强化

当把铝合金加热到 α 相区，保温获得单相固溶体后，在水中快速冷却，使第二相来不及析出，得到过饱和、不稳定的单相固溶体。其强度和硬度并没有得到明显提高，而塑性却有所改善，这种热处理称为固溶处理(或淬火)。由于固溶处理后获得的过饱和 α 固溶体是不稳定的，因此如果在室温下放置一定的时间，这种过饱和 α 固溶体将逐渐向稳定状态转变，使强度和硬度明显升高，塑性下降。例如，$w_{Cu} = 4\%$ 的铝合金，在退火状态下 $r_m = 180 \sim 220$ MPa，$a = 18\%$。经固溶处理后，$r_m = 240 \sim 250$ MPa，$a = 20\% \sim 22\%$。室温下经 $4 \sim 5$ 天的放置，$r_m = 420$ MPa，$a = 18\%$。

将固溶处理后的铝合金在室温或低温下加热、保温一段时间，随着时间延长，其强度、硬度显著升高而塑性降低的现象，称为时效或时效强化。室温下进行的时效称为自然时效；低温加热下进行的时效称为人工时效。时效强化是逐渐进行的，在自然时效的最初一段时间，强度变化不大，这段时间称为孕育期。在自然时效曲线孕育期内进行固溶处理后的铝合金可进行冷加工。

时效的实质是第二相从过饱和、不稳定的单一 α 固溶体中析出和长大，且由于第二相与母相(α 相)的共格程度不同，使母相产生晶格畸变而强化。这一过程必须通过原子扩散才能进行。因此，铝合金时效强化效果与加热温度和保温时间有关，时效温度越高，时效后的强化效果越明显。每一种铝合金都有最佳时效温度和时效时间。若时效温度过高或保温时间过长，铝合金反而会软化，称为过时效。

7.1.3　变形铝合金

我国传统变形铝合金是依据其性能特点来划分的，可分为四类，即防锈铝合金、硬铝合金、超硬铝合金和锻铝合金。防锈铝合金用 LF 和其后的顺序号表示，LF 是铝和防二字汉语拼音首字母，如 5 号防锈铝合金用 LF5 表示。硬铝、超硬铝和锻铝合金分别用 LY、LC 和 LD 及后面的顺序号表示，如 LY10、LC5、LD6 等。其中，防锈铝合金为不可热处理强化铝合金，其他三种为可热处理强化铝合金。

目前，为了与世界各国的铝合金牌号标识接轨，以 ISO209-2007 为基础，制订了新的变形铝合金牌号与化学成分标准(GB/T 3190 — 2008)，其牌号用 $1\times\times\times\sim8\times\times\times$ 表示。

1. 防锈铝合金

防锈铝合金包括铝-镁系和铝-锰系，其主要性能特点是具有很高的塑性、较低或中等的强度、优良的耐蚀性能和良好的焊接性能。防锈铝合金只能用冷变形来强化，一般在退火态或冷作硬化态使用。这类合金不能进行热处理强化，即时效强化，因而其力学性能比较低。为了提高其强度，可用冷加工方法使其强化。而防锈铝合金由于切削加工工艺性差，一般适用于制造焊接管道、容器、铆钉以及其他冷变形零件。

2. 硬铝合金

Al-Cu-Mg 系合金是使用最早、用途最广、具有代表性的一种铝合金。由于该合金具有的强度和硬度高，故称之为硬铝合金，又称杜拉铝。各种硬铝合金的含铜量相当于图 7-2 所示相图的 DF 范围内，属于可热处理强化的铝合金，其强化方式为自然时效。

合金中加入铜和镁是为了形成强化相 $\theta(CuAl_2)$ 和 $S(CuMgAl_2)$，含有少量的锰是为了提高其耐蚀性能，而对时效强化不起作用。

硬铝具有相当高的强度和硬度，经自然时效后强度达到 $380\sim490$ MPa(原始强度为 $290\sim300$ MPa)，提高 $25\%\sim30\%$，硬度也明显提高(由 $70\sim85$ HBW 提高到 120 HBW)，与此同时仍能保持足够的塑性。

硬铝合金有两个重要的特性在使用或加工时必须注意。一是耐蚀性差，尤其在海水中，因此需要耐蚀防护的硬铝部件，其外部都包一层高纯度铝，制成包铝硬铝材。但是包铝的硬铝热处理后的强度比未包铝的要低。二是固溶处理温度范围很窄，2A11 为 $505\sim510℃$。2A12 为 $495\sim503℃$，低于此温度范围进行固溶处理，则固溶体的过饱和度不足，不能发挥最大的时效效果；超过此温度范围，则易产生晶界熔化。

3. 超硬铝合金

Al-Zn-Mg-Cu 系合金是变形铝合金中强度最高的一类铝合金。其强度高达 $588\sim686$ MPa，超过硬铝合金因此而得名。7A04(LC4)、7A09(LC9)等属于这类合金。由于铝合金中加入锌，因此除时效强化相 θ 和 S 相外，尚有强化效果很大的 $MgZn_2$(η 相)及 $Al_2Mg_2Zn_3$(T 相)。超硬铝合金具有良好的热塑性，但疲劳性能较差，耐热性和耐蚀性也不好。

经过适当的固溶处理和120℃左右的人工时效后，超硬铝合金的抗拉强度可达600 MPa，δ为12％。这类铝合金的缺点也是耐蚀性差，一般也需包覆一层纯铝。该类超硬铝合金可用作受力较大又要求结构较轻的零件，如飞机蒙皮、壁板、大梁、起落架部件等。

4. 锻造铝合金

锻造铝合金包括 Al-Si-Mg-Cu 合金和 Al-Cu-Ni-Fe 合金，常用的锻造铝合金有 2A50(LD5)、2A14(LD10)等。它们所含合金元素种类多，但含量少。

锻造合金的热塑性好，故锻造性能甚佳，且力学性能也较好，可用锻压方法来制造形状较复杂的零件，通常采用固溶处理和人工时效的方法来强化。这类合金主要用于承受载荷的模锻件以及一些形状复杂的锻件。

铝锂合金是一种新型的变形铝合金，它具有密度低、比强度高、比刚度大、疲劳性能良好、耐蚀性及耐热性高等优点，国外已用于制造飞机构件、火箭和导弹的壳体、燃料箱等。

7.1.4　铸造铝合金

很多重要的零件是用铸造的方法生产的。一方面因为这些零件形状复杂，用其他方法（如锻造）不易制造；另一方面由于零件体积庞大，用其他方法生产也不经济。

铸造铝合金按加入主要合金元素的不同分为 Al-Si 系、Al-Cu 系、Al-Mg 系和 Al-Zn 系四大类。合金牌号用"铸铝"二字汉语拼音首字母"ZL"后跟三位数字表示。其中，第一位数表示合金系列，1 为 Al-Si 系合金，2 为 Al-Cu 系合金，3 为 Al-Mg 系合金，4 为 Al-Zn 系合金；第二、三位数字表示合金顺序号。

对于铸造铝合金，除了要求必要的力学性能和耐蚀性外，还应具有良好的铸造性能。在铸造铝合金中，铸造性能和力学性能配合最佳的是 Al-Si 合金，又称硅铝明。

1. Al-Si 铸造合金

含 w_{Si}＝10％～13％的 ZAlSi12(ZL102)，是典型的铸造用铝硅合金。对于 Al-Si 二元合金相图，ZAlSi12(ZL102)位于共晶点成分附近，其铸态组织为共晶体，属于共晶成分。它熔点低，结晶温度范围小，流动性好，收缩与热裂倾向小，具有优良的铸造性能。

仅含有硅的铝硅合金称为硅铝明。其铸造性能、焊接性能均较好，耐蚀性及耐热性尚可。它的主要缺点是铸件致密度较低，强度较低，且不能热处理强化。因为硅在铝中的固溶度变化较小，且硅在铝中的扩散速度很快，极易从固溶体中析出，并聚集长大，时效处理时不能起强化作用。铝硅合金一般用于制造质轻、耐蚀、形状复杂但强度要求不高的铸件，如发动机气缸、手提电动工具或风动工具以及仪表外壳等。

2. 铝铜铸造合金

ZAlCu5Mn1(ZL201)是典型的铸造铝铜合金。由于铜和锰的加入，所形成固溶体的溶解度变化较大，时效后，可成为铸铝中强度最高的一类，并且具有较高的耐热强度，它适于制作内燃机气缸盖、活塞等高温（300℃以下）条件下工作的构件。

3. 铝镁铸造合金

ZAlMg10(ZL301)是典型的铸造铝镁合金。这类合金具有优良的耐蚀性，切削加工性能和焊接性能也较好,强度高,阳极氧化性能好。但其铸造工艺复杂,操作麻烦,且铸件易产生疏松、热裂等缺陷。它常用作泵体、船舰配件等大气或海水中工作的铝合金铸件。还因其切削加工后具有低的表面粗糙度值,故适宜制作承受中等载荷的光学仪器零件。这类合金还具有较好的耐蚀性能。

4. 铝锌铸造合金

ZAlZn11Si7(ZL401)是典型的铸造铝锌合金。这类合金的铸造性能好,缩孔和热裂倾向小,有较好的力学性能,焊接和切削加工性能好,价格便宜。但它的密度大,耐蚀性较差,主要用于制造受力较小、形状复杂的汽车、飞机、仪器零件等。

7.2 铜及铜合金

铜及其合金是人类应用最早的金属。青铜器的应用,是人类生产力发展的一个里程碑,中国在夏代就进入了青铜时代。在科学技术高度发展的今天,铜仍然是一种很重要的金属,其在国民经济中的应用范围仅次于钢铁和铝,居第三位。电器工业是用铜大户,世界上有 50% 以上的铜用于制造各种电器导电零部件;机械工业用各种铜合金制作轴承、开关、阀门、热交换器;建筑行业将铜用于各种装饰及配件。

7.2.1 工业纯铜

铜是有色金属,全世界铜的产量仅次于铁和铝。工业上使用的纯铜,其含铜量为 w_{Cu} = 99.70% ~ 99.95%。它是玫瑰红色的金属,表面形成氧化亚铜(Cu_2O)膜层后呈紫色,故又称紫铜。纯铜的密度为 8.96 g/cm³,熔点为 1083℃,面心立方晶格,无同素异构转变。

纯铜突出的优点是具有优良的导电性、导热性及良好的耐蚀性(抗大气及海水腐蚀)。铜还具有抗磁性。纯铜的强度不高(σ_b = 230 ~ 240 MPa),硬度很低(40 ~ 50 HBS),塑性却很好(δ = 45% ~ 50%)。冷塑性变形后,可以使铜的 σ_b 提高到 400 ~ 500 MPa,但伸长率急剧下降到 2% 左右。为了满足制作结构件的要求,必须制成各种铜合金。因此,纯铜的主要用途是制作各种导电材料、导热材料及配置各种铜合金。

工业纯铜分为未加工产品(铜锭、电解铜)和加工产品(铜材)两种。未加工产品代号有 Cu-1、Cu-2 两种。加工产品代号有 T1、T2、T3 三种。代号中数字越大,表示杂质含量越多,则其导电性越差。

纯铜主要用作导线、电缆、传热体、铜管、垫片、防磁器械等。

7.2.2 铜合金

铜合金按化学成分可分为黄铜(铜锌合金)、青铜(铜锡合金及含铝、硅、铅、铍、锰的铜合金)和白铜(铜镍合金)。黄铜按化学成分可分为普通黄铜和特殊黄铜;按加工方法可分为加工黄铜和铸造黄铜;按退火组织分为 α 黄铜和 α+β 黄铜。普通黄铜牌号是以字母 "H" 为首(H 为 "黄" 的汉语拼音首字母),其后注明铜的质量分数。特殊黄铜以 H + 主加元素符号 + 铜的质量分数 + 主加元素的质量分数来表示。例如,HMn58-2 表示 w_{Cu} = 58%、w_{Mn} = 2%、其余为 Zn 的特殊黄铜。青铜的牌号用 "青" 字的汉语拼音首字母 "Q",后面加上主添加元素的化学符号,再加主添加元素和辅助元素的质量分数来表示。对于铸造青铜，则在前面加上 Z 表示。例如，QSn4 - 3，表示 $w_{Sn}=4\%$、$w_{Zn}=3\%$ 的锡青铜；QBe2，表示 $w_{Be}=2\%$ 的铍青铜。

7.2.3 黄铜

以锌作为主要合金元素的铜合金称为黄铜（Cu - Zn 合金）。黄铜具有优良的力学性能，易于加工成形，对大气有相当好的耐蚀性，且色泽美观，因而在工业上得到了广泛应用。

1. 黄铜的性能与成分之间的关系

图 7 - 3 所示为 Cu - Zn 合金相图。由相图可知，锌在铜中的溶解度很大（在室温下可达 39%），并随温度的降低而增大，固溶强化效果好。α 相是锌在铜中的固溶体，具有面心立方晶格，并且具有良好的塑性。随着含锌量的进一步增加，出现具有体心立方晶格的 β′ 相。β′ 相是有序固溶体，在室温下塑性差，不适宜冷加工变形。但加热到高温时，发生无序转变，转变为无序固溶体 β 相。β 相具有良好的塑性，适宜进行热加工。

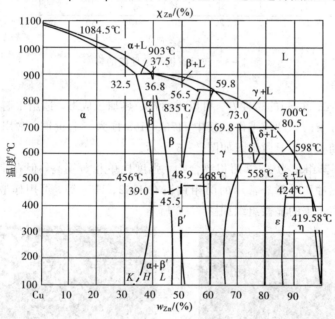

图 7 - 3 Cu - Zn 合金相图

当锌的质量分数达到 50% 时，合金中将出现另一种脆性更大的电子化合物 γ 相。含有这种相的合金在工业上已不能使用。含锌量对黄铜性能的影响如图 7 - 4 所示。结合 Cu - Zn 合金相图分析可知，由于锌的溶入，起到固溶强化的作用，使合金强度不断提高，塑性也有所改善。当 $w_{Zn}=30\%$ 时，合金的强度和塑性达到最优；进一步增加锌，由于 β′ 相的出现，合金的塑性开始下降，而合金的 σ_b 却继续升高；当锌的质量分数增加到 45% 时，合金的强度达到最大值，而塑性急剧下降；当锌的质量分数达到 47% 时，全部为 β′ 相，合金的强度和塑性均很低，已无实用价值。因此工业上使用的黄铜中锌的质量分数大多不超过47%，这样工业黄铜的组织只可能是 α 单相或 α＋β 两相，分别称之为 α 黄铜（或单相黄铜）及 α＋β 黄铜（或两相黄铜）。

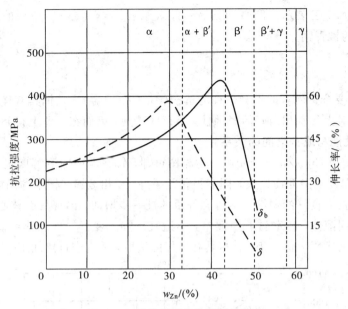

图 7-4　锌对黄铜力学性能的影响

2．黄铜的用途

（1）单相黄铜（α黄铜）的塑性好，可以进行冷、热加工成形，适用于制造冷轧板材、冷拉线材以及形状复杂的深冲压零件。其中 H70、H68 称为三七黄铜，常用作弹壳，故又称为弹壳黄铜。单相黄铜的显微组织如图 7-5 所示。

（2）两相黄铜其组织为 α+β 两相混合物，强度比单相黄铜高，但在室温下塑性较差，只宜进行热轧或热冲压成形。常用的两相黄铜有 H62、H59 等，可用作散热器以及机械、电器用零件。两相黄铜的显微组织如图 7-6 所示。

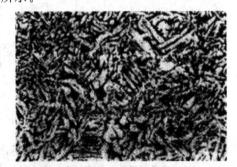

图 7-5　单相黄铜的显微组织　　　　图 7-6　两相黄铜的显微组织

黄铜的耐蚀性与纯铜相近，在大气和淡水中是稳定的，在海水中耐蚀性稍差。黄铜最常见的腐蚀形式是脱锌和季裂。所谓脱锌，是指黄铜在酸性或盐类溶液中，锌优先溶解而受到腐蚀，工件表面残存一层多孔（海绵状）的纯铜，因而合金遭到破坏；季裂是指黄铜零件因内部存在残余应力，在潮湿大气中，特别是含氨盐的大气中受到腐蚀而产生破裂的现象。为此，一般要去除零件内应力，或者在黄铜的基础上加入合金元素，以提高某些特殊性能。

（3）特殊黄铜在二元黄铜的基础上添加铝、硅、锡、锰、铅、镍等元素，便构成了特殊黄铜。锡黄铜 HSn62-1 中加入的锡主要用于提高耐蚀性。锡黄铜主要用于船舶零件，有"海军黄铜"之称。铅黄铜 HPb74-3 中加入的铅在黄铜中的溶解度很低，只有 0.1%（质量分数),基本呈独立相存在于组织中,因而可以提高耐磨性和可加工性。常用黄铜的牌号、主要特性和用途如表 7-2 所示。

表 7-2　常用黄铜的牌号、主要特性和用途

名称	牌　号	主　要　特　性	用　途
普通黄铜	H96	塑性优良,在热态及冷态下压力加工性能好;易于焊接、锻接和镀锡。在大气和淡水中具有高的耐蚀性,导热性和导电性好	导管、散热管和导电零件
	H80	力学性能良好,在热态及冷态下压力加工性能好,在大气及淡水中有较高的耐蚀性	铜网
	H68	塑性良好,强度较高,可加工性好,易于焊接,耐蚀性好,但在冷作硬化状态下有季裂倾向	复杂的冷冲零件及深拉伸零件(如散热器外壳、导管、波纹管等),可用精铸法制造接管嘴、法兰盘、支架等
	H62 ZH62	力学性能良好,在热、冷态下塑性较好,可加工性好,易于焊接,耐蚀性好,但有季裂倾向	销钉、铆钉、垫圈、导管、环形件及散热器零件
硅黄铜	ZHSi80-3-3	有较好的力学性能、耐蚀性及耐磨性,流动性好(铸造温度为 950~1000℃),能获得高密度、表面光洁的铸件	轴承衬套
	ZH80-3	力学性能、工艺性能及耐蚀性良好,比普通黄铜具有较高的抗季裂性	受海水作用的船用零件、阀件及泵等
铅黄铜	HPb59-1 ZHPb59-1 ZHPb48-3-2-1	可加工性优良,力学性能良好。HPb59-1 热态压力加工性能好,冷态下也可加工,易于焊接和钎焊。对一般腐蚀有良好的稳定性,但有季裂倾向	各种结构零件,如销子、螺钉、垫圈、垫片、衬套、管子、喷嘴、齿轮等,可用精铸法制造滚珠轴承套等特殊零件
锡黄铜	HSn70-1	耐蚀性高,力学性能好,在热、冷态下压力加工性能好,有季裂倾向	在腐蚀性液体中工作的导管等
	HSn62-1	耐蚀性高,力学性能好,适于热加工,切削性能好,易于焊接,有季裂倾向	与海水或汽油接触的零件
锰黄铜	ZHMn55-3-1 ZHMn58-2-2 ZHMn58-2	力学性能好,耐热性好。耐蚀性优秀(尤其在海水中的耐蚀性更好)。加入微量的 Al($w_{Al}=0.25\%\sim0.5\%$)可改善铸造性能(铸造温度为 980~1060℃)	海船的重要零件,如在300℃以下工作的高压配件、螺旋桨及各种耐蚀零件

7.2.4　青铜

三千多年以前,我国就发明并生产了锡青铜(Cu-Sn 合金),并用来制造钟、鼎、武器和铜镜。春秋晚期，人们就掌握了用青铜制作双金属剑的技术。以韧性好的低锡黄铜作为中脊合金，硬度很高的高锡青铜制作两刃，其两刃锋利，不易折断，克服了利剑易断的缺点。西汉时铸造的透光镜，不但化纹精细，更巧妙的是，在日光照耀下，镜面的反射光照在墙壁上，能把镜背的花纹、图案、文字清晰地显现出来，在国际冶金界被誉为"魔镜"。湖北随州出土的曾侯乙墓的大型编钟是一套音域很广，可以旋宫转调、演奏多种古今乐曲，音律准确、音色优美的大型古代乐器，该套编钟就是采用锡青铜制造的。

20 世纪研制生产了铝青铜和硅青铜等。随后，人们便把除镍和锌以外的其他合金元素为主要添加元素的铜合金统称为青铜，并分别命名为锡青铜、铝青铜、铍青铜等。

1. 锡青铜

锡青铜是以锡为主要合金元素的铜合金，具有较高的强度、硬度和良好的耐蚀性。锡能溶入铜中，形成的固溶体，具有优良的塑性，适宜冷、热加工成形。由于锡在铜中不易扩散，因此在实际铸造生产条件下，即非平衡条件时不易获得平衡组织。当锡的质量分数小于 6％时，合金呈单相固溶体，锡青铜的强度、硬度随含锡量的增加而显著提高，塑性变化不大，适宜进行冷、热压力加工，常以线、板、带材供应。当锡的质量分数超过 6％时，就可能出现 $\alpha+\delta$ 共析体。δ 相是以电子化合物 $Cu31Sn8$ 为基的固溶体，是一个硬而脆的相。对于锡的质量分数大于 6％的锡青铜，因组织中出现 δ 硬脆相，塑性急剧降低，已不宜承受压力加工，故只能用作铸造合金。当锡的质量分数超过 20％时，不仅塑性极低，且强度急剧降低，工业上无实用价值，以前只用来铸钟，有钟青铜之称（$w_{Sn}=17\%\sim25\%$）。工业用锡青铜中，锡的质量分数一般为 3％～14％。

由于锡青铜组织中共析体 $\alpha+\delta$ 仍均匀分布在塑性好的 α 固溶体中，从而构成了坚硬 δ 相质点均匀分布在塑性好的 α 基体上的耐磨组织。因此，锡青铜是很好的耐磨材料，广泛用于制造齿轮、轴承、蜗轮等耐磨零件。锡青铜在大气、海水、淡水和蒸汽中的耐蚀性比黄铜好，可广泛用于蒸汽锅炉、海船的铸件。但锡青铜在亚硫酸钠、氨水和酸性矿泉水中极易被腐蚀。

锡青铜的铸造性能并不理想，在铸造凝固时，由于结晶温度范围很宽，冷凝后的体积收缩很小，是有色金属中铸造收缩率最小的合金，有利于获得尺寸接近铸型的铸件。但锡青铜液态合金流动性差，偏析倾向较大，易形成分散缩孔，使铸件致密程度较差。锡青铜制造的容器在高压下易渗漏，可用于生产形状复杂、气密性要求不太高的铸件。

2. 铝青铜

铝青铜是以铝为主要合金元素的铜合金，其特点是价格便宜、色泽美观，具有比锡青铜和黄铜更高的强度、耐磨性能、耐蚀性能及铸造性能。它主要用于制造强度及耐磨性要求较高的摩擦零件，如齿轮、蜗轮、轴套等。

3. 铍青铜

铍青铜是以铍为主要合金元素的铜合金，其中铍的质量分数为 1.6％～2.5％，是典型的时效硬化型合金。其时效硬化效果显著，经淬火时效后，抗拉强度可由固溶处理状态 450 MPa 提高到 1250～1450 MPa，硬度可达 350～400 HBW，远远超过其他铜合金，甚至可以和高强度钢媲美。铍青铜不仅具有高的强度、硬度、弹性、耐磨性、耐蚀性和耐疲劳性，而且还具有高的导电性、导热性和耐寒性。铍青铜不具有铁磁性，在受到冲击时不产生火花。铍青铜的主要缺点是价格太贵，生产过程中有毒。

4. 硅青铜

硅青铜是以硅为主要合金元素的铜合金。硅青铜具有较高的力学性能和耐蚀性能，适于冷、热压力加工。它主要用于制造耐蚀、耐磨零件或电线、电话线等。

常用青铜的牌号、主要特性和用途如表 7-3 所示。

表 7-3 常用青铜的牌号、主要特性及用途

名称	牌 号	主 要 特 性	用 途
锡青铜	QSn4-3	具有良好的弹性、耐磨性和抗磁性。热态及冷态加工性均好，易于焊接，切削性好。在大气、淡水和海水中耐蚀性良好	弹性元件、耐磨零件及抗磁零件
	QSn4-4-2.5 QSn4-4-4	耐磨性好，易于切削加工，只能在冷态下压力加工。易于焊接，在大气及淡水中有良好的耐蚀性，有"汽车青铜"之称	摩擦件，如衬套、圆盘、轴承衬套内垫等
	QSn6.5-0.4	强度高，弹性良好，耐磨性及疲劳抗力高，磁击时无火花。在大气、淡水及海水中的耐蚀性良好。易于焊接，热态及冷态压力加工性能均好	金属网、弹簧带、耐磨件及弹性元件
	QSn7-0.2 ZQSn7-0.2	具有高的强度和良好的弹性及耐磨性，在大气、淡水和海水中的耐蚀性良好。易于焊接	中等负荷和中等滑动速度下承受摩擦的零件，如抗磨垫圈、轴承、轴套、蜗轮等。还可制作弹簧、簧片等
	ZQSn5-5-5 ZQSn6-6-3	耐磨性及切削性能优良，铸造性能好(铸造温度为1150℃)	10个大气压下工作的蒸汽和水管配件，主要用作轴承、轴套、活塞等
铝青铜	QAl5 QAl7	强度及弹性较好，在大气、淡水、海水及某些酸(碳酸、醋酸、乳酸、柠檬酸)溶液中有高的耐蚀性。热、冷态压力加工性能均好。无磁性，撞击时不产生火花	弹簧及要求耐蚀的元件
	QAl9-2 ZQAl9-2	力学性能高，耐磨性良好。热、冷态压力加工性能均好。易于电弧焊及气焊。在大气、淡水和海水中的耐蚀性很好	高强度零件或形状简单的大型铸件(衬套、齿轮、轴承等)及异型铸件
铍青铜	QBe2	具有高的抗拉强度、弹性极限、屈服极限、疲劳强度、硬度、耐磨性及蠕变抗力。导电性好，导热及耐寒性好，无磁性。碰击时无火花。易于焊接及钎焊。在大气、淡水及海水中的耐蚀性很好	重要弹簧及弹性元件、各种耐磨零件以及在高速、高压和高温下工作的轴承衬套等
	QBe1.9 QBe1.7	与QBe2相近。优点是疲劳强度高，弹性迟滞小，温度变化时弹性稳定，性能对时效温度变化的敏感性小，价格较低，而强度与硬度都降低不多	重要弹簧及精密仪表弹性元件、敏感元件和承受高变向载荷的弹性元件等

名称	牌　号	主 要 特 性	用　途
硅青铜	QSi3 - 1	强度及弹性高，耐磨性好。冷作硬化后具有高的屈服极限和弹性。塑性好，低温下仍不降低。能很好地与青铜、钢及其他合金焊接.易于钎接。碰击时无火花。在大气、淡水和海水中的耐蚀性好	各种弹性元件及蜗轮、蜗杆、齿轮、衬套、制动销等耐磨零件
	QSi1 - 3	力学性能及耐磨性高。300℃以下润滑不良。800℃淬火后塑性良好，可进行压力加工，随后500℃回火可使强度和硬度大大提高。在大气、淡水和海水中的耐蚀性较高，切削性能好	单位压力不大的条件下工作的摩擦零件，如排、进气的导向套等

7.3　镁及镁合金

　　镁在地壳中的储藏量极为丰富，其蕴藏量约为 2.1%（质量分数），仅次于铝和铁，占第三位。镁的发现几乎与铝同时，但由于镁的化学性质很活泼，给纯镁的冶炼带来了很大的困难，因此镁及合金在工业上的应用比较晚。镁为银白色金属，具有密排六方晶格，熔点为 648.9℃，密度为 $1.738 \times 10^3 \, kg/m^3$（为铝的 2/3），是一种轻金属，具有延展性。金属镁无磁性。镁的电极电位很低，所以耐蚀性很差。在潮湿大气、淡水、海水及绝大多数酸、盐溶液中易受腐蚀。镁在空气中虽然也能形成氧化膜，但这种氧化膜疏松、多孔，不像铝合金表面氧化膜那样致密，对镁基体无明显保护作用。镁的力学性能很低，尤其是塑性比铝要低得多，其 δ 为 10% 左右，这显然是镁的晶格为密排六方、滑移系较少的缘故。

　　镁合金是以镁为基体加入其他元素组成的合金。其特点是：密度小，比强度高，弹性模量大，消振性好，承受冲击载荷能力比铝合金大，耐有机物和碱的腐蚀性能好。主要合金元素有铝、锌、锰、铈、钍以及少量锆或镉等。镁合金主要用于航空、航天、运输、化工、火箭等工业部门。

　　按成形工艺，镁合金可分为两大类：变形镁合金和铸造镁合金。铸造镁合金是指适合采用铸造的方式进行制备和生产出铸件直接使用的镁合金。变形镁合金和铸造镁合金在成分、组织和性能上存在很大的差异。目前，铸造镁合金比变形镁合金的应用要广，但与铸造工艺相比，镁合金热变形后，其组织得到细化，铸造缺陷消除，产品的综合力学性能大大提高，比铸造镁合金材料具有更高的强度、更好的延展性及更多样化的力学性能。因此，变形镁合金具有更大的应用前景。

7.3.1　变形镁合金

　　变形镁合金是指可用挤压、轧制、锻造和冲压等塑性成形方法加工的镁合金。其牌号以 MB 加数字表示。常用变形镁合金的牌号及其化学成分如表 7 - 4 所示。

航空工业上应用较多的为 MB15 合金，这是一种高强度变形镁合金，属 Mg – Zn – Zr 合金系。由于其含锌量高，锌在镁中的溶解度随温度变化较大，并能形成强化相 MgZn，所以能进行热处理强化。锆加入镁中能细化晶粒，并能改善其耐蚀性。

在常用的变形镁合金中，MB15 合金具有最高的抗拉强度和屈服强度，常用于制造在室温下承受较大负荷的零件，如机翼、翼肋等。若它作为高温下使用的零件，使用温度不能超过 150℃。

表 7 – 4　变形镁合金的牌号及其化学成分

合金名称	合金牌号	质量分数/(%)										
		Al	Mn	Zn	Ce	Zr	Cu	Ni	Si	Fe	Be	Mg
一号纯镁	Mg1	—	—	—	—	—	—	—	—	—	—	99.50
一号纯镁	Mg2	—	—	—	—	—	—	—	—	—	—	99.00
一号镁合金	MB1	0.2	1.3～2.5	0.30	—	—	0.05	0.007	0.10	0.05	0.01	余量
二号镁合金	MB2	3.0～4.0	0.15～0.5	0.2～0.8	—	—	0.05	0.005	0.10	0.05	0.01	余量
三号镁合金	MB3	3.7～4.7	0.3～0.6	0.8～1.4	—	—	0.05	0.005	0.10	0.05	0.01	余量
五号镁合金	MB5	5.5～7.0	0.3～0.6	0.15～0.5	—	—	0.05	0.005	0.10	0.05	0.01	余量
六号镁合金	MB6	5.5～7.0	0.2～0.5	2.0～3.0	—	—	0.05	0.005	0.10	0.05	0.01	余量
七号镁合金	MB7	7.8～9.2	0.15～0.5	0.2～0.8	—	—	0.05	0.005	0.10	0.05	0.01	余量
八号镁合金	MB8	0.2	1.3～2.2	0.3	0.15～0.35	—	0.05	0.007	0.10	0.05	0.01	余量
十五号镁合金	MB15	0.05	0.10	5.0～6.0	—	0.30～0.9	0.05	0.005	0.05	0.05	0.0	余量

7.3.2　铸造镁合金

适宜铸造成形的镁合金称为铸造镁合金。其牌号以 ZM 加数字表示。常用铸造镁合金的牌号及其化学成分如表 7 – 5 所示。

ZM1、ZM2、ZM5 同属高强度铸造镁合金，具有较高的常温强度和良好的铸造工艺性，但其耐热性较差，长期工作温度不超过 150℃。ZM3 合金属于耐热铸造镁合金，其常温强度较低，但耐热性较高，可在 200～250℃ 长期工作，短时间使用可到 300℃。航空工业应用较多的 ZM5 合金，属 Mg – Al – Zn 合金系。由于其含 Al 量较高，能形成较多强化相，因此可以通过固溶处理和人工时效来强化。ZM5 合金广泛应用于飞机、发动机、仪表等承受较高负载的结构件或壳体。

表 7-5　铸造镁合金的牌号及其化学成分

合金牌号	合金代号	质量分数/(%)									
		Zn	Al	Zr	Re	Mn	Ag	Si	Cu	Fe	Ni
ZMgZn5Zr	ZM1	3.5~5.5	—	0.5~1.0	—	—	—		0.10	—	0.01
ZMgZn4Re1Zr	ZM2	3.5~5.0	—	0.5~1.0	0.75~1.75	—	—		0.10	—	0.01
ZMgRe3ZnZr	ZM3	0.2~07	—	0.4~1.0	2.5~4.0	—	—		0.10	—	0.01
ZMgRe3Zn2Zr	ZM4	2.0~3.0	—	0.5~1.0	2.5~4.0	—	—		0.10	—	0.01
ZMgAl8Zn	ZM5	0.2~0.8	7.5~9.0	—	—	0.15~0.5	—	0.30	0.20	0.05	0.01
ZMgRe2ZnZr	ZM6	0.2~0.7	—	0.4~1.0	2.0~2.8	—	—		0.10	—	0.01
ZMgRe2ZnZr	ZM7	7.5~9.0	—	0.5~1.0	—	—	0.6~1.2		0.10	—	0.01
ZMgAl10Zn	ZM10	0.6~1.2	9.0~10.2	—	—	0.1~0.5	—	0.3	0.20	0.05	0.01

7.4　滑动轴承合金

　　在滑动轴承中,制造轴瓦及其内衬(轴承衬)的合金称为轴承合金。

　　与滚动轴承相比,滑动轴承具有承压面积大、工作平稳、无噪声以及装卸方便等优点。滑动轴承支承着轮进行工作,如图 7-7 所示。当轴旋转时,轴与轴瓦之间有剧烈的摩擦。因轴是重要零件,故在磨损不可避免的情况下,应确保轴受到最小的磨损,必要时可更换轴瓦而继续使用轴。

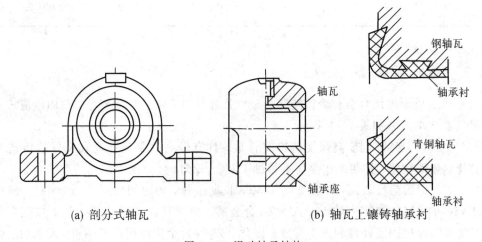

(a) 剖分式轴瓦　　　　　　　(b) 轴瓦上镶铸轴承衬

图 7-7　滑动轴承结构

7.4.1　对轴承合金性能的要求

1. 具有良好的减摩性

良好的减摩性应综合体现以下性能：

(1) 摩擦因数低。

(2) 磨合性好。磨合性是指在不长的工作时间后，轴承与轴能自动吻合，使载荷均匀作用在工作面上，避免局部磨损。这就要求轴承材料硬度低、塑性好；同时还可使外界落入轴承的较硬杂质陷入软基体中，减少对轴的磨损。

(3) 抗咬合性好。这是指当摩擦条件不良时，轴承材料不致与轴黏着或焊合。

2. 具有足够的力学性能

滑动轴承合金要有较高的抗压强度和疲劳强度，并能抵抗冲击和振动。此外，轴承合金还应具有良好的导热性、小的热膨胀系数、良好的耐蚀性和铸造性能。

7.4.2　轴承合金的组织特征

根据上述性能要求，轴承合金的组织应软硬兼备。目前，常用的轴承合金有以下两类组织：

1. 在软的基体上孤立地分布硬质点

如图 7-8 所示，当轮进入工作状态后，轴承合金软的基体很快被磨凹，使硬质点(一般为化合物)凸出于表面以承受载荷，并抵抗自身的磨损；凹下去的地方可储存润滑油，保证有低的摩擦系数。同时，软的基体有较好的磨合性与抗冲击、抗振动能力。但这类组织难以承受高的载荷。属于这类组织的轴承合金有巴氏合金和锡青铜等。

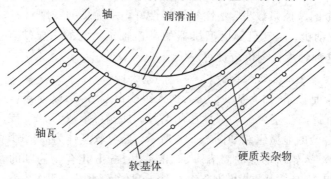

图 7-8　滑动轴承理想组织示意图

2. 在较硬的基体上分布着软质点

对高转速、高载荷轴承，强度是首要问题，这就要求轴承有较硬的基体(硬度低于轴的轴颈)组织来提高单位面积上能够承受的压力。这类组织也具有低的摩擦系数，但其磨合性较差。属于这类组织的轴承合金有铝基轴承合金和铝青铜等。

7.4.3　常用的轴承合金

滑动轴承的材料主要是有色金属，常用的有锡基轴承合金、铅基轴承合金、铜基轴承合金、铝基轴承合金等。

1. 锡基轴承合金与铅基轴承合金(巴氏合金)

轴承合金牌号表示方法为"Z"("铸"字汉语拼音的字首)＋基体元素与主加元素的化学

符号＋主加元素的含量(质量分数×100)辅加元素化学符号＋辅加元素的含量(质量分数×100)。例如，ZSnSb8Cu4 为铸造锡基轴承合金，主加元素锑的质量分数为 8%，辅加元素铜的质量分数为 4%，余量为锡；ZPbSb15Sn5 为铸造铅基轴承合金，主加元素锑的质量分数为 15%，辅加元素锡的质量分数为 5%，余量为铅。

1) 锡基轴承合金(锡基巴氏合金)

锡基轴承合金是以锡为基体元素，加入锑、铜等元素组成的合金。其显微组织如图 7-9 所示。图中，暗色基体是锑溶入锡所形成的 α 固溶体(硬度为 24～30 HBW)，作为软基体；硬质点是以化合物 SnSb 为基的 β 固溶体(硬度为 110 HBW，呈白色方块状)以及化合物 Cu_3Sn(呈白星状)和化合物 Cu_6Sn_5(呈白色针状或粒状)。化合物 Cu_3Sn 和 Cu_6Sn_5 首先从液相中析出，其密度与液相接近，可形成均匀的骨架，防止密度较小的 β 相上浮，以减少合金的密度偏析。

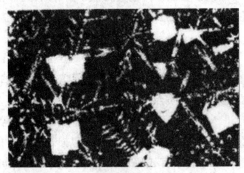

图 7-9　ZSnSb11Cu6 铸造锡基轴承合金显微组织(100 倍)

锡基轴承合金的摩擦系数小，塑性和导热性好，是优良的减摩材料，常用作重要的轴承，如汽轮机、发动机、压气机等巨型机器的高速轴承。它的主要缺点是疲劳强度较低，且锡较稀缺，故这种轴承合金价最贵。

2) 铅基轴承合金(铅基巴氏合金)

铅基轴承合金是以铅-锑为基的合金，加入锡能形成 SnSb 硬质点，并能大量溶于铅中而强化基体，故可提高铅基合金的强度和耐磨性；加铜可形成 Cu_2Sb 硬质点，并防止密度偏析。铅基轴承合金的显微组织如图 7-10 所示，黑色软基体为 α＋β 共晶体(硬度为 7～8 HBW)，α 相是锑溶入铅所形成的固溶体，β 相是以 SnSb 化合物为基的含铅的固溶体；硬质点是初生的 β 相(白色方块状)及化合物 Cu_2Sb(白色针状或星状)。

图 7-10　ZPbSb16Sn6Cu2 铸造铅基轴承合金显微组织(100 倍)

铅基轴承合金的强度、塑性、韧性及导热性、耐蚀性均较锡基轴承合金低，且摩擦系数较大,但价格较便宜。因此,铅基轴承合金常用来制造承受中、低载荷的中速轴承,如汽车、拖拉机的曲轴、连杆轴承及电动机轴承。

无论是锡基还是铅基轴承合金,它们的强度都比较低($\sigma_b = 60 \sim 90$ MPa),不能承受大的压力,故需将其镶铸在钢的轴瓦(一般为 08 钢冲压成形)上,形成一层薄而均匀的内衬,才能发挥作用,这种工艺称为挂衬。挂衬后就形成所谓的双金属轴承。

2. 铜基轴承合金

铜基轴承合金有锡青铜、铅青铜等。

(1)锡青铜常用的有 ZCuSn10P1 与 ZCuSn5Pb5Zn5 等。ZCuSn10P1 的组织由软基体(α固溶体)及硬质点(δ相及化合物 Cu_3P)所构成,它的组织中存在较多分散缩孔,有利于储存润滑油。这种合金能承受较大载荷,广泛用于中等速度及受较大固定载荷的轴承,如电动机、泵、金属切削机床轴承。锡青铜可直接制成轴瓦,但与其配合的轴颈应具有较高的硬度(300～400 HBW)。

(2)铅青铜常用的是 ZCuPb30。铜与铅在固态下互不溶解。铅青铜的显微组织由硬的基体(铜)上均布着大量软的质点(铅)所构成。它与巴氏合金相比,具有高的疲劳强度和承载能力,同时还有高的导热性(约为锡基巴氏合金的 6 倍)和低的摩擦系数,并可在较高温度(如250℃)下工作。铅青铜适宜制造高速、高压下工作的轴承,如航空发动机、高速柴油机及其他高速机器的主轴承。

铅青铜的强度较低(σ_b 仅为 60 MPa),因此也需要在钢瓦上挂衬,制成双金属轴承。此外,常用的铜基轴承合金还有铝青铜(ZCuAl10Fe3)。

3. 铝基轴承合金

铝基轴承合金是 20 世纪 60 年代发展起来的一种新型减摩材料。其特点是原料丰富,价格便宜,导热性好,疲劳强度与高温硬度较高,能承受较大压力与速度,但它的膨胀系数较大,抗咬合性不如巴氏合金。我国已逐步推广使用它来代替巴氏合金与铜基轴承合金。目前应用的铝基轴承合金有 ZAlSn6Cu1Ni1 和 ZAlSn20Cu 两种。

常用的铝基轴承合金是以铝为基体元素、锡为主加元素所组成的合金。由于锡在铝中溶解度极少,其实际组织为硬的铝基体上分布着软的粒状锡质点,如图 7-11 所示。由于它具有上述一系列优良特性,故适于制造高速、重载的发动机轴承。目前,铝基轴承合金已在汽车、拖拉机、内燃机车上广泛使用。

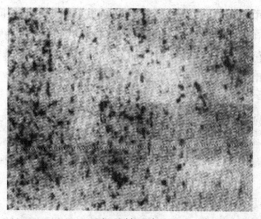

图 7-11　ZAlSn20Cu 铝基轴承合金的显微组织(100 倍)

铝基轴承合金也应在钢的轴瓦上挂衬。由于它与钢的黏结性较差，故需先将其与纯铝箔轧制成双金属板，然后与钢一起轧制，最后成品是由钢—铝—高锡铝基轴承合金三层所组成的。

除上述轴承合金外，珠光体灰铸铁也常作为滑动轴承的材料。它的显微组织由硬基体（珠光体）与软质点（石墨）构成，石墨还有润滑作用。铸铁轴承可承受较大的压力，价格低廉，但摩擦系数较大，导热性低，故只适宜作低速（$v < 2$ m/s）的不重要的轴承。

各种轴承合金的性能比较参见表 7-6。

表 7-6 各种轴承合金性能比较

种 类	抗咬合性	磨合性	耐蚀性	耐疲劳性	合金硬度/HBW	轴颈处硬度/HBW	最大允许压力/MPa	最高允许温度/℃
锡基巴氏合金	优	优	优	劣	20～30	150	600～1000	150
铅基巴氏合金	优	优	中	劣	15～30	150	600～800	150
锡青铜	中	劣	优	优	50～100	300～400	700～2000	200
铅青铜	中	差	差	良	40～80	300	2000～3200	220～250
铝基合金	劣	中	优	良	45～50	300	2000～2800	100～150
铸铁	差	劣	优	优	160～180	300～250	300～600	150

7.5 工程应用案例——硬币用金属及合金

硬币(Coins)是由一种或多种金属及其合金制造而成的货币。相对于纸币，硬币的面值通常较低。硬币一般是由非贵重金属及合金(如钢、镍)铸造，由政府发行的，一般为辅币，其面值通常是由法律规定的。但纪念币和收藏币一般是由贵重金属(如金、银)铸成的。

7.5.1 硬币的特性

硬币是在各种气候条件下流通的货币，要与人们的手及其他物件接触，会产生腐蚀、摩擦与碰撞。因此，硬币用金属的选用，主要涉及以下材料特性的问题：

(1) 价值与面值。在经济上，硬币本身价值在预见的长时间内应略低于其所标的面值，否则犯罪分子可能仿制硬币或收集硬币而熔炼。金与银历来就是造币材料，但因其本身价值高，多用于纪念币和收藏币种，而在流通硬币中将趋于减少。此外，我国发行的部分纪念币是用铜镍合金(白铜)制造的。

(2) 尺寸、形状和颜色。硬币的颜色必须是造币合金所特有的，即该合金在空气或其他使用环境中不易被污染而变色。硬币需采用不同的尺寸、颜色、形状以区别于其他面值的硬币，从而易识别。有时还会改变硬币尺寸以适应金属价格上涨而产生的价值高于面值的现象。

(3) 防伪性能，即硬币应难以仿造，以确保其安全性。大多数自动售货机利用电导率来识别硬币，以防假币，即每个硬币必须有自己独特的"电子签名"，而这取决于硬币的合金成分。

（4）成形性。优异的塑性和韧性，使所设计的硬币浮雕能嵌入硬币表面并凸现出来。

（5）耐磨性能。硬币必须具有足够的硬度和强度，在长期使用中，其表面浮雕不易被磨损。硬币材料在（造币）冲压成形中产生的形变强化（加工硬化）可提高其硬度。

（6）耐蚀性能。在使用寿命中，硬币因腐蚀的物质损耗应最小。

（7）抗菌性。硬币在使用中与人体接触，不能有损健康，应避免不良微生物在其表面生长。

（8）可回收性。从可持续发展考虑，硬币用材要易于回收。

钢及铜合金能满足上述标准，许多国家选用不同的铜合金或合金组合作为硬币用材。

7.5.2 各国的硬币

1. 人民币硬币

（1）第一套人民币硬币分别是1分、2分、5分，材质是铝镍合金，如图7-12所示。

图7-12 第一套人民币硬币

（2）第二套人民币硬币分别为1角、2角、5角、1元，三种角币的材质是铜铸合金，1元硬币的材质是铜镍合金，如图7-13所示。

图7-13 第二套人民币硬币

（3）第三套人民币硬币分别是1角、5角、1元，如图7-14所示。1角的材质是铝锌合金，5角的材质是铜锌合金，1元的材质是钢芯镀镍。

图7-14　第三套人民币硬币

（4）第四、五套人民币硬币分别是1角、5角、1元，如图7-15所示。1角的材质是铝锌合金（1999—2004年），2005年开始材质改为不锈钢；5角的材质于2002年开始采用钢芯镀铜；1元的材质于1999年采用钢芯镀镍。

图7-15　第四、五套人民币硬币

人民币5角硬币分别采用黄铜（铜镍合金）和钢芯镀铜，色泽为金黄色。黄铜不是普通的四六黄铜或三七黄铜，而是一种多元铜合金，即除锌外，还添加了若干起特殊作用的微量元素，以提高其耐磨性、抗变色性和耐蚀能力。此外，该合金还具有造币加工性能优良，防假性强，原材料丰富，成本较低的特点。

人民币1元硬币分别采用白铜（铜镍合金）和钢芯镀镍两种，色泽为银白色。钢芯镀镍首先用低碳钢板冲出坯币，电镀镍后再进行特殊的热处理，使铁原子向镍镀层中扩散，而镍原子则向钢芯中扩散，这样便在镍镀层与钢芯之间形成了一层以铁为基体的铁-镍固溶体带，大大提高了银镍层与钢芯的结合力，在任何情况下镀镍层都不会脱落。该硬币不但保留了纯镍的外观特征，而且具有相当高的抗磨性与耐蚀性，还大大减少了镍的用量，生产成本大幅度下降，防伪性能也得到很大提高。

第五套人民币1角硬币2005年版的材质为不锈钢，色泽为钢白色；2000年版为铝合金。铝与空气中的氧形成只有几微米厚的氧化铝膜，呈银白色、致密，且氧化铝膜具有很高的耐蚀性，在大气中不会失去光泽。但铝合金的硬度低，在使用中易磨损而产生硬币表面图案的损坏或产生污染，因此，2005 年以后改用不锈钢。

第五套人民币 1 元硬币材质为钢芯镀镍，5 角硬币材质是钢芯镀铜。

2. 欧元硬币

欧元硬币如图 7 - 16 所示。

图 7 - 16　欧元硬币

1 欧元、2 欧元硬币，为由外圈和内盘组成的双金属硬币。2 欧元硬币外圈使用 75Cu - 25Ni 合金，呈银色；内盘为镍铜合金(75Cu - 20Zn - 5Ni)，呈金色。1 欧元硬币外圈呈金色，内盘呈银色，其外圈和内盘所使用的合金是 2 欧元硬币的调换。50 欧分、20 欧分和 10 欧分硬币由 89Cu - 5Al - 5Zn - 1Sn 合金制成，呈金色。5 欧分、2 欧分和 1 欧分硬币为钢芯镀铜。

3. 美元硬币

美国流通硬币共有 1 美分、5 美分、10 美分、25 美分、50 美分和 1 美元六种面额，如图 7 - 17 所示。

图 7 - 17　美元硬币(硬币正面，上面从左至右依次为 1 美元、50 美分、25 美分，
下面从左至右依次为 10 美分、5 美分、1 美分)

美元硬币用材主要有纯铜、白铜(88Cu - 12Ni)、黄铜(95Cu - 5Zn、77Cu - 12Zn - 7Mn

-4Ni)、青铜[95Cu-5(Zn + Sn)]、锌镀铜(97.5Zn-2.5Cu)。美国仅在1943年发行了钢芯镀锌硬币，但钢芯镀锌硬币的边缘对锈蚀极为敏感；在1974年试验了铝合金和钢芯镀铜，但均未流通。铝合金被剔除的原因之一是：硬币是最常见的儿童误食的吞咽异物。儿科医师指出，被吞食的铝币其X射线成像很接近人体的软组织，因此会很难检测到其位置，难以诊治。

由上可见，硬币材料在力学、物理、化学性能等方面应具有较高的强度、耐磨、耐蚀、抗菌、轻质、光泽、美观、廉价等一系列特点。随着高新技术及材料科学的发展，未来的硬币制造可能会出现金属材料、无机非金属材料和有机高分子材料复合型的多功能硬币材料。

习题与思考题7

7-1　变形铝合金与铸造铝合金在成分与组织上有什么差别？

7-2　画出铝合金分类示意图，说明哪些是变形铝合金，哪些是铸造铝合金，哪些可进行热处理强化，哪些不能进行热处理强化。

7-3　H62与H68的成分相差并不大，为什么在组织上的差异却很大？

7-4　什么叫特殊黄铜？它与普通黄铜相比，有哪些特殊性能？

7-5　什么是青铜？试举一些常用的青铜牌号，并说明其含义、性能特点及用途。

7-6　镁合金具有哪些特点？主要合金元素有哪些？

7-7　对滑动轴承合金有哪些性能要求？它们的工作原理是什么？常用的滑动轴承合金有哪几类？

7-8　轴瓦材料必须具有什么特性？对轴承合金的组织有什么要求？什么是"巴氏合金"？巴氏合金有哪几类？举例说明常用巴氏合金的成分、性能及用途。

第8章　常用非金属材料及新材料

　　由于人们对汽车节能和轻质、高效等方面的追求，现代轿车一改以钢铁材料独大的局面。在汽车上非金属材料的用量比 60 年前的用量增加了 7 倍之多，用非金属材料部件的数量已经逼近甚至超过钢铁部件，图 8-1 所示的是用非金属材料制造的汽车部分零部件。为什么用非金属材料会发展得这么迅速？为什么用非金属材料能够代替部分钢铁材料制造部件呢？非金属材料有哪些种类和优良性能呢？哪些非金属材料可以在工程上应用呢？

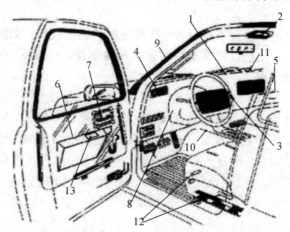

1—仪表板；2—顶灯；3—方向盘；4—空调出风格栅；5—杂物箱；6—扶手；7—门内拉手
8—仪表盘；9—A 柱；10—控速器；11—除雾格栅；12—调节器；13—开关

图 8-1　汽车上的部分非金属材料零件

　　非金属材料是指除金属材料之外的所有材料的总称。通常，非金属材料主要包括有机高分子材料、无机非金属材料和复合材料三大类。随着高新科学技术的发展，使用材料的领域越来越广，所提出的要求也越来越高。对于要求密度小、耐腐蚀、电绝缘、减振消声和耐高温等性能的工程构件，传统的金属材料已难胜任。而非金属材料的这些性能却有各自的优势。另外，单一金属或非金属材料无法实现的性能，可通过复合材料得以实现。

　　非金属材料的来源十分广泛，大多成形工艺简单，生产成本较低，已经广泛应用于轻工、家电、建材、机电等各行各业中。目前，在工程领域应用最多的非金属材料主要是塑料、橡胶、陶瓷及各种复合材料。

8.1　塑　　料

　　塑料是以树脂(即高分子化合物)为基本原料，加入能改善其性能或降低其成本的添加剂，在一定的温度和压力下塑制成形，并在常温下能保持其形状不变的材料或制品的总称。

　　塑料具有一定的耐热、耐寒及良好的力学、电气、化学等综合性能，可以替代非铁金属及其合金作为结构材料制造机器零件或工程结构件。塑料以其质轻、耐蚀、电绝缘,具有良好的耐磨和减磨性,良好的成形工艺性等特性以及有丰富的资源而成为应用广泛的高分子材料,在工农业、交通运输业、国防工业及日常生活中均得到广泛应用。

8.1.1 塑料的组成和性能

1. 塑料的组成

1)树脂

树脂是在常温下呈固体或黏稠液体,但受热时软化或呈熔融状态的有机聚合物。树脂起着胶黏剂的作用,能将塑料的其他组分黏结成一个整体,所以又称为黏料。其种类、性质及其在塑料中的比例对塑料的性能起着很大的作用,因此,大多数塑料以其所用的树脂命名,如聚乙烯塑料就是以聚乙烯树脂为主要成分的。

2)填充剂

填充剂又称填料,用来改善塑料的某些性能并降低制作成本。如玻璃纤维、木屑等可提高塑料的强度;金属氧化物可提高塑料的硬度和耐磨性;石棉粉可提高塑料的耐热性;云母可提高塑料的绝缘性等。

3)增塑剂

增塑剂用来提高树脂的塑性和柔韧性。就大多数塑料制品而言,树脂本身所具有的可塑性不能满足塑料的成形和使用要求,因此需要加入适量的增塑剂。增塑剂可渗入高聚物链段之间,降低其分子间力,使分子链容易移动,从而增加可塑性。常用的增塑剂是高沸点的液体或低熔点的固体有机化合物,如邻苯二甲酸酯、磷酸酯类、氯化石蜡、聚乙二酸等。

4)稳定剂

稳定剂又称防老化剂,是为提高塑料在加工和使用过程中对光、热和氧的稳定性,延长制品使用寿命所加入的添加剂。它包括热稳定剂、光稳定剂及抗氧剂等。常用的热稳定剂有硬脂酸盐、环氧化合物和铅的化合物等;光稳定剂有炭黑、氧化锌等遮光剂,水杨酸脂类、二苯甲酮类等紫外线吸收剂;抗氧剂有胺类、酚类、有机金属盐类、含硫化合物等。

5)润滑剂

润滑剂是为防止塑料在加工时黏着在模具或其他设备上而加入的添加剂,可使制品表面光滑。常用的润滑剂有硬脂酸及其盐类、石蜡等。

6)固化剂

固化剂又称硬化剂,是与树脂中的不饱和键或活性基团作用而使其交联成体网型热固性高聚物的一类物质,用于热固性树脂。不同的热固性树脂常使用不同的固化剂,如环氧树脂可用胺类、酸酐类化合物作为固化剂,酚醛树脂可用六次甲基四胺作为固化剂。

7)发泡剂

发泡剂是受热时会分解而放出气体的有机化合物,用于制备泡沫塑料等。常用的发泡剂有偶氮二甲酰胺、氨气、碳酸氢铵等。

8)其他添加剂

塑料添加剂除上述几项外还有阻燃剂(如氧化锑等)、抗静电剂、发泡剂、溶剂、稀释剂等。添加剂的种类很多,要根据塑料品种和产品功能要求决定是否添加添加剂以及添加多少。

2. 塑料的性能

1）力学性能

力学性能是决定工程塑料使用范围的重要指标之一。工程塑料具有较高的强度、良好的塑性、韧性和耐磨性，可代替金属制造机器零件或构件，尤其是某些工程塑料的比强度很高，大大超过金属的比强度（如玻璃纤维增强塑料），可制造减轻自重的各种结构件。

（1）拉伸强度、弹性模量和伸长率。

常用工程塑料的应力-应变曲线可归结为以下四种基本类型：

① 硬而韧的工程塑料（如图 8-2 曲线 1 所示），如 ABS、尼龙、聚甲醛、聚碳酸酯等，具有很高的弹性模量、屈服强度、抗拉强度和较大的伸长率。

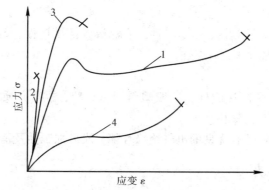

1—硬而韧的塑料；2—硬而脆的塑料；3—硬而强的塑料；4—软而韧的塑料

图 8-2 塑料拉伸时的应力-应变曲线

② 硬而脆的工程塑料（如图 8-2 曲线 2 所示），如聚苯乙烯和酚醛树脂等塑料，具有很高的弹性模量和抗拉强度，但在较小的伸长率（<2%）下就会断裂，无明显屈服。

③ 硬而强的工程塑料（如图 8-2 曲线 3 所示），如有机玻璃、长玻璃纤维增强热固性塑料及某些配方的硬聚氯乙烯等塑料，具有高的弹性模量和抗拉强度，其伸长率为 2%～5%。

④ 软而韧的工程塑料（如图 8-2 曲线 4 所示），如高增塑的聚氯乙烯等塑料的弹性模量和屈服点低，而伸长率很大，约为 25%～1000%，抗拉强度较高。从图 8-2 可以看出，各种塑料的力学性能差异很大，一般热塑性塑料的抗拉强度在 50～100 MPa 之间，热固性塑料的抗拉强度在 30～60 MPa。工程塑料与金属材料相比，其抗拉强度和弹性模量均较低，这是目前工程塑料作为工程结构材料使用的最大障碍之一。因此在一些负荷大的地方，还需采用钢结构。

（2）剪切强度、冲击韧度和弯曲强度。

① 剪切强度对于塑料薄膜或板材特别重要，玻璃布增强的热固性层压板的剪切强度在 80～170 MPa 之间。

② 冲击韧度。一般塑料的冲击韧度值比金属低，并且有缺口比没有缺口的塑料件冲击韧度值明显下降。

③ 弯曲强度。热塑性塑料中聚甲醛弯曲强度为 90～98 MPa，尼龙可达 210 MPa，热固性塑料约为 50～150 MPa，玻璃纤维（布）层压塑料可达 350 MPa。

（3）蠕变性能。

蠕变是指材料受到一固定载荷时，除了开始的瞬时变形外，随时间的增加变形逐渐增大的现象。金属材料在较高温度时，才有明显的蠕变现象；而塑料则在室温下受载后就可发生显著的蠕变现象，载荷大时甚至出现蠕变断裂。

（4）硬度和耐磨性能。

工程塑料的硬度比金属低，但其抗摩擦、磨损性能却远远优于金属。用工程塑料制作的轴承、活塞环、凸轮、齿轮等零件已广泛应用。

2）物理性能

（1）密度小。

（2）易着色，色泽鲜艳。

（3）透光性好，具有多种防护性能。

3）热性能

热性能包括耐热性、导热性、热膨胀性、熔融指数及燃烧性。与金属相比，塑料的耐热性、导热性差，热膨胀性大，易燃烧。

4）化学性能

化学性能主要指耐腐蚀性能好。一般塑料对酸、碱、盐等介质具有良好的抗腐蚀能力，并广泛用作防腐蚀工程材料。

除以上性能外，塑料还有优良的电气绝缘性能、成形加工性及消声吸振性等。

8.1.2 塑料的分类

（1）按树脂受热行为的不同，塑料可分为热塑性塑料和热固性塑料。

热塑性塑料具有下述特点：

① 受热时软化或熔融，具有可塑性，冷却后坚硬，只要加热温度不超过聚合物的分解温度，可反复加热、冷却，且可溶解在一定的溶剂中（具有可溶、可熔性）。

② 成形工艺形式多，生产效率高，可直接注射、挤压、吹塑成所需形状的制品。

③ 耐热性和刚性都较差，最高使用温度一般只有120℃左右。

热塑性塑料主要有聚乙烯、聚氯乙烯、聚酰胺等。

热固性塑料具有下述特点：

① 在热和（或）固化剂的作用下即可固化成形，固化后不溶于有机溶剂，再次加热时也不熔化（即具有不溶不熔性，不可再生，加热很高时直接分解、碳化）。

② 抗蠕变性强，不易变形。

③ 耐热性较高，即使超过其使用温度极限，也只是在表面产生碳化层，不会立即失去功能。

④ 热固性塑料的树脂性质较脆，强度不高，必须加入填料或增强材料以改善性能。

⑤ 热固性塑料成形工艺复杂，大多只能采用模压或层压法，生产效率低。热固性塑料的主要有酚醛塑料、氨基塑料、环氧塑料等。

（2）按功能和用途，塑料可分为通用塑料、工程塑料和特种塑料。

通用塑料是指产量大、用途广、成形性好、价廉的一类塑料。它主要包括聚乙烯、聚丙烯、聚苯乙烯、聚氯乙烯、酚醛塑料和氨基塑料六大品种，占塑料总产量的75%以上。

工程塑料是指有良好的力学性能和尺寸稳定性，可以作为工程结构件的塑料。其主要品种有聚酰胺、ABS塑料、聚甲醛、聚碳酸酯、聚砜等。

特种塑料一般指具有特殊功能（如耐热、自润滑、抗菌等），应用于特殊要求的塑料。

这类塑料产量小、价格贵，如氟塑料、有机硅等。

8.1.3 常用工程塑料

1. 热塑性塑料

1）聚乙烯

聚乙烯由单体乙烯聚合而成，是目前用量最大的通用塑料。聚乙烯无毒无味，呈半透明蜡状，强度较低，耐热性不高（通常<80℃），但具有优良的耐蚀性和电绝缘性，耐低温冲击，易加工，且价格较低。

按生产方式不同可将聚乙烯分为高压、中压和低压聚乙烯三类。高压聚乙烯（压力为100～300 MPa）又称低密度聚乙烯（LDPE），其结晶度低，呈半透明状，质地柔韧且耐冲击，主要用来生产薄膜、食品和各种商品的包装材料。中压聚乙烯又称高密度聚乙烯（HDPE），呈乳白色，其结晶度较高，比较刚硬，耐磨、耐蚀，绝缘性也较好，可用来制造容器、管道、绝缘材料以及硬泡沫塑料等。低压聚乙烯（压力小于 5MPa）质地坚硬，耐寒性良好（−70℃时还保持柔软），还具有优良的耐热、耐磨、耐蚀性及介电性，但不耐老化，主要用来制造容器、通用机械零件、薄膜、管道、绝缘材料以及合成纸等。图 8-3 所示为聚乙烯产品示例。

    (a) 薄膜   (b) 齿轮   (c) 管道   (d) 滑轮

图 8-3 聚乙烯产品示例

2）聚氯乙烯（PVC）

聚氯乙烯由氯乙烯经自由基聚合反应而制得，产量仅次于聚乙烯。氯基的存在使其强度、刚度比聚乙烯的好。根据增塑剂用量的不同，PVC 可制成硬质和软质的制品。

硬质聚氯乙烯（含增塑剂少）的强度较高，耐蚀性、耐油性、耐水性和电绝缘性良好，价格低，产量大。其缺点是使用温度受限制（−15～55℃），线膨胀系数大，常用于制作化工耐蚀的结构材料及门窗、管道，也可用作电绝缘材料。软质聚氯乙烯（含增塑剂多）的强度、电性能和化学稳定性低于硬质聚氯乙烯，使用温度低且易老化，但耐油性和成形性能较好，主要用于制作薄膜、电线电缆的套管和包皮、密封件等。图 8-4 所示为聚氯乙烯产品示例。

  (a) 趟门   (b) 电缆的绝缘护套   (c) 管道   (d) 足球   (e) 伞

图 8-4 聚乙烯产品示例

3) 聚丙烯（PP）

聚丙烯由丙烯单体聚合而得，呈白色蜡状，无味无毒，相对密度小（约为 $0.99/cm^3$，常用塑料中最轻），强度、硬度、刚度和耐热性（可 150℃不变形）均优于低压聚乙烯，几乎不吸水，具有较好的化学稳定性、优良的电绝缘性，易成形，且价格低廉。但它低温脆性大，不耐磨，易老化，成形收缩率大，主要用制造容器、储罐、阀门、汽车配件及衣架等日用品。图 8-5 所地为聚丙烯产品示例。

(a) 储罐　　　　　　　　(b) 阀门　　　　　　　(c) 磁力泵零件

图 8-5　聚丙烯产品示例

4) 聚苯乙烯（PS）

聚苯乙烯由苯乙烯聚合反应而得，是无色透明、无毒无味、易着色、介电性能和耐辐射耐蚀性能良好的刚性材料。但其质脆而硬，不耐冲击，耐热性低，耐有机溶剂性能较差。它的成形性突出，使用温度为 30～80℃。它主要用来生产注塑制品，制作仪表透明罩板、外壳、日用品、玩具等。聚苯乙烯还大量用来制造可发性泡沫塑料制品，广泛用作仪表包装防振材料、隔热和吸音材料。图 8-6 所示为聚苯乙烯产品示例。

(a) 配电盒外壳　　　　　(b) 泡沫板　　　　　　(c) 玩具填充物

图 8-6　聚苯乙烯产品示例

5) ABS 塑料

ABS 塑料是丙烯腈（A）、丁二烯（B）、苯乙烯（S）三种单体的共聚物。每一单体都起着其固有的作用，丙烯腈使 ABS 具有高强度、硬度，耐蚀性和耐候性；丁二烯使其具有高弹性和韧性；苯乙烯可使其具有优良的介电性和成形加工性。由于 ABS 塑料原料易得、综合性能良好且价格便宜，因此在机械、电气、纺织、汽车、飞机、轮船等制造工业及化学工业中得到了广泛应用，如机器零件，家用电器和各种仪表的外壳、设备衬里、运动器材等。图 8-7 所示为 ABS 塑料产品示例。ABS 塑料的缺点是可燃，热变形温度较低，耐候性较差，不透明等。

(a) 管

(b) 头盔外壳

(c) 空调机外壳

图 8 - 7　ABS 塑料产品示例

6) 聚酰胺(PA)

聚酰胺俗称尼龙，由二元胺与二元酸缩合而成，或由氨基酸脱水成内酰胺再聚合而得，分子链中至少有一个酰胺基，是不透明或半透明的角质状固体，表面光亮度良好，无臭、无味、无毒，抗霉菌，耐油突出，具有强韧、耐疲劳、耐摩擦、自润滑、电绝缘性好，使用温度范围宽，耐弱酸弱碱和一般溶剂以及透氧率低等优点；但其吸湿性大，对强酸、强碱、酚类等抵抗力较差，易老化。聚酰胺被广泛用来代替铜及其他有色金属制作机械、化工、电器零件，如齿轮、轴承、油管、密封圈等，还可用来制作耐油食品包装膜及容器、输血管、织物等。图 8 - 8 所示为聚酰胺产品示例。

(a) 滑轮、齿轮、蜗轮、连轴器

(b) 灭火器阀体

(c) 冷却风扇

图 8 - 8　聚酰胺产品示例

7) 聚碳酸酯(PC)

聚碳酸酯的大分子链中既有刚性的苯环，又有柔性的醚键，所以它具有优良的力学、热和电性能，被誉为"透明金属"。聚碳酸酯是淡琥珀色、高透明固体，无味、无毒，最突出的优点是冲击韧性极高，并耐热、耐寒(可在 $-100 \sim 130℃$ 范围内使用)，具有良好的电性能、耐蚀性等。其缺点是耐候性不够理想，长期暴晒容易出现裂纹。

聚碳酸酯的用途十分广泛，不但可代替某些金属和合金，还可代替玻璃、木材等，大量应用于机械、电气、光学、医药等部门，如机械行业中的轴承、齿轮、蜗轮、蜗杆等传动零件；电气行业中高绝缘的垫圈、垫片、电容器等；光学中的照明灯罩、视镜、安全玻璃等。

8）聚四氟乙烯（PTFE 或 F－4）

聚四氟乙烯的均聚物，为蜡状白色粉状物，无味、无毒。它最大的特点是，其耐蚀性、耐老化性、绝缘性、自润滑性、阻燃性及耐热、耐寒性在所有塑料中是最好的。它可在－180～250℃长期使用。在所有物质中，其耐蚀及不黏性最好，吸水率及摩擦系数最低，但存在强度低、刚性差、冷流性大，不耐熔融碱金属侵蚀，不能注射成形，需烧结成形，价格较贵的不足。

聚四氟乙烯主要用于生产特殊性能要求的零部件，如作为优异的耐蚀材料可用作化工设备、管道、泵、反应器等的衬里、垫片、隔膜等；作为绝缘材料，可用于高温、高频、耐寒、耐老化等场合。由于其摩擦系数极小，在机械工业中它可用作轴承、导轨和无油润滑方面的设备。

2. 热固性塑料

1）酚醛塑料（PF）

酚醛塑料由酚醛树脂加入填料、固化剂等添加剂经成形固化得到。它具有一定的强度和硬度，绝缘性能良好，兼有耐热、耐磨、耐蚀的优良性能，但不耐碱，性脆且加工性差（只能模压）。酚醛塑料广泛应用于机械、汽车、航空、电器等工业部门，用来制造开关壳、灯头、线路板等各种电气绝缘件，较高温度下工作的零件，耐磨及防腐蚀材料，并能代替部分有色金属（铝、铜、青铜等）制作齿轮、轴承等零件。图8－9所示为酚醛塑料产品示例。

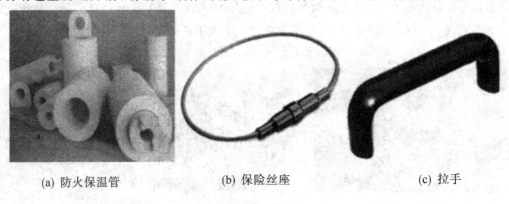

(a) 防火保温管　　　　　(b) 保险丝座　　　　　(c) 拉手

图 8－9　酚醛塑料产品示例

2）环氧塑料（EP）

环氧塑料由环氧树脂加入固化剂填料或其他添加剂后制成。它收缩率低、强度高，韧性较好，耐水、酸、碱及有机溶剂，耐热、耐寒性（使用温度为－80～150℃）优良。环氧树脂浸渍纤维后，可用于制作环氧玻璃钢，常用作化工管道和容器、汽车、船舶和飞机等的零部件。

其他常用的热固性塑料还有氨基塑料（AF）、有机硅塑料（SI）、聚氨酯（PU）、不饱和聚酯（UP）等。

8.2　合　成　纤　维

纤维是指长度比直径大许多倍，并且有一定柔软性的纤细物质。典型的纺织纤维直径为几微米到几十微米,而长度超过 25 mm。

合成纤维是化学纤维的一种,它是由合成的高分子化合物加工制成的纤维。合成纤维具有优良的物理、机械性能和化学性能,如强度高、密度小、弹性高、电绝缘性能好、质轻又保暖等。某些特种合成纤维还具有耐高温、耐低温、耐辐射、高强度、高模量等特殊性能。所以合成纤维已远远超出仅应用于纺织工业的概念,而在工农业的各个领域得到了广泛应用,特别是在国防工业、航空航天、能源开发、信息技术和生物技术等高科技领域,合成纤维成为不可缺少的重要工程材料。

8.2.1　合成纤维的分类

合成纤维的品种很多,可以按照两种方式进行分类:

(1)根据大分子主链的结构,合成纤维可分为碳链纤维和杂链纤维。

碳链纤维有聚丙烯腈纤维(腈纶)、聚氯乙烯纤维(氯纶)、聚丙烯纤维(丙纶)、聚乙烯醇纤维、聚乙烯纤维、聚四氟乙烯纤维等。

杂链纤维有聚酰胺纤维(锦纶)、聚酯纤维(涤纶)、聚氨酯纤维(氨纶)、聚脲纤维、聚酰亚胺纤维等。

(2)根据纤维的性能功用,合成纤维可分为耐高温纤维(如聚苯咪唑纤维)、耐高温腐蚀纤维(如聚四氟乙烯纤维)、高强度纤维(如聚对苯二甲酰对苯二胺)、耐辐射纤维(如聚酰亚胺纤维),还有阻燃纤维、高分子光导纤维等。

合成纤维的发展非常迅速,目前品种众多,其中常用的合成纤维主要是聚酰胺纤维、聚酯纤维和聚丙烯腈纤维三大类,三者的产量占合成纤维的90%以上。

8.2.2　常用合成纤维

1. 聚酰胺纤维

聚酰胺纤维是指大分子主链中含有酰胺键的一类合成纤维,商品名称为锦纶或尼龙。它的主要品种有聚酰胺 6、聚酰胺 66、聚酰胺 612 和聚酰胺 1010 等。聚酰胺纤维强度高,耐磨性好,其耐磨性是棉花的 10 倍、羊毛的 20 倍,耐冲击性好,柔软、弹性高,耐疲劳性好,密度小,耐腐蚀,染色性好。但其弹性模量小,耐热性和耐光性较差。

聚酰胺纤维主要用于制作工业用布、轮胎帘子线、传动带、帐篷、绳索、渔网、降落伞、宇宙飞行服等军用物品,也是制作运动服和休闲服的好材料。

2. 聚酯纤维

聚酯纤维是指大分子主链中含有酯基结构的一类聚合物。聚脂纤维品种众多,其中最主要的是聚对苯二甲酸乙二醇酯(PET),商品名称为涤纶,俗称的确良。聚酯纤维的弹性好,弹性接近于羊毛;强度高,其强度比棉花高 1 倍,比羊毛高 3 倍;耐冲击强度高,比聚酰胺纤维高 4 倍;耐热性、耐腐蚀性和耐疲劳性好,耐磨性仅次于聚酰胺纤维,耐光性仅次于聚丙烯腈纤维、好于聚酰胺纤维。但其染色性差,吸水性低,织物易起球。

聚酯纤维主要用于制作电机绝缘材料、运输带、传送带、输送石油软管、水龙带、绳索、工业用布、滤布、轮胎帘子线、渔网、人造血管等。

3. 聚丙烯腈纤维

聚丙烯腈纤维是以丙烯腈为原料经聚合而制成的合成纤维,商品名为腈纶。聚丙烯腈纤维蓬松柔软、保暖性好；具有较好的弹性，弹性模量仅次于聚酯纤维，比聚酰胺纤维高2～3倍，被誉为"人造羊毛"；强度较高，约为羊毛的1～2.5倍；耐光性与耐候性仅次于氟纤维，耐热性能较好，其软化温度为190～230℃，仅次于聚酯纤维；在化学稳定性方面，能耐酸、氧化剂和有机溶剂。但其耐碱性差，染色性和纺丝性能较差，易吸湿吸水。

聚丙烯腈纤维广泛用来代替羊毛制成各种纺织品，还可用于制造帆布、帐篷、毛毯及制备碳纤维等。

4. 聚乙烯醇纤维

聚乙烯醇纤维是将聚乙烯醇纺制成纤维，再经甲醛进行缩醛化处理而制得的聚乙烯醇缩甲醛纤维，商品名为维纶或维尼龙。聚乙烯醇纤维性能近似于棉花，因此有"合成棉花"之称。聚乙烯醇纤维耐磨性好，比棉花高5倍；强度高，是棉纤维的1.5～2倍；吸水性大，是现有合成纤维中吸湿性最大的一种；耐化学腐蚀、耐光及耐虫蛀等性能都很好。但其耐热水性能不够好，弹性较差，染色性较差。

聚乙烯醇纤维主要用于制作绳缆、渔网、帆布、滤布、自行车或拖拉机轮胎帘子线、输送带、运输盖布、炮衣等。

5. 聚丙烯纤维

聚丙烯纤维，商品名为丙纶，密度为 0.91 g/cm^3，是合成纤维中最轻的一种；具有很好的强度，能与高强度的聚酯、聚酰胺相媲美；吸水性很小，具有很好的耐磨性和弹性，其耐磨性接近于聚酰胺纤维；具有良好的耐腐蚀性，特别对无机酸、碱有显著的稳定性，绝缘性好。但其耐光性及染色性差，耐热性差。

聚丙烯纤维主要用于制作混纺衣料、绳索、滤布、渔网、地毯基布、工作服、填充材料、帆布、包装材料等。

6. 聚氯乙烯纤维

聚氯乙烯纤维，商品名为氯纶，是目前最便宜的合成纤维品种之一。聚氯乙烯纤维突出的优点是难燃和对酸、碱的稳定性好，强度与棉纤维相近，耐磨性、弹性、耐光性、保暖性都很好，绝缘性好；其缺点是耐热性和染色性较差。

聚氯乙烯纤维主要用于制造衣料、毛毯、地毯、绳索、滤布、帐篷、绝缘布以及窗纱、筛网、网袋等。

7. 特种合成纤维

随着工业的发展，特别是高新技术领域如航空航天、原子能工业等的发展，对纤维提出了许多新的特殊的要求，如要求纤维耐高温和低温、耐辐射、耐燃、高温绝缘性等，于是开发出一系列特种用途的纤维。

1）耐高温纤维

（1）芳香族聚酰胺纤维，商品名为芳纶，国外名为 Kevlar。它具有耐寒、耐热、耐辐射、耐疲劳、耐腐蚀等特点，主要用作高强度复合材料的增强材料，广泛用作飞机、船体的结构材料。

（2）碳纤维，是用聚丙烯腈纤维、黏胶纤维或沥青纤维在高温下碳化而制得的。其具有优异的耐热性能，在惰性气氛下具有极优异的耐高温性能，最高可以耐3000℃以上的高温。此外它质轻（相对密度为1.5～2.0），具有高强度、高模量、很高的化学稳定性等优异性能。目前，碳纤维单独使用的情况不多，主要是作为树脂、金属、橡胶的增强材料使用，用于宇宙航行、飞机制造、原子能工业等方面。

此外，耐高温纤维还有聚酰亚胺纤维和聚苯并咪唑纤维等。

2）耐腐蚀纤维

耐腐蚀纤维主要有聚四氟乙烯纤维，商品名为氟纶。它具有突出的耐腐蚀性能，可用于化工防腐设备的密封填料、衬垫、过滤材料等。由于它能耐高温及难燃，因此可用作军用器材的防护用布及宇宙航行服以及医用材料等。

此外耐腐蚀纤维还有四氟乙烯-六氟乙烯共聚物纤维等。

3）弹性纤维

弹性纤维是指具有类似于橡胶那样的高伸长性（伸长率>400%）和回弹性的一种纤维。通常，这类纤维经纯纺或混纺成织物，供制作各种紧身衣使用，如内衣、运动衣、游泳衣及各种弹性织物。目前，弹性纤维的主要品种有聚氨酯弹性纤维和聚丙烯酸酯弹性纤维。

（1）聚氨酯弹性纤维，商品名为氨纶，是由柔性的聚酯或聚醚链段和刚性的芳香族二异氰酸酯链段组成的嵌段共聚物，再用脂肪族二胺进行交联，因而获得了与天然橡胶一样的高伸长性和回弹性。聚氨酯纤维在伸长 600%～750% 时，其回弹率仍然能够达到95%以上。

（2）聚丙烯酸酯弹性纤维，是由丙烯酸乙酯与一些交联弹性体进行乳液共聚后，再与偏二氯乙烯等接枝共聚，经乳液纺丝法制得的。这类纤维的强度和伸长特性不如聚氨酯类弹性纤维，但是它的耐光性、抗老化性、耐磨性、耐溶剂及漂白剂等性能都比聚氨酯纤维好，而且还具有难燃性。

4）阻燃纤维

能抑制、迟缓或阻止燃烧的合成纤维称为阻燃纤维。含氟纤维、聚氯乙烯和聚偏氯乙烯纤维等本身就具有阻燃特性，大部分合成纤维必须通过阻燃处理来提高其阻燃性。纤维的阻燃技术有：

（1）在纺丝原液中添加阻燃剂。

（2）与阻燃单体（如氯乙烯）共聚、共混或接枝以合成难燃性的聚合物。

（3）对纤维制品进行阻燃后加工。

阻燃纤维的织物已广泛用于制作窗帘、幕布、地毯、床上用品、消防服、工作服等。

目前，阻燃纤维主要品种有两个：氯乙烯和丙烯腈共聚纤维，商品名为腈氯纶；氯乙烯与聚乙烯醇接枝共聚纤维，商品名为维氯纶。

8.3　橡　　胶

橡胶是一种具有高弹性的高分子材料。由于它具有高弹性，优良的伸缩性、吸振性、绝缘性、耐磨性、隔音性，因此广泛应用于制造密封件、减震件、传动件、绝缘件及轮胎等。橡胶的主要缺点是易老化，耐油性能差。橡胶制品的种类繁多，大致可分为轮胎、胶管、胶带、鞋业制品和其他橡胶制品，其中轮胎制品的消耗量最大，约占世界橡胶总消耗量的50%～60%。橡胶制品用途十分广泛，应用领域包括人们的日常生活、医疗卫生、文体生活、交通运输、电子通信和航空航天等，是国民经济建设与社会发展不可缺少的一类高分子材料。

8.3.1 合成橡胶的分类和橡胶制品的组成

1. 橡胶的分类

橡胶按来源可分为天然橡胶和合成橡胶；按性能和用途可分为通用橡胶和特种橡胶。

凡是性能与天然橡胶相同或接近，物理性能和加工性能较好，能广泛用于制造轮胎、软管、密封件、传送带等一般橡胶制品的橡胶称为通用橡胶。如天然橡胶、丁苯橡胶、顺丁橡胶、氯丁橡胶等。凡是具有特殊性能，专供耐热、耐寒、耐化学腐蚀、耐油、耐溶剂、耐辐射等特殊性能要求使用的橡胶称为特种橡胶。如硅橡胶、氟橡胶、聚氨酯橡胶、丁腈橡胶等。

2. 橡胶的组成

橡胶是以生胶为原料，加入适量的配合剂所组成的一种高弹性的高分子化合物。

1）生胶

生胶为未加配合剂的天然或人工合成橡胶的总称。由于天然橡胶的产量远不能满足工农业生产的需求，因此人们通过化学合成的方法制成了与天然橡胶性质相似的合成橡胶，如丁苯橡胶、氯丁橡胶等。生胶受热发黏，遇冷变硬，强度差，不耐磨，也不耐溶剂，只能在 5～35℃ 范围内保持弹性，故不能直接用来制造橡胶制品。通常要对其进行塑炼，使其处于塑性状态，再加入各种配合剂，经混炼、成形、硫化处理，才成为可以使用的橡胶制品。

2）配合剂

配合剂为改善橡胶制品的性能而加入的物质。橡胶配合剂的种类很多，总体可分为硫化剂（交联剂）、硫化促进剂、软化剂、防老化剂、填充剂、发泡剂、着色剂等。

硫化剂的作用就是使生胶的线型、支链型大分子链相互交联为体型结构，赋予橡胶优异的弹性等性能。常用的硫化剂有硫黄、含硫化合物、有机过氧化物、醌类化合物等。

硫化促进剂是促进硫化作用的物质，可缩短硫化时间，降低硫化温度，减少硫化剂用量、降低成本和提高橡胶的物理机械性能等。常用的硫化促进剂有二硫化氨甲基酸盐。

软化剂是为了增加橡胶的塑性，改善黏附力，降低硬度和提高耐寒性而加入的物质。橡胶是弹性体，在加工过程中必须使它具有一定的塑性，才能与各种配合剂混合。常用的软化剂有硬脂酸、凡士林、精制石蜡以及一些油类和脂类。

3. 橡胶的主要性能特点

橡胶最重要的特点是高弹性，因此又称之为弹性体。橡胶由若干细长而柔顺的分子链组成。分子链通常蜷曲成无规线团状，相互缠曲。当受外力拉伸时，分子链就伸直，外力去除后又恢复蜷曲，其弹性变形量可达 100%～1000%。

橡胶最大的缺点是易老化，即橡胶制品在使用过程中出现变色、发黏、发脆以及龟裂等现象，使橡胶的弹性、强度等性能劣化。

8.3.2 常用合成橡胶

1. 通用橡胶

1）天然橡胶（NR）

天然橡胶由橡树流出的乳胶，经凝固、干燥、加工制成。它的强度高，耐撕裂，弹性、耐磨性、耐寒性、气密性、防水性、绝缘性及加工性优良；但它的耐热、耐油及耐溶剂性差，耐臭氧和老化性差。天然橡胶广泛用于制造各类轮胎、胶带、胶管、胶鞋等各种橡胶制品。

2）丁苯橡胶（SBR）

丁苯橡胶为丁二烯和苯乙烯的无规共聚物，为浅黄褐色弹性固体。其耐磨性、耐热性、耐老化性、耐水性、气密性等均优于天然橡胶，比天然橡胶质地均匀，价格低，是一种综合性能较好的橡胶。它的缺点是弹性、机械强度、耐撕裂、耐寒性较差，加工性能也较天然橡胶差。丁苯橡胶可与天然橡胶以任意比例混合，相互取长补短，多数情况下也可代替天然橡胶使用。丁苯橡胶主要用于制造轮胎、胶带、胶管、胶鞋、电线电缆、医疗器具等。

3）顺丁橡胶（BR）

顺丁橡胶由丁二烯在特定催化剂作用下聚合而成，其产量仅次于丁苯橡胶。顺丁橡胶以弹性好、耐磨和耐低温而著称，且成本较低，是制造轮胎的优良材料。其缺点是抗张强度和抗撕裂性较低、加工性能和耐老化性较差、冷流动性大。顺丁橡胶比丁苯橡胶耐磨性高 26%，因此主要用于制造轮胎，也可制作胶带、胶管、胶鞋等制品。

4）氯丁橡胶（CR）

氯丁橡胶由氯丁二烯聚合而成。它的力学性能和天然橡胶相似，且耐油性、耐磨性、耐热性、耐燃烧性（近火分解出氯化氢气体，阻止燃烧）、耐溶剂性、耐老化性能均优于天然橡胶，所以被称为万能橡胶。但其耐寒性较差（使用温度应高于−35℃），相对密度较大（1.239/cm³），生胶稳定性差，成本较高。

氯丁橡胶既可作为通用橡胶，又可作为特种橡胶。主要利用其对大气和臭氧的稳定性制作电线及电缆的包皮，利用其机械强度高制作输送带。此外，它还可被用来制作耐蚀胶管、垫圈、门窗封条等。

2. 特种合成橡胶

1）硅橡胶

硅橡胶由硅氧烷聚合而成。它具有优异的耐热耐寒性（−100～300℃温度范围内工作），并具有良好的耐老化性和电绝缘性；但其强度较低、耐油性差且价格较贵。硅橡胶独特的耐热、耐寒性，可用于制造飞机和宇宙飞行器的密封制品、薄膜和胶管等，也可用于制作电子设备和电线、电缆包皮。此外，硅橡胶无毒、无味，还可用于制作食品工业的运输带、垫圈以及医药卫生制品等。

2）丁腈橡胶（NBR）

丁腈橡胶由丁二烯和丙烯腈共聚而成。丁腈橡胶的耐磨性、耐热性、耐蚀性、耐老化性比一些通用橡胶好，耐油突出。此外，它还有良好的耐水性。但丁腈橡胶的耐寒性差（丙烯腈含量愈高、耐寒性愈差），电绝缘性差，耐酸性差。丁腈橡胶主要用作各种耐油制品，如油箱、耐油胶管、密封垫圈、耐油运输带、印刷胶辊及耐油减震制品。

8.4 复合材料

复合材料是两种或两种以上不同化学成分或不同组织结构的物质，通过一定的工艺方法人工合成的多相固体材料。

复合材料既能保持各组成相的最佳性能，又具有组合后的新性能，同时还可以按照构件的结构、受力和功能等要求，给出预定的分布合理的配套性能，进行材料的最佳设计，而且材料与结构可一次成形。复合材料的某些性能，是单一材料无法比拟，也是无法具备的。例如，玻璃和树脂的强韧性都不高，但它们组成的复合材料(玻璃钢)却有很高的强度和韧性，而且重量很轻；导电铜片两边加上隔热、隔电塑料可实现在一定方向导电、另外方向绝缘及隔热的双重功能。

8.4.1　复合材料的组成及分类

1. 组成

复合材料至少包括两大类相组成：一类是基体，是连续相，起黏结、保护、传递外加载荷的作用。基体相可由金属、树脂、陶瓷等构成。另一类为增强材料，是分散相，起承受载荷、提高强度、韧性的作用。增强相的形态有细粒状、短纤维、连续纤维、片状等。

2. 分类

复合材料按基体的不同，可分为非金属基体和金属基体两类(金属基主要有 Al、Mg、Ti、Cu 等和它们的合金；非金属基体主要有合成树脂、橡胶、陶瓷和水泥等)；按增强相种类和形状的不同，可分为颗粒、晶须、层状及纤维增强复合材料；按性能不同，可分为结构复合材料和功能复合材料两类(结构复合材料是指用以制作结构和零件的复合材料；功能复合材料是指具有某些物理功能和效应的复合材料，如导电、超导、半导、磁性、阻尼、屏蔽等复合材料)。

8.4.2　复合材料的性能特点

复合材料的性能特点如下：

(1) 比强度和比模量高，可以在保持结构件高强度和高刚度的前提下，减轻零件的自重或体积。例如，用同等强度的树脂基复合材料和钢制造同一构件时，质量可以减轻 70% 以上。

(2) 疲劳强度高。例如，大多数金属的疲劳强度是其抗拉强度的 30%～50%，而碳纤维-聚醋树脂复合材料的疲劳强度是其抗拉强度的 70%～80%。

(3) 良好的减摩、耐磨性和较强的减振能力。例如，对相同形状和尺寸的梁进行振动试验，同时起振时，轻合金梁需 9 s 才能停止振动，而碳纤维复合材料的梁却只需 2.5 s 就停止振动。

(4) 高温性能好，抗蠕变能力强。例如，碳纤维增强碳化硅基体陶佳基复合材料用于航天飞机高温区，在 1700℃仍可保持 20℃时的抗拉强度，并且具有较好的抗压性能和较高的层间抗剪强度。

(5) 断裂安全性高。例如，纤维增强复合材料，基体中有大量细小纤维，过载时部分纤维断裂，载荷会迅速重新分配到未破坏的纤维上，不致造成构件在瞬间完全丧失承载能力而断裂。

(6) 成形工艺性好。对于形状复杂的零部件，根据受力情况可以一次整体成形，减少了零件、紧固件的接头数目，提高了材料的利用率。

有些复合材料还有良好的电绝缘性及光学、磁学特性等。但复合材料存在各向异性，不适用于复杂受力件,抗冲击能力还不是很好,且生产成本高,使其发展受到一定限制。

8.4.3 常用的复合材料

1. 纤维增强复合材料

纤维增强复合材料的性能主要取决于纤维的特性、含量和排布方式。常用的有玻璃纤维复合材料、碳纤维复合材料。

1) 玻璃纤维复合材料

(1) 热固性玻璃钢。

由玻璃纤维与热固性树脂(如酚醛树脂、环氧树脂、聚酯树脂和有机硅树脂等)复合的材料称为热固性玻璃钢。它具有质量轻,比强度高,耐腐蚀,绝缘性、绝热性及微波穿透性好,吸水性低,成形工艺简单等特点,但其弹性模量小,刚性差,耐热性差,易老化。热固性玻璃钢常用来作机器护罩、车辆车身、绝缘抗磁仪表、耐蚀耐压容器和管道及各种形状复杂的机器构件和车辆配件。

(2) 热塑性玻璃钢。

由玻璃纤维与热塑性树脂(如尼龙、ABS、聚苯乙烯等)复合的材料称为热塑性玻璃钢。它具有高的力学性能、介电性能、耐热性和抗老化性,成形性好,生产率高,且比强度不低等特点。尼龙 66 玻璃钢,刚度、强度、减摩性好,常用来制作轴承、轴承架、齿轮等精密件及汽车仪表、前后灯等;ABS 玻璃钢,常用来制作化工装置、管道、容器等;聚苯乙烯玻璃钢,常用来制作汽车内装制品、收音机机壳、空调叶片等。

2) 碳纤维复合材料

(1) 碳纤维-树脂复合材料。

最常用的是碳纤维与聚醋、酚醛、环氧、聚四氟乙烯等树脂组成的复合材料。它的特点是密度小,强度高,弹性模量大,比强度和比模量高,抗疲劳性能优良,耐冲击、耐磨、耐蚀及耐热。例如,碳纤维-环氧树脂复合材料的比强度和比模量都超过了铝合金、钢和玻璃钢,可用于制作飞机机身、螺旋桨、尾翼、宇宙飞船和航天器的外层材料,人造卫星和火箭的机架、壳体,各精密机器的齿轮、轴承以及化工容器和零件等。其缺点是纤维与基体结合力低,各向异性表现明显,耐高温性能差。

(2) 碳纤维-金属(或合金)复合材料。

① 碳纤维增强铝基复合材料。其特点是比强度和比模量高,高温强度、减摩性和导电性好,主要用于制造飞机蒙皮、螺旋桨、航天飞机外壳、运载火箭的大直径圆锥段等。

② 碳纤维增强铜基复合材料。它具有较高的强度,良好的导电、导热性,低的摩擦因数和高的耐磨性以及在一定温度范围内的尺寸稳定性,主要用于制造高负荷的滑动轴承、集成电路的电刷、滑块等。

2. 颗粒增强复合材料

(1) 金属陶瓷。金属陶瓷中常用的增强粒子为金属氧化物、碳化物、氧化物等陶瓷粒子,其体积分数通常要大于 20%。陶瓷粒子耐热性好,硬度高,但脆性大,一般采用粉末冶金法将陶瓷粒子与金属基体黏结在一起。典型的金属陶瓷如硬质合金。

(2) 弥散强化合金是一种将少量的颗粒尺寸极细的增强微粒,高度弥散地均匀分布在基体金属中的颗粒增强金属基复合材料。例如,用极细小的氧化物(Al_2O_3)颗粒与铜复合得到的弥散强化铜，既有良好的导电性，又可以在高温下保持适当的硬度和强度，常用来制作高功率电子管的电极、焊接机的电板、白炽灯引线、微波管等。

（3）表面复合材料。在工程上，有很多零件使用时要求局部区域表面耐磨、耐蚀。为降低成本，我们可预先将陶瓷颗粒与适量黏结剂混制成膏状，涂抹在铸型中零件所需要复合的位置，或者将陶瓷颗粒直接作成预制块放置在铸型中，在浇铸时一次成形。这种复合材料可灵活更换基体金属，最大限度地发挥复合层与基体的性能优势，大大提高表面复合层的耐磨性和其他特殊性能。它主要用于严酷工况的耐磨、耐蚀、耐高温零件。

3. 层状复合材料

塑料-金属多层复合材料这类复合材料的典型代表是 SF 型三层复合材料，其结构如图 8-10 所示。

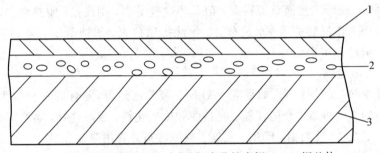

1—表面层（塑料）；2—中间层（多孔性青铜）；3—铜基体

图 8-10　SF 型三层复合材料结构

SF 型三层复合材料是以钢为基体，烧结铜网或铜球为中间层，塑料为表面层的一种自润滑材料。其整体性能取决于基体，而摩擦磨损性能取决于塑料。中间层系多孔性青铜，其作用是使三层之间有较强的结合力，且一旦塑料磨损露出青铜也不致磨伤轴。这种复合材料比用单一的塑料可提高承载能力 20 倍，提高热导率 50 倍，热膨胀系数降低 75%，因而提高了尺寸稳定性和耐磨性，适用于制作高应力、高温及低温和无油润滑条件下工作的各种滑动轴承，成品已应用于汽车、矿山机械、化工机械中。

8.5　新　材　料

新材料是指那些新出现或已在发展中、具有传统材料所不具备的优异性能和特殊功能的材料。新材料与传统材料之间并无截然的分界，新材料是在传统材料基础上发展而成的，传统材料经过对其成分、结构和工艺上的改进，进而提高材料性能或呈现新的性能都可发展成为新材料。新型材料种类繁多，应用广泛，发展迅速。

8.5.1　形状记忆合金

1. 概念

形状记忆合金是指具有形状记忆效应的合金。形状记忆效应是指合金经变形后，在一定条件下，仍能恢复到变形前的形状的现象。形状记忆效应产生的主要原因是热弹性马氏体相变，即是在一定温度和应力作用下，合金内部形成马氏体，马氏体发生弹性变形以及马氏体消失的相变过程的宏观表现。热弹性马氏体的特点是其体积随着温度的降低而长大;反之,随着温度升高而缩小,即表现出对热量呈弹性行为。

形状记忆效应有三种情况:

(1) 形状记忆合金在较低的温度下变形,加热后可恢复到变形前的形状。这种只在加热过程中存在的形状记忆现象称为单程记忆效应。

(2) 某些合金加热时能恢复高温相形状,冷却时也能恢复低温相形状的现象称为双程记忆效应。

(3) 加热时恢复高温相形状,冷却时变为形状相同而取向相反的低温相形状的现象称为全程记忆效应。

2. 典型的形状记忆合金及性能特点

1) Ti – Ni 系形状记忆合金

这是最具实用价值的记忆合金,在适宜温度范围内,经热-机械处理后能显示双程形状记忆效应。它除了形状记忆效应外,其室温下综合力学性能较好,而且还有很好的耐蚀性,优异的生物相容性及优越的超弹性(所谓超弹性是指合金可呈现出其弹性变形的应变量远远大于通常意义上的弹性变形)性能。

2) Cu 系形状记忆合金

目前,比较有实用开发价值的是 Cu – Zn – Al 合金和 Cu – Ni – Al 合金。其特点是价廉、生产过程简单,形状记忆性能好,相变点可在 $-100 \sim 300℃$ 范围内随成分变化进行调节。但它在长期或反复使用时,形状恢复率会减小,热稳定性差等是尚待探索解决的问题。解决合金晶粒粗大的途径是加入微量元素 V、B、Ti 等,可使晶糙细化。

3) Fe 系形状记忆合金

Fe 系形状记忆合金主要有 Fe – Mn – Si、Fe – Pt(铂)、Fe – Pd(钯)、Fe – Ni – Co – Ti 等系列合金。铁系合金具有强度高、理性好等优点。Fe – Mn – Si 系形状记忆合金是一种单程记忆效应的合金,特别适合作管接头用,具有成本低、强度高等优点。

3. 形状记忆合金的应用

最先报道的形状记忆合金应用的例子是制造月面天线。这种月面天线是用处于马氏体状态的 Ti – Ni 丝焊接成半环状天线,然后压缩成小团,用阿波罗火箭送上月球的。在月面上,小团被阳光晒热后又恢复原状,即可用于通信。对于体积大而难以运输的物体亦可用这种材料及方法制造。形状记忆效应和越弹性可广泛用于医学领域,如制造血栓过滤器、牙齿矫形丝、心脏修补元件等。用记忆合金作铆钉,铆接过程如图 8 – 11 所示。

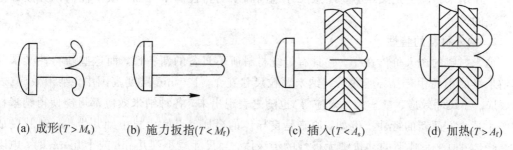

(a) 成形($T > M_s$)　　(b) 施力扳指($T < M_f$)　　(c) 插入($T < A_s$)　　(d) 加热($T > A_f$)

图 8 – 11　形状记忆铆钉的铆接过程示意图(T 为工作温度)

首先在较高的温度下,把铆钉作成图 8 – 11(a)所示(铆接以后)的形状;接着把它降温

至 M_f 以下的温度，并在此温度下把该铆钉的两脚扳成图 8-11(b)所示的形状(产生形变)；然后顺利地插入铆钉孔(如图 8-11(c)所示)；最后把温度回升至工作温度，这时，铆钉会自动地恢复到第一种形状(如图 8-11(d)所示)，即达到铆接的目的。这种铆钉适用于某些不易用通常方法手工或机械操作的场合，铆接牢固可靠。

用形状记忆合金制作连接套管如图 8-12 所示。

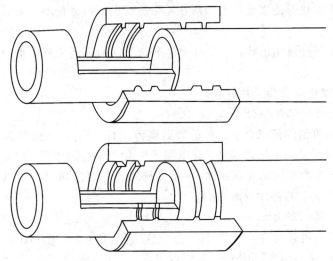

图 8-12 用形状记忆合金管接头连接管路

这种连接方式接触紧密，能防渗漏，装配时间短，连接质量优于焊接。如美国空军F-14飞机曾经用此类连接器连接油压系统和加压水系统的管道，近 30 万个接头，无一发生事故。

形状记忆材料兼有传感和驱动的双重功能，可以实现控制系统的微型化和智能化。

8.5.2 纳米材料

1. 概念

纳米材料是晶粒或晶界等显微构造能小到纳米尺寸水平(一般指在 1～100 nm 之间)并具有新特性的材料。应注意，纳米材料是以材料的尺寸来定义的材料领域，它并不特指某一种成分(组分)或某一类结构或某一类特性的材料，它跨越了原有各种材料的学科分类界限。在纳米材料的定义中，要注意尺寸范围和新的特性两个方面，缺少任何一方面都是不完整的。

2. 纳米材料的特性

纳米材料的诱人价值在于，它具有传统材料所不具备的新特性，而这些新特性又都与其纳米级的小尺寸有着必然联系。纳米颗粒尺寸在 1～100 nm 尺度范围中，纳米效应(表面效应、小尺寸效应、量子尺寸效应等)也随之表现出来，各种纳米效应都可能使得纳米材料产生某一方面新的特性。例如，原来是良导体的金属，当尺寸减小到几个 nm 时就变成了绝缘体；原来是典型的共价键无极性的绝缘体，当尺寸减小到几 nm 或十几 nm 时，电阻大大下降，甚至可能导电；原是铁磁性的粒子在几 nm 尺寸时可能变成超顺磁性，矫顽力为零；金属的熔点也会大大降低，如大块金和银的熔点分别是 1064℃和 960℃，而在 2 nm

时分别降至 330℃ 和 100℃。

3. 纳米材料的应用

纳米 TiN 改性 TiC 基金属陶瓷材料，主要是在金属陶瓷 TiC 中加入纳米 TiN 以细化晶粒。晶粒细小有利于提高材料的强度、硬度和断裂韧度，因此纳米 TiN 改性 TiC 基金属陶瓷刀具具有优良的力学性能，是一种高技术含量和高附加值的新型刀具，在切削加工领域可以部分取代 YG8、YT15 等硬质合金刀具，刀具的寿命提高两倍以上，生产成本与 YG8 刀具相当或略低。

纳米级的磁粉(如 Fe_3O_4 等)表面经油酸涂覆，加入到某种液相载体中，得到稳定的高度分散的磁性胶体材料称为磁流体。它具有固体的强磁性和流体的流动性，不仅具有高的磁化强度，而且可以任意改变形状，特别适用于对高速旋转轴的密封。其密封原理是：在旋转轴的部位加一个环形磁场，在转动轴与套体间隙中加入磁流体，从而把转动轴密封起来且不增加转动阻力。如磁盘驱动器的防尘密封、高真空旋转密封等。磁流体还可作为磁性离合器、轴承制动系统中的磁液传感器以及用于高灵敏度测量和非接触式测量等。

运用纳米 Al_2O_3 生物相溶性好、耐磨损等特性，可制作人工关节等；运用纳米材料的反光性及对电磁波的吸收性，可制造隐形飞机和坦克及减小电磁波的污染等；纳米超细原料，在较低的温度快速熔合，可制成常规条件下得不到的非平衡合金，为新型合金的研制开辟了新的途径。

8.5.3 非晶态合金

1. 概念

物质就其原子排列方式来说，可以划分为晶体和非晶体两种。材料的原子呈规则排列的就是晶体；原子呈无规则排列的就是非晶体。1960 年美国用快冷首次获得了非晶态的合金 $Au_{70}Si_{30}$，1967 年又得到非晶合金 $Fe_{86}P_{12.5}C_{7.5}$，并发现非晶态金属具有很多常规晶态金属所不具备的优越性能。由于非晶合金在结构上与玻璃相似，故亦称为金属玻璃。

2. 非晶态合金的制备

非晶态合金的制备可采用液相急冷法、气相沉积法、注入法等。液相急冷法即通过快速冷却来获得非晶态固体材料。从理论上说，任何液体都可通过快速冷却获得非晶态，但事实证明，不同的物质形成非晶态所需要的冷却速度大不相同。例如，对于硅酸盐(玻璃)和有机聚合物来说，在正常的冷却速度下都可以获得非晶固体；而纯金属，只有当冷却速度越过临界冷却速度(约 $10^{10}\ K \cdot s^{-1}$)，使其来不及形核和核长大就被凝固住了，才能得到非晶态。目前，采用的一种快速凝固的工艺已能制出粉末状、丝状、带状等非晶态合金材料。如将处于熔融状态的高温钢水喷射到高速旋转的冷却辊上，钢液以每秒百万度的速度迅速冷却，仅用千分之一秒的时间就将 1300℃ 的钢水降到 200℃ 以下，形成非晶带材。

3. 非晶态合金的特点

(1) 高强韧性。其抗拉强度可达到 3000 MPa 以上，而超高强度钢(晶态)抗拉强度仅为 1800～2000 MPa。另外，许多淬火态的非晶态合金薄带可反复弯曲，即使弯曲 180° 也不会断裂。

(2) 耐腐蚀性。它具有很强的耐腐蚀性，其主要原因是凝固时能迅速形成致密、均匀、稳定的高纯度钝化膜。

（3）优良的磁性。与传统的金属磁性材料相比，由于非晶合金原子排列无序，没有晶体的各向异性，而且电阻率高，具有高的磁导率，低的损耗，是优良的软磁材料。

（4）工艺简单、节能、环保。非晶合金薄带成品的制造是在炼钢之后直接喷带的，只需一步就完成制造，工艺大大简化，节能，无污染，有利于环境保护。

4. 典型的非晶态合金

（1）铁基非晶合金。

铁基非晶合金的主要成分为 Fe、Si、B、C、P。其特点是磁性强，软磁性能优于硅钢片，价格便宜，最适合替代硅钢片，用作中低频变压器的铁芯。

（2）铁镍基非晶合金。

铁镍基非晶合金的主要成分为 Fe、Ni、Si、B、P。其特点是磁性比较弱，但磁导率比较高，价格较贵，可以代替硅钢片或者坡莫合金（Fe-Ni 合金），用作高要求的中低频变压器铁芯。

（3）钴基非晶合金。

钴基非晶合金的主要成分为 Co、Fe、Si、B。其特点是磁性较弱，但磁导率极高，价格很贵，一般替代坡莫合金和铁氧体用于要求严格的军工电源中的变压器、电感等。

（4）铁基纳米晶合金（超微晶合金）。

铁基纳米晶合金的主要成分为 Fe、Si、B 和少量的 Cu、Mo、Nb 等，其中 Cu 和 Nb 是获得纳米晶结构必不可少的元素。它们先被制成非晶带材，然后经适当退火，形成微晶和非晶的混合组织。这类合金的突出优点是兼备了铁基非晶合金的高磁感和钴基非晶合金的高磁导率、低损耗，是成本低廉的铁基材料。它可替代钴基非晶合金、晶态坡莫合金和铁氧体，在高频电力电子和电子信息领域中获得广泛应用，以达到减小体积、降低成本等目的。

5. 非晶态合金的应用

我们在日常生产生活中接触的非晶态材料已经很多，例如，用非晶态合金制备的高耐磨音频视频磁头在高档录音、录像机中的广泛应用。常常有人对图书馆或超市中书或物品中所暗藏的报警设施感到惊讶，其实，这不过是非晶态软磁材料在其中发挥着作用，非晶合金条带可以夹在书籍或者商品中，也可以作成商品标签，如果商品尚未付款就被带出，则在出口处的检测装置就会发出信号报警。用非晶态合金制作配电变压器铁芯，它比硅钢片作铁芯变压器的空载损耗下降 75% 左右，空载电流下降约 80%，是目前节能效果较理想的配电变压器，特别适用于电效率低的农村电网。在逆变焊机电源中纳米晶合金已经获得广泛应用。

8.6　工程应用案例——用于海水淡化的反渗透膜材料

海洋里的鱼儿，喝的是含有盐分的咸水，但其鱼肉味却基本是淡的。有什么奥秘呢？

研究发现，原来海洋鱼类及海洋动物的口腔黏膜或内腔黏膜都是一种半渗透膜，它们喝进海水后，口腔黏膜或内腔黏膜将海水隔置在腔内，通过吸气不断对内腔加压，压差的作用促使水分子顺利地通过半渗透膜进入机体内，而盐分则渗透不出去，仍禁锢在腔内，然后由排泄道排出体外，所以自身肉体不会被腌咸。

反渗透法的基本理论架构：在一个装置里用一张半透膜，将盐水和纯水分开（如图 8-

13(a)所示)，纯水就会自发地透过膜扩散到盐水一侧，从而使盐水一侧的液面逐渐升高，直至达到渗透平衡(如图 8 – 13(b)所示)，这个过程为渗透。此时，盐水一侧高出的水柱静压称为渗透压。如果在盐水一侧施加一个大于盐水渗透压的压力，那么盐水中的水分子就会透过膜反渗透到纯水一侧(如图 8 – 13(c)所示)，从而得到纯水，这就是反渗透物理过程，这个半透膜就叫做反渗透膜。

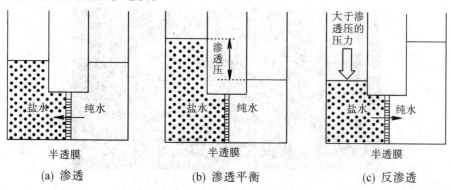

图 8 – 13 反渗透过程示意图

反渗透法由于具有设备投资节省，能量消耗低，建造周期短，淡化水成本低(2005 年，典型的大规模反渗透海水淡化的每吨水成本已不到 0.5 美元)等诸多优点，发展迅速，现已成为付诸商业应用的主要海水淡化技术之一。

反渗透膜是反渗透法的核心，是反渗透分离技术的基础，常用高分子材料制成，表面微孔的直径一般为 0.5～10 nm。水的渗透性大小与膜本身的化学结构有关。有的高分子材料虽然对盐的排斥性好(即脱盐率高)，但亲水基团少，水的渗透性差；有的材料具有较多亲水基团，水的渗透性好，但对盐的排斥性较差。即使满足了水的渗透性大，脱盐率高，反渗透膜还需要满足下述三个要求，才能实现在应用上的可靠性和形成工业规模的经济性。

(1) 反渗透膜应具有一定的强度和使用寿命，不致因水的压力和拉力影响而变形、破裂，保证稳定的产水量。

(2) 反渗透膜具有好的耐温、耐酸碱、耐氧化、耐水解和耐生物侵蚀性能。

(3) 成本低。

因此，自 1962 年制备出第一张有实际使用价值(脱盐率达 98.6%、10.1 MPa 操作压力下，水的渗透性为 10.8 L/(m² · h))的醋酸纤维素膜至今，实现工业化应用的反渗膜并不多，它主要分为醋酸纤维素膜和芳香聚酰胺膜两类，其组件有中空纤维式、卷式、板框式和管式四种。

醋酸纤维素膜常以含纤维素的棉花、木材等为原料，经过酯化和水解反应制成醋酸纤维素，再加工成膜。芳香聚酰胺膜由芳香族聚酰胺、芳香族聚酰胺-酰肼以及一些含氮芳香聚合物加工而成。醋酸纤维素膜的优点是制备简单，价格低廉，耐游离氯，表面光洁；但淡化所用海水的 pH 值范围窄、耐热性差，易发生化学和生物降解且操作所需压力高。随着具有脱盐率高、渗透性大、操作压力低、耐生物降解等优点的芳香聚酰胺膜的出现，醋酸纤维素膜的市场份额正逐渐减小。

世界上海水淡化运用最多的地方是干旱的中东地区，那里盛产石油，但是淡水资源匮乏，对当地人来说，水比油贵（据统计，2009 年送到居民手中的每吨水最高成本超过 100 美元），沙特、以色列等中东国家 70% 的淡水资源均来自海水淡化。全球海水淡化规模最大、技术最好的国家就是以色列，拥有 3 座大型反渗透海水淡化厂，年产淡水 $2.3 \times 10^8 \, m^3$，供应全国 50% 的用水。其中，2010 年 5 月投入使用的哈代拉海水淡化厂（如图 8-14 所示）年产淡水量达到 $1.27 \times 10^8 \, m^3$，为现有世界最大的反渗透海水淡化厂。

图 8-14　哈代拉海水淡化厂的管式反渗透膜

习题与思考题 8

8-1　塑料、合成纤维、合成橡胶、复合材料各有哪些主要特点？

8-2　塑料的主要成分是什么？各起什么作用？

8-3　试比较 ABS、尼龙、聚甲醛、聚碳酸酯的性能，并指出它们的应用场合及特点。

8-4　试比较热塑性塑料和热固性塑料的结构、性能和成形工艺特点。

8-5　合成纤维如何分类？常用的有哪些？

8-6　简述橡胶的分类和组成。

8-7　何谓复合材料？它有哪些种类？

8-8　列举一些复合材料的例子，并指出这些材料中哪些是增强组分，哪些是基体。

8-9　什么是形状记忆效应？形状记忆合金主要有哪两种？

8-10　什么是纳米材料？举例说明纳米效应使纳米材料具有哪些新特性。

8-11　什么是非晶合金？常用非晶态合金有哪几种？各有什么特点？

第 二 篇

工程材料成形技术基础

第9章 铸造成形

9.1 铸造成形理论基础

铸造是将液态金属或合金利用其自身重力或压力、离心力等外力场，浇注到与零件的形状、尺寸相适应的铸型内，待其冷却凝固后，获得所需形状和性能的毛坯或零件的方法。

在机械制造业中，铸造已成为制造零件和毛坯的主要方法，尤其适合于制造内腔和外形复杂的毛坯或零件，而且铸件的大小、重量、批量及材质几乎都不受限制，适用范围广泛。对于塑性很差的材料如铸铁，铸造是制造其零件或毛坯的唯一方法。此外，铸造的成本较低，但是铸造工艺复杂，废品率较高，铸件易出现晶粒粗大、缩孔、缩松和气孔等缺陷，导致铸件的力学性能较低。

9.1.1 液态合金的流动性与充型能力

液态合金的流动能力称为合金的流动性。液态合金的流动性好坏，常用螺旋形试样来测定。螺旋形试样示意图如图9-1所示。将金属液浇入螺旋形铸型型腔中，冷却凝固后，形成螺旋形试件，在相同铸型及浇注条件下，浇注出的螺旋形试样越长，合金的流动性越好。

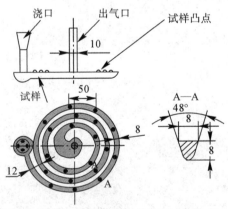

图9-1 螺旋形试样示意图

液态合金充填铸型获得形状完整、尺寸精确、轮廓清晰的铸件的能力称为合金充型能力。不同合金具有不同的充型能力。合金的充型能力差，将会导致浇注不足、冷隔等缺陷，从而使铸件的力学性能大大下降。影响合金充型能力的因素主要有流动性、浇注条件、铸型条件及铸件结构。

1. 流动性

流动性好，易于浇出轮廓清晰、薄而复杂的铸件，有利于非金属夹杂物和气体的上浮和排除,易于对铸件的收缩进行补缩。

合金化学成分是影响合金流动性的主要因素。如共晶成分合金凝固温度最低,在相同浇注初始温度条件下,合金处于液态时的温度范围最宽,在铸型中以液态形式流动的时间最长,因此铸出的螺旋形试件也最长,合金流动性最好。除共晶成分合金外,其他合金成分越远离共晶点,结晶开始温度越高,在相同浇注初始温度条件下,合金处于纯液态的温度范围越窄,在铸型中以纯液态形式流动的时间越短,因此铸出的试样长度越短,流动性也越差。由图 9-2 可知,纯铁和共晶铸铁的流动性最好,亚共晶铸铁随含碳量的增加,流动性提高,越接近共晶成分,流动性越好,越容易铸造。

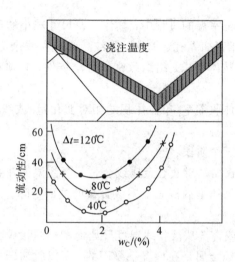

图 9-2 铁碳合金流动性与相图的关系

2. 浇注条件

(1) 浇注温度。适当提高液态金属或合金的浇注温度能改善其流动性,提高充型能力。因为浇注温度越高,液态金属或合金在铸型中保持液态流动的能力越强,所以对薄壁铸件或流动性较差的金属或合金,可适当提高浇注温度以防浇不足和冷隔。但是,浇注温度过高又会使液态金属或合金严重吸气、增大收缩,使铸件产生气孔、缩孔、缩松和晶粒粗大等缺陷。通常,灰铸铁的浇注温度为 1200～1380℃,铸钢为 1520～1620℃,铝合金为 680～780℃。

(2) 充型压力。液态金属或合金在流动方向上受的压力愈大,其充型能力愈强。生产中,压力铸造、低压铸造、离心铸造及真空吸铸等工艺都利用增大充型压力的方式来提高液态合金的充型能力,从而提高铸件质量。

3. 铸型条件

凡是铸型方面能增大液态金属或合金流动阻力,降低流动速度和加快铸型冷却速度的因素均会降低充型能力。

(1) 铸型导热系数。铸型导热系数越小,传递热量的速度越慢,铸型内液态合金保温效果越好,流动时间越长,充型能力也越强;反之,充型能力越差。

(2) 铸型预热温度。把铸型预热到适当温度,可以减少铸型和液体合金之间的温差,从而减缓合金冷却速度,提高合金充型能力。

（3）铸型透气性。高温液体合金浇入铸型时，巨大热量会使铸型中的气体膨胀，型砂中的少量水分还会汽化，煤粉、木屑或其他有机物会燃烧产生大量的气体。这些气体会使型腔中的压力急剧升高，从而阻碍液态合金流动，降低合金充型能力。因此，铸型需要良好的透气性。

（4）浇注系统的结构。各浇道的结构愈复杂，流动阻力愈大，充型能力愈差。

4. 铸件结构

铸件的壁薄、结构复杂，均会降低金属或合金的充型能力。

9.1.2 铸造合金的收缩

铸造合金从液态冷却至室温的过程中，其体积及尺寸减小的现象称为收缩。

收缩是铸件中许多缺陷（如缩孔、缩松、裂纹、变形和残余应力等）产生的基本原因。为了获得形状和尺寸符合技术要求、组织致密的健全铸件，必须对收缩状况有充分了解并加以控制。

合金的收缩量通常用体收缩率（单位体积的相对变化量）或线收缩率（单位长度的相对变化量）来表示。

合金收缩过程可分为三个阶段：

（1）液态收缩。液态收缩是指液态金属或合金从浇注温度开始到冷却至液相线温度为止所产生的收缩。它表现为铸型内液态金属或合金的液面下降。浇注温度差越高，体收缩越大。

（2）凝固收缩。金属或合金从液相线温度开始冷却到固相线温度所产生的收缩为凝固收缩。共晶成分的合金或纯金属是在恒温下凝固的，所以收缩较小。有结晶温度范围的合金，其凝固收缩随凝固温度范围的变宽而增大。液态收缩和凝固收缩都会引起液态合金体积缩小，表现为内液面凹陷，它是缩孔和缩松等缺陷形成的主要原因。

（3）固态收缩。自固相线温度冷却至室温间所产生的收缩为固态收缩。它表现为铸件外形尺寸的减小，通常用线收缩率表示。线收缩是铸造应力、变形和裂纹等铸件缺陷产生的重要原因。

总之，铸造金属或合金的总收缩量是以上三阶段收缩量之和。

影响收缩的因素主要有以下三个方面：

（1）化学成分。不同的合金收缩率也不同。在常用合金中，铸钢收缩最大，灰口铸铁收缩最小。因为灰口铸铁中大部分碳是以石墨状态存在的，而石墨的比体积大，在结晶过程中，石墨析出所产生的体积膨胀抵消了合金的部分收缩。

（2）浇注温度。浇注温度升高，合金液态收缩量增加，故合金总收缩量增大。

（3）铸件结构和铸型条件的影响。铸件在铸型中是受阻收缩而不是自由收缩。阻力来自于铸型或型芯。此外，铸件的壁厚不同，各处的冷却速度不同，冷凝时铸件各部分相互制约也会产生阻力。因此，铸件的实际线收缩率比合金的自由线收缩率要小，在设计铸件时，应根据铸造合金的种类、铸件的复杂程度和大小选取适当的线收缩率。

9.1.3 缩孔和缩松

浇入铸型中的液态金属或合金在随后的冷却和凝固过程中，若其由液态收缩和凝固收缩引起的容积缩减得不到补充，会在铸件最后凝固的部位形成孔洞，大而集中的叫缩孔，细小且分散的叫缩松。

1. 缩孔

由合金收缩产生的集中在铸件上部或最后凝固部位且容积较大的孔洞称为缩孔。缩孔一般呈倒圆锥形（类似心形），内表面比较粗糙，一般隐藏在铸件内部。圆柱体铸件缩孔形成过程如图 9-3 所示。

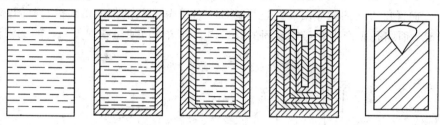

图 9-3　缩孔形成过程示意图

2. 缩松

由合金收缩产生的分散在铸件某区域内的细小缩孔称为缩松。缩松可分为宏观缩松和显微缩松两种。能用肉眼或放大镜看出的缩松称为宏观缩松，这种缩松多分布在铸件中心轴线处或缩孔下方。而分布在晶粒之间，只能用显微镜才能观察出来的缩松称为显微缩松，这种缩松分布面积更为广泛，甚至遍及整个截面，很难完全避免，一般不作为缺陷对待。缩松形成过程如图 9-4 所示。

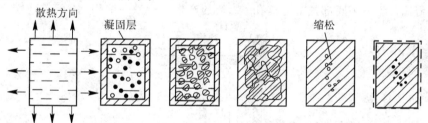

图 9-4　缩松形成过程示意图

3. 影响缩孔、缩松的因素

影响缩孔和缩松的因素有如下几个方面：

（1）合金成分。凝固温度范围越窄的合金，越容易产生缩孔。凝固温度范围越宽的合金，越容易产生缩松。

（2）浇注条件。合金浇注温度愈高，液态收缩也愈大，愈易产生缩孔。浇注速度慢或向冒口中不断补浇高温合金液体，使铸件液态收缩和凝固收缩及时得到补偿，铸件总体积收缩缩小，缩孔容积也减小。此外，铸型金属型比砂型冷却能力强，冷却速度也较快，使凝固区域变窄，缩松减少。

（3）铸件结构。铸件复杂程度、铸件壁厚及壁与壁的连接等，都与缩孔、缩松的形成有密切关系。

4. 缩孔和缩松的防止

缩孔和缩松可使铸件力学性能、气密性和物理化学性能大大降低，以至成为废品，是极其有害的铸造缺陷之一。集中缩孔易于检查和修补,便于采取工艺措施防止。但缩松,特别是显微缩松,分布面广,既难以补缩,又难以发现,因此,必须采取适当的工艺措施加以预防。

生产中常采用顺序凝固的工艺来防止缩孔和缩松的产生。顺序凝固就是在铸件上可能出现缩孔的厚大部位安放冒口,使铸件上远离冒口的部位先凝固(图9-5中的Ⅰ部分),然后是靠近冒口的部位凝固(图9-5中的Ⅱ、Ⅲ部分),最后才是冒口本身的凝固,实现由远离冒口部分向冒口方向的顺序凝固。这样铸件上各部分的收缩都能得到稍后凝固部分合金液体的补充,而缩孔则产生在最后凝固的冒口内,切除冒口便可获得无缩孔的致密铸件。

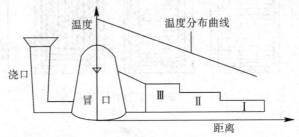

图9-5 顺序凝固

除采用安放冒口的措施外,还有其他一些辅助措施,如在铸件上的厚大部位(也称热节)安放冷铁。从图9-6可以看出,铸件上易产生缩孔的厚大部位即热节不止一个,仅靠顶部冒口补缩难以保证底部厚大部位不出现缩孔,因此在该处设置冷铁,使其实现自下而上的顺序凝固,防止了底部热节处缩孔、缩松的产生。冷铁一般用钢、铸铁或铜制成。

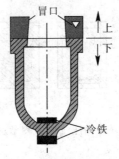

图9-6 冷铁的应用

此外,还可采用设置补贴的方法来增强补缩效果,如对壁厚均匀的铸件,在顶部设冒口和底部安放冷铁后,也难以保证其垂直壁处不出现缩孔和缩松,需在其立壁处增加补贴(即一个楔形厚度),以便形成从下而上增加的温度梯度,利于实现铸件顺序凝固。

顺序凝固方法虽然有效地防止了缩孔和缩松的产生,但也增大了铸件各部分的温差,增加了铸件变形和产生裂纹的可能性。因此,这种方法主要用于必须补缩的材料,如铝青铜、铝硅合金和铸钢等。

9.1.4 铸造内应力及铸件的变形

铸件凝固后进入固态收缩阶段,若收缩受到阻碍,铸件内部所产生的应力为铸造应力。它是铸件产生变形和裂纹的基本原因。

1. 铸造应力

按应力产生的原因，铸造应力分为热应力和机械应力两种。

1）热应力

热应力是指因铸件壁厚不均匀或各部分冷却速度不同，致使铸件各部分的收缩不同步而引起的应力。以框形铸件为例，其热应力形成过程如图9-7所示。其中图(a)表示铸件处于高温固态，尚无应力产生；图(b)表示铸件因冷却开始固态收缩，两旁细杆冷却快、收缩早，受到中间粗杆的限制，将上、下梁拉弯，此时，中间粗杆处于压应力状态，两旁细杆处于拉应力状态；图(c)表示中间粗杆温度较高，强度较低，但塑性较好，产生压缩塑性变形使热应力消失；图(d)表示两旁细杆冷至室温，收缩终止，而中间粗杆冷却慢，继续收缩又受到两旁细杆的限制，此时，中间粗杆处于拉应力状态，两旁细杆处于压应力状态并失稳产生弯曲。

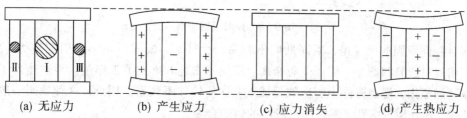

(a) 无应力　　　　(b) 产生应力　　　　(c) 应力消失　　　　(d) 产生热应力

图9-7 框架式铸件热应力形成示意图

因此，对有厚薄壁和冷却速度差别的铸件而言，热应力使其冷却速度较慢的厚壁部分或心部受到拉伸，冷却速度较快的薄壁部分或表层受到压缩。铸件壁厚差越大，合金线收缩率越高，弹性模量越大，则热应力也越大。

2）机械应力

当铸件冷固态收缩时，受到铸型、型芯及浇、冒口等的机械阻碍而产生的应力称为机械应力。法兰收缩受到机械阻碍如图9-8所示。机械应力一般是弹性拉应力或切应力，形成弹性力的原因一经消除，机械应力也随之消失，因此机械应力是一种临时应力。但机械应力在铸型中可与热应力共同起作用，可以在某一瞬间增大某些部位的拉应力，如果拉应力超过了铸件的强度极限，铸件将产生裂纹。

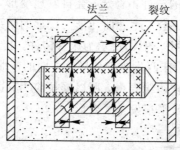

图9-8 法兰收缩受到机械阻碍

铸造应力对铸件质量危害很大，能使铸件精度和使用寿命大大降低，还会使铸件发生翘曲变形或裂纹等缺陷，甚至降低铸件的耐腐蚀性，因此应尽量减小铸造应力。减小铸造应力的主要方法如下：

（1）采用同时凝固原则。

预防热应力的基本途径是尽量减少铸件各部位间的温度差，使其均匀冷却。在铸造工艺中，采用同时凝固原则，可最大限度地减小和消除各部位间的温差。同时凝固原则如图9-9所示。

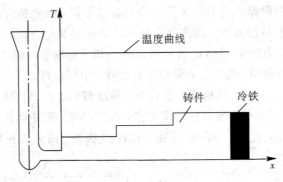

图9-9　同时凝固原则

同时凝固原则的优点是：凝固期间不容易产生热裂，凝固后也不易引起应力、变形；由于不用冒口或冒口很小，因而节省金属，简化了工艺，减少了工作量。但这违反了前述的顺序凝固原则，易在铸件中心区域形成缩松，使铸件不致密。因此，这种原则一般适用于灰铸铁、锡青铜等缩孔、缩松倾向较小的铸造合金。

（2）铸件结构设计合理。

铸件各部分要能自由收缩，尽量避免能产生牵制收缩的结构。因此，壁厚要设计均匀，壁与壁之间要均匀过渡，采用热节小而分散的结构等。

（3）时效处理。

将铸件置于室外等自然条件下，使内应力自然释放，这种方法称为自然时效。将灰铸铁中、小件加热到550～660℃的塑性状态，保温3～6 h后缓慢冷却，也可消除铸件中的残余应力，这种方法称为人工时效或去应力退火。生产中的人工时效通常是在铸件粗加工后进行的，可将原有铸造内应力和粗加工后产生的热应力一并消除。

2. 铸件的变形

铸件变形的产生是由于壁厚不均匀的铸件内部有残留应力，即厚的部位受拉应力，薄的部位受压应力。带有内应力的铸件不稳定，会自发地变形，趋于稳定。当残余铸造应力超过铸件材料的屈服点时，往往会发生翘曲变形。变形的结果是受拉部位趋于缩短，受压部位趋于伸长。如图9-10所示，图（a）所示为床身铸件，其导轨部分较厚，受拉应力；其床壁部分较薄，受压应力，于是床身发生朝着导轨方向的弯曲，使导轨下凹。图（b）所示为一平板铸件，其中心部位散热较边缘要慢，所以受拉应力；边缘处则受压应力，且平板的上表面比下表面冷却得快，于是平板发生了变形。

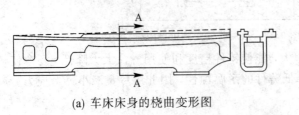
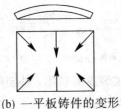

(a) 车床床身的桡曲变形图　　　　　(b) 一平板铸件的变形

图9-10　铸件的变形示意图

生产中，常用下面几种方法来防止铸件变形：

（1）设计铸件时，尽可能使铸件壁厚均匀、形状对称。

（2）浇注铸件时，采取同时凝固方法，尽量使铸件均匀冷却。

（3）采用反变形法。在模样上作出与翘曲量相等但方向相反的预变形来消除铸件的变形。反变形法适用于细长、易变形铸件。

（4）对具有一定塑性的铸件，在变形后可用机械方法矫正。

9.2　砂型铸造

砂型铸造是一种传统的铸造方法，它是利用具有一定性能的原砂作为主要造型材料的铸造方法，是最基本、也是最普遍获得铸件的方法。砂型铸造过程如图 9-11 所示。

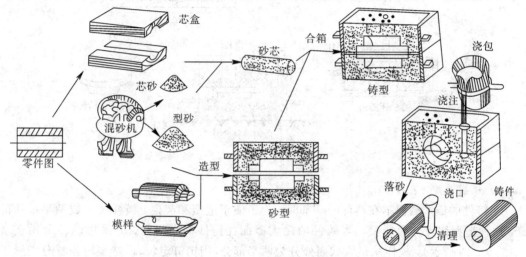

图 9-11　砂型铸造过程

首先根据零件的形状和尺寸，设计制造模样和型芯盒；接着配制型砂和芯砂；然后用模样制造砂型，用型芯盒制造型芯，把烘干的型芯装入砂型并合型；最后将熔化的液态金属浇入铸型，待凝固后经过落砂、清理、检验即可得到铸件。

9.2.1　造型方法

造型是砂型铸造中最基本、最重要的工序，一般分为手工造型和机器造型两种。

1. 手工造型

手工造型是指造型和制芯的主要工作均由手工完成。其特点如下：

（1）操作灵活，可按铸件尺寸、形状、批量与现场生产条件灵活地选用具体的造型方法。

（2）工艺适应性强。

（3）生产准备周期短。

（4）生产效率低。

（5）质量稳定性差，铸件尺寸精度、表面质量较差。

（6）对工人技术要求高，劳动强度大。

手工造型主要应用于单件、小批生产或难以用造型机械生产的形状复杂的大型铸件生产中。

手工造型的方法很多，常用的有以下几种：

1）整模造型

对于形状简单、端部为平面且又是最大截面的铸件，应采用整模造型。整模造型操作简便，造型时整个模样全部置于一个砂箱内，不会出现错箱缺陷。整模造型适用于形状简单、最大截面在端部的铸件，如齿轮坯、轴承座、罩、壳等（如图 9-12 所示）。

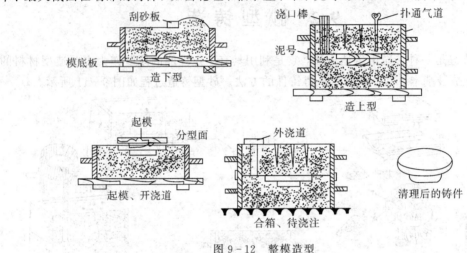

图 9-12　整模造型

2）分模造型

当铸件的最大截面不在铸件的端部时，为了便于造型和起模，模样要分成两半或几部分，这种造型称为分模造型。当铸件的最大截面在铸件的中间时，应采用两箱分模造型（如图 9-13 所示），模样从最大截面处分为两半部分（用销钉定位）。造型时模样分别置于上、下砂箱中，分模面（模样与模样间的接合面）与分型面（砂型与砂型间的接合面）位置相重合。两箱分模造型广泛用于形状比较复杂的铸件生产，如水管、轴套、阀体等有孔铸件。

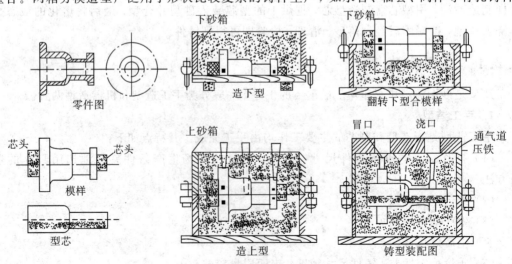

图 9-13　套管的分模两箱造型过程

3）活块模造型

将铸件上妨碍起模的部分（如凸台、筋条等）作成活块，用销子或燕尾结构使活块与模样主体形成可拆连接。起模时先取出模样主体，活块模仍留在铸型中，起模后再从侧面取出活块的造型方法称为活块模造型（如图 9-14 所示）。活块模造型主要用于带有突出部分而妨碍起模的铸件、单件小批量、手工造型的场合。如果这类铸件大批量生产，需要机器造型时，可以用砂芯形成妨碍起模的那部分轮廓。

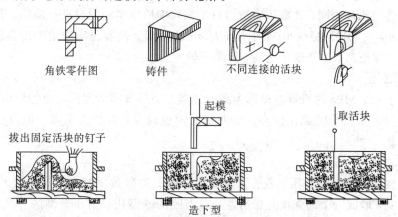

图 9-14　角铁的活块模造型工艺过程

4）挖砂造型

当铸件的外部轮廓为曲面（如手轮等），其最大截面不在端部，且模样又不宜分成两半时，应将模样作成整体，造型时挖掉妨碍取出模样的那部分型砂，这种造型方法称为挖砂造型。挖砂造型的分型面为曲面，造型时为了保证顺利起模，必须把砂挖到模样最大截面处（如图 9-15 所示）。由于是手工挖砂，操作技术要求高，生产效率低，因此挖砂造型只适用于单件、小批量生产。

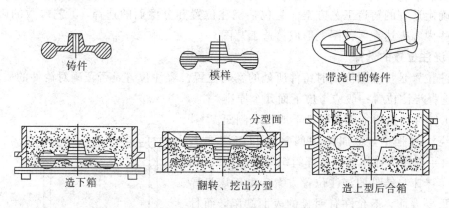

图 9-15　手轮的挖砂造型工艺过程

2．机器造型

机器造型是指用机械设备实现紧砂和起模的造型方法。与手工造型方法相比，机器造型既提高了生产率，改善了劳动条件，又提高了铸件精度和表面质量。但是机器造型所用造型设备和工艺装备的费用高，生产准备时间长，它只适用于中、小铸件成批或大量的生产。

1）震压造型

以压缩空气为动力的震压造型机最为常用。通过震击使得砂箱下部的型砂在惯性力下紧实，再用压头将砂箱上部松散的型砂压实。震压造型机的结构简单，价格较低，但它噪声大，砂型紧实度不高。

2）微震压实造型

和震压造型原理相同，微震压实造型只是在对型砂压实的同时进行微震。微震是指频率高（480～900 次/分）、振幅小（小于几十毫米）的振动。微震压实造型机比震压造型机紧实砂型的紧实度更高，生产效率也高，但噪声较大。

3）高压造型

压力大于 0.7 MPa 的机器造型称为高压造型。高压微震造型机制出的砂型紧实度、铸件尺寸精度和表面光洁度都比较高，噪声和灰尘也较少，生产效率高。但该设备结构复杂，价格昂贵。

4）射压造型

射压造型是采用射砂和压实复合方法紧实型砂。型砂被压缩空气高速射入造型室内，再由高压压实，形成一个高强度并带有左、右型腔的砂型块。射压造型法尺寸精度、生产效率都较高，机器结构简单，易于自动化。

5）抛砂造型

对于大砂型，可用抛砂造型机来造型。抛砂造型机中高速放置的叶片把型砂高速抛到砂箱中紧实。抛砂造型机结构简单，特别适用于大型铸件造型，可大大减轻劳动强度，节省劳动力。

9.2.2 铸造工艺设计

铸造工艺设计是生产铸件的第一步，需根据零件的结构、技术要求、批量大小及生产条件等确定适宜的铸造工艺方案。它包括浇注位置和分型面的选择，工艺参数的确定等，并将这些内容表达在零件图上形成铸造工艺图。

1. 浇注位置的选择

浇注位置是指金属浇注时铸件所处的空间位置。浇注位置是否正确对铸件的质量影响很大，选择浇注位置一般应考虑下面几个原则。

（1）铸件的重要加工面应朝下或位于侧面。

在浇注过程中，金属液中的气体和熔渣往上浮，且由于静压力作用铸件下部组织致密。图9-16所示为车床床身铸件的浇注位置方案。由于床身导轨面是重要表面，不允许有明显的表面缺陷，而且要求组织致密，因此应将导轨面朝下浇注。

（2）铸件的大平面应朝下。

铸型的上表面除了容易产生砂眼、气孔、夹渣等缺陷外，大平面还常容易产生夹砂缺陷。因此，平板、圆盘类铸件的大平面应朝下浇注。

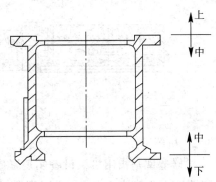

图 9-16 车床床身的浇注位置

（3）面积较大的薄壁部分置于铸型下部或使其处于垂直、倾斜位置。

通过增加薄壁处金属液的压强，提高金属液的流动性，防止薄壁部分产生浇不足或冷隔缺陷。薄壁件的浇注位置如图 9-17 所示。

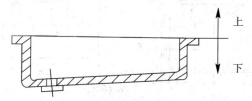

图 9-17　薄壁件的浇注位置

（4）应将容易产生缩孔的厚大部分放在分型面附近的上部或侧面。

这是为了便于在铸件厚壁处直接安置冒口，使之实现自下而上的定向凝固。如图 9-18 所示的铸钢卷扬筒浇注位置方案，浇注时厚端放在上部是合理的；反之，若厚端在下部，则难以补缩。

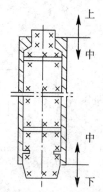

图 9-18　卷扬筒的浇注位置

2. 分型面的选择

分型面是指砂箱间可分开的接触表面。分型面如果选择不当，不仅会影响铸件质量，而且还会使制模、造型、制芯、合箱或清理等工序复杂化，甚至还会增大切削加工的工作量。因此，在保证铸件质量的前提下，分型面的选择应遵循下面几个具体原则。

（1）分型面应设在铸件最大截面处，能保证模样从型腔中顺利取出。

（2）尽量使分型面平直。

图 9-19 所示为一起重臂铸件，按图中所示的分型面为一平面，故可采用较简便的分模造型。如果选用弯曲分型面，则需采用挖砂或假箱造型，而在大量生产中则使机器造型的模底板的制造费用增加。

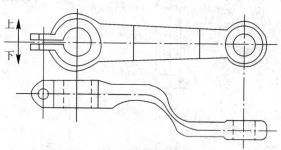

图 9-19　起重臂的分型面

（3）应尽量使铸型只有一个分型面，以便采用工艺简便的两箱造型。

图 9-20(a)所示的三通，其内腔必须采用一个 T 字型芯来形成，但不同的分型方案，其分型面数量不同。当中心线 ab 呈垂直时（如图 9-20(b)所示），铸型必须有三个分型面才能取出模样，即用四箱造型。当中心线 cd 呈垂直时（如图 9-20(c)所示），铸型有两个分型面，必须采用三箱造型。当中心线 ab 和 cd 都呈水平位置时（如图 9-20(d)所示），因铸

型只有一个分型面，采用两箱造型即可。显然，图 9-20(d)所示是合理的分型方案。

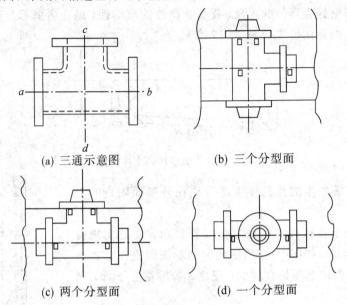

(a) 三通示意图   (b) 三个分型面

(c) 两个分型面   (d) 一个分型面

图 9-20 三通的分型方案

（4）避免不必要的活块和型芯。

图 9-21 所示支架分型方案是避免用活块的例子。按图中方案 1，凸台必须采用四个活块方可制出，而下部两个活块的部位较深，取出困难。当改用方案 2 时，可省去活块，仅在 A 处稍加挖砂即可。

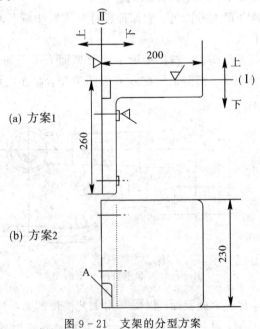

(a) 方案1

(b) 方案2

图 9-21 支架的分型方案

（5）应尽量避免不必要的型芯。

铸件的内腔一般是由型芯形成的，有时可用型芯简化模样的外形，制出妨碍起模的凸台、侧凹等。但制造型芯需要专用的工艺装备，并增加下芯工序，这会增加铸件成本。如

图 9-22 所示的轮形铸件，由于轮的圆周面外侧内凹，在批量不大的生产条件下，多采用三箱造型。但在大批量生产条件下，采用机器造型，需要改用图中所示的环状型芯，使铸型简化成只有一个分型面，这种方法尽管增加了型芯的费用，但可通过机器造型所取得的经济效益得到补偿。

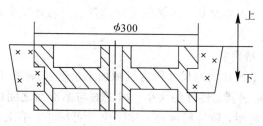

图 9-22　使用型芯减少分型面

（6）尽量使铸件全部或大部置于同一砂箱，以保证铸件精度。

如图 9-23 所示，床身铸件的顶部为加工基准面，导轨部分属于重要加工面。若采用图（b）中所示方案 2 分型，错箱会影响铸件精度。图（a）中所示方案 1 在凸台处增加一外型芯，可使加工面和基准面处于同一砂箱内，保证铸件的尺寸精度。

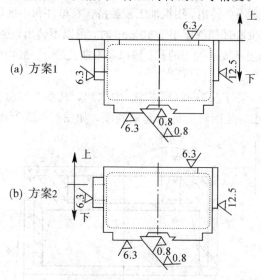

图 9-23　车床床身铸件

（7）尽量使型腔及主要型芯位于下型。

这样做便于造型、下芯、合箱和检验铸件壁厚。但下型型腔也不宜过深，并尽量避免使用吊芯和大的吊砂。机床支架如图 9-24 所示。

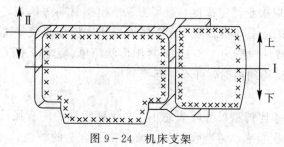

图 9-24　机床支架

值得注意的是，选择分型面的上述诸原则，对于某个具体的铸件来说难以全面满足，有时甚至互相矛盾。因此，必须抓住主要矛盾，全面考虑，至于次要矛盾，则应从工艺措施上设法解决。

3. 工艺参数的确定

在铸造工艺方案初步确定之后，还必须选定铸件的机械加工余量、起模斜度、收缩率、铸造圆角等具体参数。

1）加工余量和最小铸出孔

在铸件上为切削加工而加大的尺寸称为机械加工余量（简称加工余量）。其数值取决于铸件的生产批量、合金的种类、铸件的大小、加工面与基准面之间的距离及加工面在浇注时的位置等。采用机器造型，铸件精度高，加工余量可减小；手工造型误差大，加工余量应加大。铸钢件表面粗糙，加工余量应加大；非铁合金铸件价格昂贵，且表面光洁，加工余量应比铸铁小。铸件的尺寸愈大或加工面与基准面之间的距离愈大，尺寸误差也愈大，故加工余量也应随之加大。在浇注时，铸件朝上的表面因产生缺陷的概率较大，其加工余量应比底面和侧面大。

一般来说，铸件上较大的孔、槽应当铸出，以减少切削加工工时，节约金属材料，并可减小铸件上的热节；较小的孔则不必铸出，用机加工较经济。在单件和小批量生产条件下，铸铁件的孔径小于 30 mm，凸台高度和凹槽深度小于 10 mm 时，可以不铸出，这些简化的部分由以后切削加工制出。对于零件图上不要求加工的孔、槽以及弯曲孔等，一般均应铸出。

2）起模斜度

为了使模样（或型芯）易于从砂型（或芯盒）中取出，凡垂直于分型面的立壁，制造模样时必须留出一定的倾斜度，此倾斜度称为起模斜度，如图 9－25 所示。

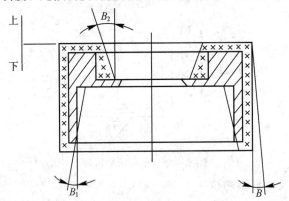

图 9－25　起模斜度

起模斜度的大小取决于侧壁高度、造型方法、模型材料等因素。侧壁越高，起模斜度越小；机器造型比手工造型起模斜度小；金属模样比木模样起模斜度小。铸件外壁起模斜度一般为 0.5°～3°，铸件内壁为 3°～10°。对于形状简单、起模无困难的模样，可不加起模斜度；当零件上具有结构斜度时，可不加起模斜度。

3）收缩率

铸件冷却后的尺寸比铸型尺寸略为缩小，为保证铸件的应有尺寸，模样尺寸必须比铸件放大一个该合金的收缩率。铸造收缩率主要取决于合金的种类，同时与铸件的结构、大小、壁厚及收缩时受阻碍情况有关。对于一些要求较高的铸件，如果收缩选择不当，将影响铸件尺寸精度，使某些部位偏移，影响切削加工和装配。通常，灰铸铁的铸造收缩率为 $0.7\%\sim1.0\%$，铸造碳钢为 $1.3\%\sim2.0\%$，铸造锡青铜为 $1.2\%\sim1.4\%$。

4）铸造圆角

铸造圆角是指铸件上壁和壁的交角应作成圆弧过渡，以防止在该处产生缩孔和裂纹。铸造圆角的半径值一般为两相交壁平均厚度的 $1/3\sim1/2$。

4. 铸造工艺图

铸造工艺图是铸造过程最基本和最重要的工艺文件之一，它对模样的制造、工艺装备的准备、造型造芯、型砂烘干、合型浇注、落砂清理及技术检验等，都起指导和依据的作用。

铸造工艺图是用红、蓝两色铅笔，将各种简明的工艺符号，标注在产品零件图上的图样。具体可从以下几方面进行分析。

（1）分型面和分模面。

（2）浇注位置，浇冒口的位置、形状、尺寸和数量。

（3）工艺参数。

（4）型芯的形状、位置和数目，型芯头的定位方式和安装方式。

（5）冷铁的形状、位置、尺寸和数量。

（6）其他。

9.3　特种铸造

所谓特种铸造，是指有别于砂型铸造方法的其他铸造工艺。目前特种铸造方法已发展到几十种，常用的有熔模铸造、金属型铸造、压力铸造、离心铸造、陶瓷型铸造、连续铸造、消失模铸造、磁性铸造、差压铸造和半固态铸造等。这些特种铸造方法都不同程度地提高了铸件质量。

9.3.1　熔模铸造

熔模铸造又称失蜡铸造、熔模精密铸造，是精密铸造法的一种。熔模铸造工艺过程示意图如图 9-26 所示。用易熔材料(蜡或塑料等)制成高尺寸精度的可熔性模型，并进行蜡模组合；涂以若干层耐火涂料，经干燥、硬化成整体型壳；加热型壳熔失模型，经高温焙烧而成耐火型壳；在型壳中浇注铸件。

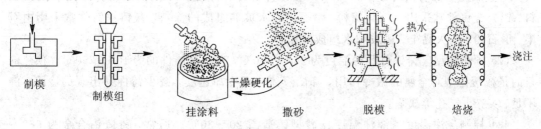

制模　　制模组　　挂涂料　干燥硬化　撒砂　　脱模　　焙烧　　浇注

图 9-26　熔模铸造工艺过程示意图

熔模铸造有以下特点：

(1) 尺寸精度高。熔模铸造铸件精度可达 CT4 级，表面粗糙度低(Ra 值为 12.5～1.6 μm)。

(2) 适用于各种铸造合金、各种批量生产，尤其在难加工金属材料如铸造刀具、涡轮叶片等生产中应用较广。

(3) 可以制造出用砂型铸造、锻压、切削加工等方法难以制造的形状复杂的零件，而且可以使一些焊接件、组合件在稍进行结构改进后直接铸造出整体零件。

(4) 可以铸造出各种薄壁铸件及质量很小的铸件。

(5) 生产工序繁多，生产周期长。

9.3.2 金属型铸造

将液态合金浇入金属铸型获得铸件的方法称为金属型铸造。和砂型铸造相比，金属型铸造可重复多次使用，故又称永久型铸造。图 9-27 所示为浇注铝合金活塞用的金属型。

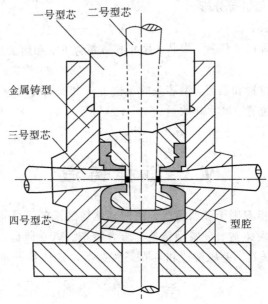

图 9-27 铝合金活塞用的金属型

和砂型铸造相比，金属型铸造有导热快、没有退让性等缺点，为了获得合格的铸件，必须严格控制其铸造工艺，要求如下：

(1) 喷刷涂料。金属型腔和型芯表面必须喷刷一定厚度的耐火涂料，以防止高温金属液体对金属型壁的直接冲刷，还可以减缓铸件的冷却速度。不同铸造合金采用不同的涂料，铝合金铸件常采用由氧化锌粉、滑石粉和水玻璃组成的涂料，灰铸铁铸件常采用由石墨、滑石粉、耐火黏土、桃胶和水组成的涂料。

(2) 预热铸型。铸铁件预热温度为 250～350℃，有色金属件的为 100～250℃。预热的目的是减缓铸型对金属的激冷作用，降低液体合金冷却速度，减少铸件易出现的冷隔、浇不足、夹杂、气孔等缺陷。

(3) 控制浇注温度。浇注温度比砂型铸造高 20～30℃。通常，铸造铝合金为 680～740℃，灰铸铁为 1300～1700℃，铸造锡青铜为 1100～1150℃。

(4) 控制开型时间。铸件在金属型腔内停留时间越长，其收缩量越大，铸件出型和抽芯也越困难，铸件产生内应力和裂纹的可能性也越大。因此，应严格控制铸件在铸型中的时间。一般情况下，小型铸铁件的开型时间为 10～60 s。

金属型铸造可实现"一型多铸"，能节省造型材料和造型工时；金属型铸造对铸件的冷却能力强，获得铸件的组织致密、机械性能高；金属型铸造的铸件尺寸精度高，表面粗糙度较低；金属型铸造不用砂或用砂少，改善了劳动条件。但是金属型制造成本高、周期长，工艺要求严格，主要用于熔点较低的有色金属或合金铸件的大批量生产，如飞机、汽车、内燃机等用的铝活塞、汽缸体、汽缸盖及铜合金的轴瓦、轴套等。

9.3.3　压力铸造

压力铸造简称压铸，是通过压铸机将熔融金属以高速压入金属铸型，并使金属在压力下结晶的铸造方法。常用压力为 5～150 MPa，充填速度为 0.5～50 m/s，充填时间为0.01～0.2 s。

压铸机按其工作原理结构形式分为冷压室压铸机(有卧式、立式、全立式三种)和热压室(有普通热室、卧式热室两种)压铸机。冷室压铸机的压室和熔炉是分开的，压铸时要从保温炉中舀取金属液倒入压室内，再进行压铸。热室压铸机的压室与合金熔化炉连成一体，压室浸在保温坩埚的液体金属中，压射机构装在坩埚上面，用机械机构或压缩空气所产生的压力进行压铸。图 9-28 所示为压铸示意图。

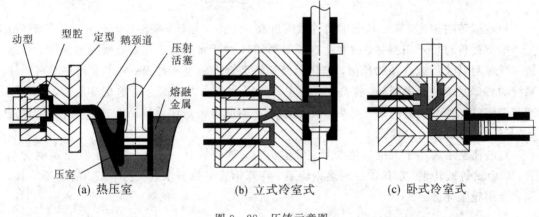

(a) 热压室　　　　　(b) 立式冷室式　　　　　(c) 卧式冷室式

图 9-28　压铸示意图

压力铸造的特点：

(1) 生产效率极高，而且便于实现自动化。

(2) 产品质量好，具有较高的尺寸精度和表面质量，力学性能好，尺寸稳定性好，互换性好，轮廓清晰，适用于大量生产有色合金的小型、薄壁、复杂铸件。

(3) 便于铸造出镶嵌件。将其他金属或非金属材料预制成嵌件，铸前先放入压型中，再经压铸使嵌件和压铸合金结合成一体。这可简化零件制作过程，节省金属材料，简化装配工序，改善铸件局部性能，如强度、耐磨件、导电件及绝缘性等。

(4) 压力铸造设备投资大，压铸模制造复杂，周期长，费用大，一般不宜于小批量生产。

9.3.4　离心铸造

离心铸造是将金属液浇入旋转的铸型中，在离心力作用下填充铸型而凝固成形的一种铸造方法。

按旋转轴的空间位置，离心铸造机可分为立式和卧式两类。立式离心铸造机绕垂直轴旋转，主要用于生产高度小于直径的圆环铸件；卧式离心铸造机绕水平轴旋转，主要用于生产长度大于直径的管类和套类铸件。图9-29所示为离心铸造原理图。

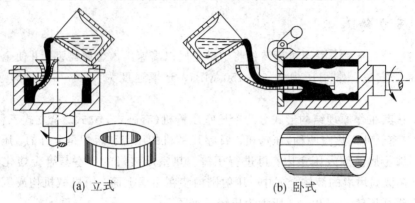

　　(a) 立式　　　　　　　　　　(b) 卧式

图 9-29　离心铸造原理图

与砂型铸造相比，离心铸造的铸件致密度高，气孔、夹渣等缺陷少，故力学性能较好；生产中空铸件时可不用型芯，故在生产长管形铸件时可大幅度地改善金属充型能力，降低铸件壁厚对其长度或直径的比值，简化套筒和管类铸件的生产过程；生产中几乎没有浇注系统和冒口系统的金属消耗，提高工艺出品率；可借离心力提高金属的充型能力，故可生产薄壁铸件。离心铸造的缺点是内表面较粗糙，不适合铸造比重偏析大的合金(如铅青铜等)和轻合金(如镁合金等)。

离心铸造主要用于大批量生产套、管类铸件，如铸铁管、铜套、缸套、双金属钢背钢套、双金属铸铁轧辊、加热炉底耐热钢辊道、特殊钢无缝钢管毛坯、刹车鼓、活塞环毛坯、铜合金蜗轮毛坯等。

9.3.5　陶瓷型铸造

陶瓷型铸造是把砂型铸造和熔模铸造相结合，发展形成的一种精密铸造工艺。陶瓷型铸造工艺分两种：一种是全部采用陶瓷浆料制铸型，另一种是采用砂套作为底套表面再灌注陶瓷浆料制作陶瓷型。

陶瓷型铸造包括陶瓷型的制造、焙烧、合箱和浇注等主要工序。

(1) 陶瓷型的制造。陶瓷型有完全陶瓷型和底套式陶瓷型两种。底套可以是砂套(砂套陶瓷型铸造工艺过程如图9-30所示)，也可以是金属套。金属套经久耐用，获得铸件尺寸精度稳定，适合于大批量铸件的生产。

(2) 焙烧陶瓷型并合箱。浇注前将陶瓷型在350~550℃下焙烧2~5 h，可去除残存的乙醇和水分，并进一步提高陶瓷型的强度。

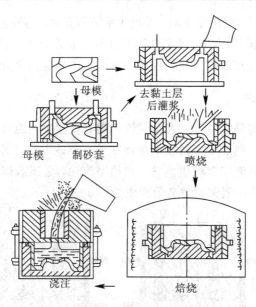

图 9 - 30　砂套陶瓷型铸造工艺过程

（3）浇注金属液，凝固后获得铸件。

陶瓷型铸造的优点：陶瓷材料耐高温，故可浇注高熔点合金，其大小不受限制，最大可达几吨；和熔模铸造相比，铸件尺寸精度和表面粗糙度较高；对单件、小批量生产铸件，其工艺简单、投产快、生产周期短。陶瓷型铸造已成为生产大型和厚壁精密铸件的方法，如冲模、锻模、玻璃器皿模、压铸模等，也可用于铸造中型精密铸钢件。

陶瓷型铸造的缺点：陶瓷浆材料价格昂贵，不适合大批量铸件的生产，生产工艺难以实现自动化。

9.3.6　连续铸造

连续铸造是指将金属液连续不断地浇入结晶器的一端，并从另一端将已凝固的铸件连续不断地拉出，从而获得任意长度或特定长度的等截面铸件的方法，也简称为连铸。

连续铸锭是先在结晶器下端插入引锭以便形成结晶器的底，当浇入一定高度的金属液后开动拉锭装置，铸锭便随引锭下降，这样金属液不断地从结晶器上端浇入，引锭连续地将铸锭从结晶器下端拉出。连续铸管的工艺与

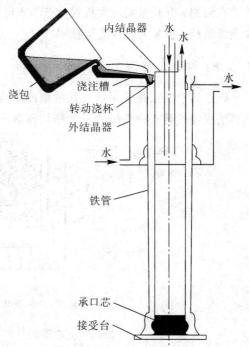

图 9 - 31　连续铸管示意图

此类似，只需在结晶器中央加一内结晶器，以形成铸管的内腔，如图 9 - 31 所示。

与普通铸造相比，连续铸造有以下几个优点：冷却速度快，液体补缩及时，铸件晶粒

组织致密,力学性能好,无缩孔等缺陷;无浇注系统和冒口,铸锭轧制时不必切头去尾,节约了大量金属并提高材料利用率;可实现连铸连轧,节约能源;容易实现自动化。因此,连续铸造作为一种生产任意长度等截面件的方法在国内外应用十分广泛。

9.3.7 消失模铸造

消失模铸造是将与铸件尺寸形状相似的泡沫塑料模型黏结组合成模型簇,然后在其表面刷涂耐火涂料并烘干,把烘干好的模型簇埋在干石英砂中震动造型,并在负压下开始浇注,高温金属液体一接触泡沫塑料模型马上使模型汽化,金属液体占据泡沫模型原来的空间,冷却凝固后形成铸件。消失模铸造示意图如图9-32所示。

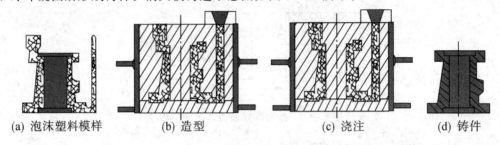

| (a) 泡沫塑料模样 | (b) 造型 | (c) 浇注 | (d) 铸件 |

图9-32 消失模铸造示意图

消失模铸造无需起模、分型和制芯,生产率高;铸件质量好,成本低;对铸件材料和尺寸没有限制,有利于实现大规模生产,还可以大大改善作业环境、降低工人劳动强度及减少能源消耗,被誉为绿色铸造技术。

9.3.8 磁性铸造

磁性铸造实质是采用铁丸代替型砂及型芯砂,用磁场作用力代替铸造黏结剂,用泡沫塑料消失模代替普通模样的一种新的铸造方法。磁性铸造原理如图9-33所示。

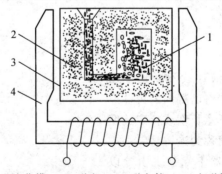

1—汽化模;2—磁丸;3—磁丸箱;4—电磁铁

图9-33 磁性铸造原理

与砂型铸造相比,磁性铸造提高了铸件质量,因与消失模铸造原理相似,其质量状况与消失模铸造相同,同时更比消失模铸造减少了铸造材料的消耗。磁性铸造已用于自动化生产线上,可铸材料和铸件大小范围广,常用于汽车零件等精度要求高的中小型铸件生产。

9.3.9　差压铸造

差压铸造又称反差铸造，其实质是使液态金属在压差的作用下，浇注到预先有一定压力的型腔内，凝固后获得铸件的一种工艺方法。

差压铸造装置如图 9-34 所示，其工作原理是：浇注前密封室内有一定的压力(或真空度)，然后往密封室 A 中加压或由密封室 B 减压，使 A、B 室之间形成压力差，进行升液、充型和结晶。

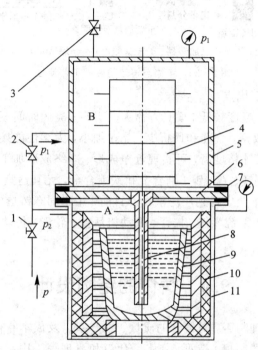

1、2、3—气阀；4—铸型；5—密封室 B；6—密封盖；7—密封圈；
8—升液管；9—坩埚；10—电炉；11—密封室 A

图 9-34　差压铸造装置示意图

9.3.10　半固态铸造

20 世纪麻省理工学院 Flemings 教授发现，金属在凝固过程中，进行强烈搅拌或通过控制凝固条件，抑制树枝晶的生成或破碎所生成的树枝晶，可形成具有等轴、均匀、细小的初生相均匀分布于液相中的悬浮半固态浆料。这种浆料在外力作用下即使固相率达到 60% 仍具有较好的流动性。可利用压铸、挤压、模锻等常规工艺进行加工，这种工艺方法称为半固态金属加工技术(简称 SSM)。

半固态铸造成形的主要工艺路线有两条：一条是将获得的半固态浆料在其半固态温度的条件下直接成形，通常称为流变铸造；另一条是将半固态浆料制备成坯料，根据产品尺寸下料，再重新加热到半固态温度后加工成形，通常称为触变铸造。半固态铸造的两种工艺流程如图 9-35 所示。对触变铸造，由于半固态坯料便于输送，易于实现自动化，因而在工业中较早得到推广。对于流变铸造，由于将搅拌后的半固态浆料直接成形，具有高效、节能、短流程的特点，近年来发展很快。

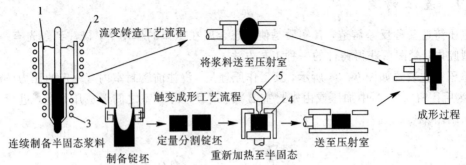

1—压铸合金；2—感应加热器；3—冷却器；4—感应炉；5—软度指示剂

图 9-35　半固态铸造的两种工艺流程

半固态铸造具有以下优点：

（1）充型平稳，加工温度较低，模具寿命大幅提高；凝固时间短，生产率高。

（2）铸件内部组织致密，气孔和偏析少；晶粒细小，力学性能接近锻件。

（3）凝固收缩小，尺寸精度高，可实现近净成形、净终成形加工。

（4）适宜于铸造铝、镁、锌、镍、铜合金和铁碳合金，尤其适宜于铝、镁合金。

半固态铸造已在汽车业中得到广泛重视。目前，用半固态铸造成形技术生产的汽车零件包括刹车制动筒、转向系统零件、摇臂、发动机活塞、轮毂、传动系统零件、燃油系统零件和汽车空调零件等。

9.4　铸件的结构设计

铸件的结构设计合理与否，对铸件的质量、生产率以及成本有很大的影响。铸件结构应尽可能简化生产铸件的制模、造型、制芯、合箱和清理等工序，并易于保证铸件质量和提高成品率。

9.4.1　铸件外形的设计

对铸件外形的要求是指铸件的外形应力求简单，以便于进行造型时的起模。

（1）尽量避免曲面分型。

铸件外形应去掉不必要的外圆角，使分型面为平面。图 9-36(a)所示的托架铸件设计有不必要的外圆角，使造型复杂；去掉外圆角，如图(b)所示，可便于整模造型。

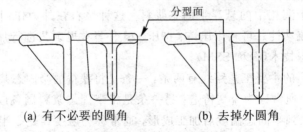

(a) 有不必要的圆角　　　(b) 去掉外圆角

图 9-36　托架的结构设计

（2）避免外部侧凹。

　　铸件起模方向如有侧凹，就必须增加分型面数量或增加外部型芯，这势必增加了造型工作量。机床铸件的结构设计如图 9-37 所示。

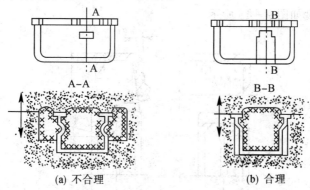

A-A　　　　　　　　　　　B-B

(a) 不合理　　　　　　　　(b) 合理

图 9-37　机床铸件的结构设计

（3）避免设计凸台、筋条。

　　在设计铸件上凸台、筋条及法兰时，应考虑便于造型和起模，尽量避免不必要的型芯和活块。凸台结构设计和筋条结构设计分别如图 9-38 和图 9-39 所示。

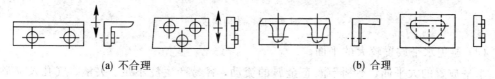

(a) 不合理　　　　　　　　　　　　　(b) 合理

图 9-38　凸台结构设计

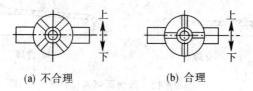

(a) 不合理　　　　　　(b) 合理

图 9-39　筋条结构设计

（4）尽量减少型芯的使用。

　　型芯的制作比砂型要麻烦，而且还增加了原材料的消耗。因此，铸件应尽量少用型芯，尤其是批量较少的产品。图 9-40 所示的支柱有两种结构的设计方案，采用图(b)所示方案可以省去型芯。

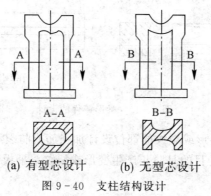

A-A　　　　　　　　　B-B

(a) 有型芯设计　　　　(b) 无型芯设计

图 9-40　支柱结构设计

（5）设计结构斜度。

结构斜度是指在铸件所有垂直于分型面的非加工面上设计的斜度，设计结构斜度可使起模容易。结构斜度如图 9-41 所示。

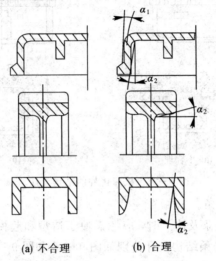

(a) 不合理   (b) 合理

图 9-41　结构斜度

（6）避免水平放置较大的平面。

水平放置的大平面，不利于液态金属的流动，容易产生浇不足、夹渣、气孔及夹砂等缺陷。薄壁罩壳的设计如图 9-42 所示。

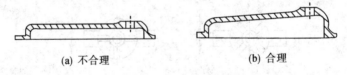

(a) 不合理   (b) 合理

图 9-42　薄壁罩壳的设计

（7）细长、易挠曲的梁形铸件截面应对称。

对称截面可使梁形铸件的收缩相互抵消，梁形铸件的设计如图 9-43 所示。

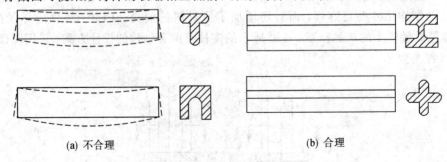

(a) 不合理   (b) 合理

图 9-43　梁形铸件的设计

（8）应在铸件易产生变形或裂纹的部位设计加强筋或防裂筋。

设计加强筋或防裂筋的目的是防止产生变形或裂纹。平板铸件的设计如图9-44所示。

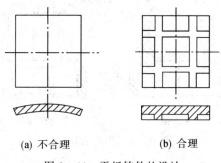

(a) 不合理　　　　　　(b) 合理

图 9 - 44　平板铸件的设计

（9）避免铸件收缩受阻。

铸件收缩时受阻，铸件内应力可能超过合金的抗拉强度，导致裂纹的产生。轮轴的设计如图 9 - 45 所示，图中轮辐为直线且为偶数，每条轮辐与另一条成直线排列，收缩时互相牵制、彼此受阻。若改成奇数轮辐或弯曲轮辐，则更合理些。

(a) 不合理　　　　　　　　　　　　　　(b) 合理

图 9 - 45　轮辐的设计

9.4.2　铸件壁厚的设计

（1）铸件壁厚应适当。

首先，壁厚不能小于规定铸件的最小壁厚，否则容易产生浇不足、冷隔等缺陷。壁厚的设计如图 9 - 46 所示。

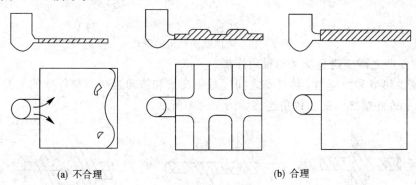

(a) 不合理　　　　　　　　　(b) 合理

图 9 - 46　壁厚的设计

其次，铸件厚度不能太大。因为在厚壁部分的心部，冷却速度较慢，容易引起晶粒粗大，还会出现缩孔、缩松、偏析等缺陷，易产生缩孔和缩松。壁厚的设计如图 9 - 47 所示。

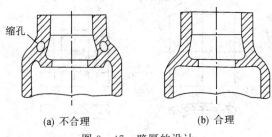

(a) 不合理　　　　　　　(b) 合理

图 9 - 47　壁厚的设计

（2）铸件壁厚应均匀。

壁厚不均的铸件易在厚壁处产生缩孔和缩松，且由于冷却速度不同，铸造应力会使铸件变形和开裂。壁厚均匀性对顶盖铸件的影响如图 9 - 48 所示。

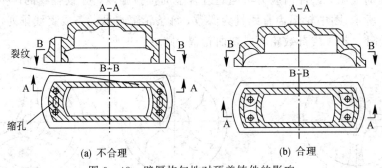

(a) 不合理　　　　　　　(b) 合理

图 9 - 48　壁厚均匀性对顶盖铸件的影响

（3）铸件壁应有圆角过渡。

铸件壁有圆角过渡的目的是以防止金属积聚和内应力的产生，避免出现缩孔和裂纹缺陷。铸件壁部圆角的设计如图 9 - 49 所示。

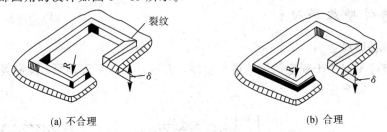

(a) 不合理　　　　　　　(b) 合理

图 9 - 49　铸件壁部圆角的设计

（4）铸件壁之间应避免交叉和锐角连接。

为了减少热节和内应力，铸件壁之间应避免交叉和锐角连接。铸件壁的连接形式如图 9 - 50 所示；铸件壁之间避免锐角连接如图 9 - 51 所示。

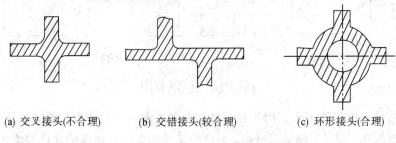

(a) 交叉接头(不合理)　　(b) 交错接头(较合理)　　(c) 环形接头(合理)

图 9 - 50　铸件壁的连接形式

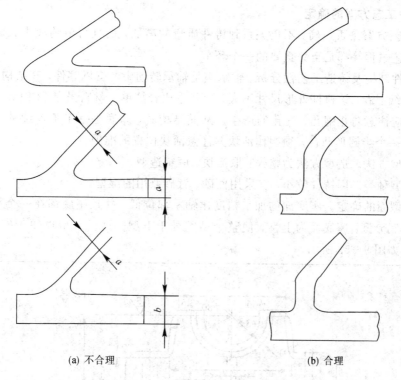

(a) 不合理　　　　　　　　　　(b) 合理

图 9 - 51　铸件壁之间避免锐角连接

9.5　工程应用案例——轴承座铸造工艺

确定如图 9 - 52 所示铸件的造型工艺方案并完成造型操作。零件名称：轴承座；铸件重量：约 5 kg；零件材料：HT150；轮廓尺寸：240 mm×65 mm×75 mm；生产性质：单件生产。

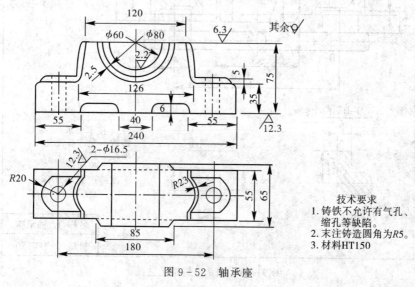

技术要求
1. 铸铁不允许有气孔、缩孔等缺陷。
2. 未注铸造圆角为 R5。
3. 材料 HT150

图 9 - 52　轴承座

1. 造型工艺方案的确定

造型工艺方案是否正确，不仅关系到铸件质量的高低，而且对节约成本，缩短生产周期，简化工艺过程等都是至关重要的一个环节。

(1) 铸件结构及铸造工艺性分析。轴承座是轴承转动中的支承零件，其结构如图 9－52 所示。从图纸上看，该铸件外形尺寸不大，形状也比较简单。材料虽是 HT150，但属厚实体零件，故应注意防止缩孔、气孔的产生。从其结构看，座底是一个不连续的平面，座上的两侧各有一个半圆形凸台，须制作活块并注意活块位置的准确。

(2) 造型方法。造型方法为整模；取活块、两箱造型。

(3) 铸型种类。因铸件较小，宜采用面砂、背砂兼用的湿型。

(4) 分型面的确定。座底面的加工精度比轴承部位低，并且座底都在一个平面上，因此选择从座底分型；座底面为上型，使整个型腔处于下型。这样分型也便于安放浇冒口。分型面位置如图 9－53 所示。

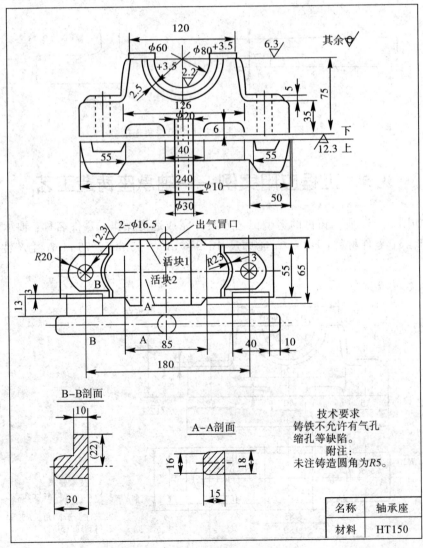

图 9－53　轴承座铸造工艺图

(5) 浇冒口位置的确定。该铸件材质为 HT150，体积收缩较小，但该铸件属厚实体零件，所以仍要注意缩孔缺陷的发生。因此内浇道引入的位置和方向很重要。根据铸件结构特点，应采用定向凝固原则，内浇道应从座底一侧的两端引入。采用顶注压边缝隙浇口，既可减小浇口与铸件的接触热节，又可避开中间厚实部分（图样上的几何热节）的过热，并可缩短凝固时间，有利于得到合格铸件。另外，由于压边浇口补缩效果好，故该铸件不需设置补缩冒口。为防止气孔产生，可在顶部中间偏边的位置，设置一个 $\phi 8 \sim 10$ mm 的出气冒口。浇、冒口的位置、形状、大小如图 9-53 所示。

2. 造型工艺过程

(1) 安放好模样，砂箱舂下型。先填入适量面砂和背砂进行第一次舂实。舂实后，挖砂并准确地安放好两个活块，再填入少量面砂舂实活块周围，然后填砂舂实。

(2) 刮去下箱多余的型砂并翻箱。

(3) 挖去下分型面上阻碍起模的型砂，修整分型面，撒分型砂。

(4) 放置好上砂箱（要有定位装置），按工艺要求的位置安放好直浇口和冒口。

(5) 舂上型。填入适量的面砂、背砂，固定好浇冒口并舂几下加固，然后先轻后重地舂好上型。

(6) 刮平上箱多余的型砂，起出直浇口和冒口，扎出通气孔。

(7) 开箱。

(8) 起模。注意，应先松模并取出模样、活块。

(9) 按工艺要求开出横浇道和内浇道。

(10) 修型。修理型腔及浇口和冒口。

(11) 合型。

习题与思考题 9

9-1 为什么说铸造是当今工业生产中制取金属件必不可少的重要方法？请举例说明。

9-2 顺序凝固和同时凝固方法分别解决哪种铸造缺陷？请各举例分析几种应用情况。

9-3 铸件、模样、零件三者在尺寸上有何区别？为什么？

9-4 何谓合金的收缩？其影响因素有哪些？铸造内应力、变形和裂纹是怎样形成的？怎样防止它们的产生？

9-5 缩孔与缩松对铸件质量有什么影响？为什么缩孔比缩松较容易防止？

9-6 铸件结构和铸造工艺关系如何？铸造工艺对铸件结构的要求有哪些？

9-7 什么是液态合金的充型能力？它与合金的流动性有何关系？试述提高液态金属充型能力的方法。

9-8 如图 9-54 所示铸件各有两种结构设计，哪一种比较合理？为什么？

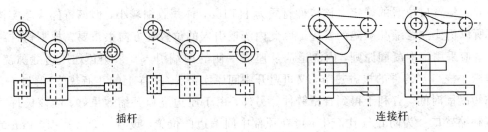

图 9-54 铸件结构

9-9　如图 9-55 所示轴承座铸件，材料为 HT200，请分别作出大批量生产和单件生产铸造工艺图。

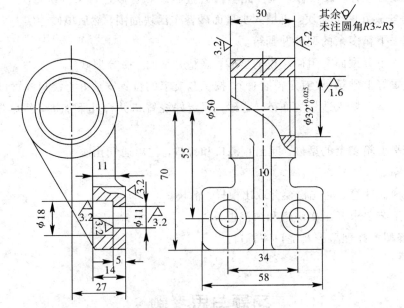

图 9-55 轴承座

9-10　如图 9-56 所示支撑台零件，材料为 HT200，请分别画出单件生产和大批量生产的铸造工艺图。

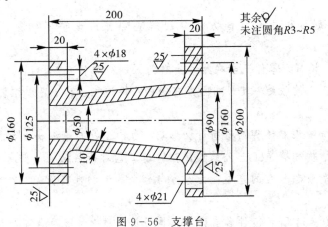

图 9-56 支撑台

第 10 章　金属塑性成形

金属材料塑性成形技术是利用金属的塑性使其产生变形，以达到工件成形的目的。金属材料塑性成形应用最广泛的工艺是锻造工艺，其在汽车、拖拉机、各种动力及矿山机械和航空航天等行业占有重要地位。塑性成形工艺的主要目标是如何进一步提高成形件的精度和内部质量，缩短生产周期和降低成本，并利用计算机进行辅助设计、制造、工艺模拟和生产管理以提高竞争力。

10.1　金属塑性成形理论基础

10.1.1　金属变形的实质

金属的塑性大小是材料本身属性，不同材料在同一变形条件下的塑性不同，同一材料在不同的变形条件下的塑性也不同。一般影响金属材料塑性的因素主要包括金属材料的晶格类型、化学成分和内在组织特征等内在因素，以及受力状态、变形方式、变形温度、变形速度等外部因素。在压力加工过程中，金属材料产生足够的塑性变形的同时需保证不破裂。因此，在塑性变形过程中应正确选用压力加工方法、合理设计零件形状，了解压力加工的理论。

金属材料在外力作用下，原子离开原来的平衡位置，原子间距离增大而产生了变形。在拉应力作用下，原子间距增大，原子间的排斥力减小，吸引必然增大，超过排斥力的吸引力和拉应力相平衡。在压应力作用下，原子间距缩短，排斥力便大于吸引力，多余的排斥力与压应力建立新的平衡。当外力停止作用后，应力消失，变形也随之消失。金属的这种变形称为弹性变形。

当外力增加时，原子进一步远离其平衡位置，首先发生弹性变形，当外力使金属的内应力超过屈服点后，变形逐渐过渡到塑性变形。由于此时原子移动了原子间距离的数倍，原子移到了新的平衡位置，重新处于稳定状态，即使外力停止作用，金属的变形并不消失。金属的这种变形称为塑性变形。当外力继续作用或增加时，金属材料的变形将进一步增大，从而得到一定的变形量。

晶体在受到正应力时是不会产生塑性变形的，而是由弹性变形直接过渡到脆性断裂。塑性变形只有在受到剪应力时才会发生。

10.1.2　单晶体的塑性变形

单晶体的塑性变形主要通过滑移和孪生两种方式进行。单晶体在剪切力的作用下，一部分晶体与另一部分沿着一定的晶面（滑移面）产生相对滑移，从而引起单晶体的塑性变形，这种变形方式叫做滑移。

金属获得大塑性变形的主要方式为滑移，当晶体的滑移变形难以进行时，金属晶体的变形采用孪生进行。孪生是晶体一部分相对另一部分，对应于一定的晶面（孪生面）沿着一定的方向发生转动的结果。已变形部分的晶体位向发生改变，与未变形部分以孪晶面互为对称。

10.1.3 多晶体的塑性变形

多晶体的塑性变形方式也是以滑移和孪生为主。多晶体的塑性变形可看成是多晶体中大量单个晶粒在滑移和孪生的同时，发生滑动或转动等晶间变形的累积。多晶体的塑性变形受到晶界的阻碍和位向不同晶粒的影响，且变形过程与周围晶粒同时发生的变形进行配合，以保证晶粒之间的结合与物体的连续性。所以多晶体材料的晶间变形量不能过大，否则会引起金属材料的破坏。

10.1.4 塑性变形金属的加工硬化、回复和再结晶

金属经过塑性变形后，其组织和性能会发生如下变化：产生加工硬化；对塑性变形后的金属进行加热后，随温度升高和加热时间的延长，其组织和性能发生回复和再结晶。

金属的力学性能随内部微观组织的改变而发生变化。在室温条件下，变形程度越大，金属的强度和硬度升高，而塑性和韧性下降。这是因为金属中的晶粒发生严重变形而破碎，导致晶粒之间滑移阻力增大，使晶间的变形更加困难。这种随变形程度增大，强度和硬度上升而塑性和韧性下降的现象称为加工硬化，又称冷变形强化。

加工硬化使金属继续塑性变形发生困难，必须采取退火措施来加以消除，使生产效率降低和生产成本提高。但是可用加工硬化作为金属的一种强化手段，特别是一些不能用热处理方法强化的金属材料，可应用加工硬化来强化，以提高金属零件的承载能力。

对变形金属进行加热，使原子获得热能而恢复正常排列状态，消除晶格扭曲，使部分加工硬化效果消除，这一过程称为回复。这时的温度称为回复温度，通常

$$T_{回} = (0.25 \sim 0.3)T_{熔}$$

式中：$T_{回}$ 为以绝对温度表示的金属回复温度；$T_{熔}$ 为以绝对温度表示的金属熔化温度。

当温度继续升高，使原子获得了更大的活动能力，在晶界或滑移带等区域产生晶核，然后逐渐长大，成为具有正常晶格的新晶粒，新晶粒长大到彼此边界相遇，从而消除了全部冷变形强化作用，这一过程称为再结晶。这时的温度称为再结晶温度，通常

$$T_{再} = 0.4T_{熔}$$

式中：$T_{再}$ 为以绝对温度表示的金属再结晶温度。

影响再结晶过程的因素主要有金属变形程度、金属的化学成分、变形晶粒的晶粒尺寸、加热温度、加热速度和保温时间等。在相同条件下提高加热温度，可加快再结晶速度以缩短再结晶的时间。

10.2 自 由 锻

10.2.1 自由锻设备

自由锻是利用冲击力或压力使金属在上、下两个砧铁之间产生变形,获得所需形状与尺寸锻件的方法,其使用的工具都是通用工具,操作上具有很大的灵活性,金属的变形方向可自由流动。但是自由锻获得的锻件精度差、加工余量大、工人劳动强度高,较为适合生产大型和特大型锻件、小批量或单件锻件。

自由锻的通用设备根据其驱动形式不同分为空气锤、蒸汽-空气自由锻和水压机等。

空气锤的结构如图 10-1 所示。空气锤采用电动机驱动,减速机构和曲柄连杆机构推动气缸中的活塞产生压缩空气,通过上、下旋阀的配气作用,使压缩空气进入工作缸的上部或下部,或直接与大气连通,从而使工作活塞连同锤杆和锤头一起实现上悬、下压、单击和连击等动作,以完成对坯料的锻造。

空气锤的吨位根据落下部分的质量表示,通常空气锤落下部分为 65~750 kg,也有少量 1000 kg 和 2000 kg 的空气锤。通常的设备锤击力较小,一般只能对 100 kg 的锻件进行加工。

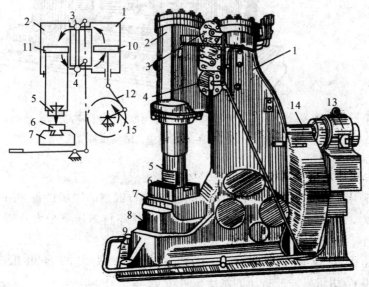

1—压缩缸;2—工作缸;3、4—气阀;5—上砧;6—下砧;7—砧垫;8—砧座;
9—踏杆;10、11—活塞;12—连杆;13—电动机;14—减速器;15—曲柄

图 10-1 空气锤

蒸汽-空气锤是中小型锻件普遍使用的加工设备。蒸汽-空气锤是采用由锅炉提供的蒸汽或由压缩机提供的压缩空气为驱动力的。自由锻锤压力通常为 6~8 个大气压,模锻锤压力为 7~9 个大气压。用压缩空气为驱动力时,电能消耗大,成本高,故一般使用蒸汽为驱动力。

蒸汽-空气自由锻锤的落下质量通常为 600~5000 kg,适合 70~700 kg 的中小型锻件进行加工。蒸汽-空气自由锻如图 10 - 2 所示。

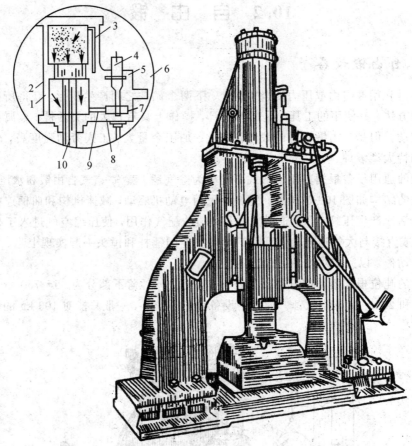

1—工作缸；2—活塞；3、9—管道；4—排气管；5—滑阀；6—进气管；
7—滑阀气缸；8—环形通道；10—锤杆

图 10 - 2　蒸汽-空气自由锻

　　水压机是利用工作部分在工作行程内的静压力进行锻造的锻压设备。由于水压机可以产生很大的压力，坯料的变形速度低、变形抗力小，使坯料的压下量大且锻透深度大，锻锤工作的振动小。因此水压机适合大型锻件的锻造。

　　常见的自由锻水压机为 500 ～ 12000 t，国外最大的自由锻造水压机为 15 000～20 000 t，用于模锻或挤压的水压机可达 68 000～90 000 t。

10.2.2　自由锻的基本工序

　　自由锻的变形工序分为基本工序、辅助工序和修整工序。基本工序是使金属变形的基本成型工序，主要包括镦粗、拔长、切割、冲孔、弯曲、锻接、扭转等。辅助工序是为了便于基本工序完成而对坯料进行少量变形的预处理工序，主要包括压钳口、压钢锭棱边、切肩等。修整工序是在基本工序完成后对锻件进行少量的整形工序，以保证锻件尺寸，提高锻件成型质量，主要包括校正、滚圆、平整。自由锻基本工序如表 10 - 1 所示。

表 10-1　自由锻基本工序

工　序	图　　例	用　　途
镦粗	一端镦粗　　中部镦粗　　坯料	锻造圆饼类零件的毛坯
拔长	平砧拔长　　擀铁拔长　　芯棒拔长 1—擀铁；2—芯棒	锻造轴杆类零件的毛坯。当拔长量不大时，通常采用平砧拔长；当拔长量较大时，则常用擀铁拔长；对于空心的套类工件，必须使用芯棒拔长
切割	单面切割　　双面切割　　局部切割后拔长 1—剁刀；2—切口	切除锻件的料头、钢锭的冒口等。局部切割常用作拔长的辅助工序，以提高拔长效率对于厚度不大的工件，常采用剁刀进行单面切割；对于厚度较大的工件常采用双面切割
冲孔	实心冲头冲孔　　空心冲头冲孔 1—冲头；2—漏盘；3—上垫；4—空心冲头；5—芯棒	锻造环套类零件的毛坯

续表

工 序	图 例	用 途
弯曲	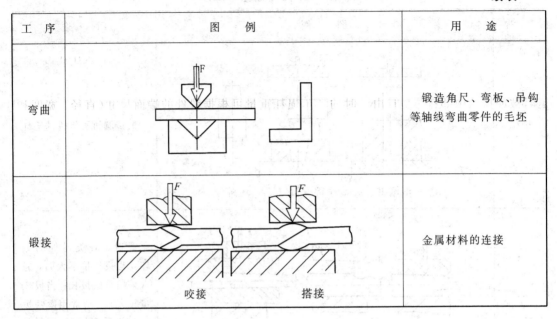	锻造角尺、弯板、吊钩等轴线弯曲零件的毛坯
锻接	咬接　　　　　搭接	金属材料的连接

10.2.3　自由锻工艺规程的制定

自由锻的生产一般需要根据工艺卡制定的工艺工程进行。制定工艺规范和编写工艺卡决定毛坯质量和尺寸、确定工序顺序、尺寸和工具，选择设备，确定加热及冷却和热处理规范等的过程，也是组织生产过程、规定操作规范、控制和检测产品质量的依据。自由锻工艺制定的主要内容如下：

1. 锻件图的绘制

锻件图是制定锻造工艺规范的核心内容，应根据产品零件图加上机械加工余量、公差等组成。

(1) 敷料。将锻件形状简化，为了便于锻造而在表面"增加"的一部分金属称为敷料。

(2) 锻件余量。由于自由锻的锻件精度差、表面质量差，故锻件需要保留较大加工余量，以便于锻造结束后进行机械加工，故应在零件的加工表面增加用于切削加工用的金属，称之为锻件余量。锻件余量的大小与零件本身尺寸和形状等因素相关。一般要求在生产可能和合理的情况下，尽量减少锻件余量。通常零件越大、形状越复杂，锻件余量就越大。具体数值可参考"锤上自由锻造锻件机械加工余量与公差标准"或结合生产的实际条件查表确定。

(3) 锻件公差。零件工程尺寸加上锻件的机械加工余量称为锻件公称尺寸。锻件实际尺寸与锻件公称尺寸之间允许的误差范围叫做锻件公差。锻件公差也可理解为是锻件名义尺寸的允许变动量。通常，锻件公差为机械加工余量的 $1/4 \sim 1/3$，其值的大小根据锻件形状、尺寸及具体的加工情况选取。

2. 坯料质量及尺寸的计算

坯料所用的质量为锻件质量与锻造损耗之和。坯料质量为

$$G_{坯料} = G_{锻件} + G_{烧损} + G_{料头}$$

式中：$G_{锻件}$ 为锻件质量。$G_{烧损}$ 为加热时坯料表面高温氧化而烧损的质量。该值的大小与金属种类、锻件大小、加热炉等因素相关。通常第一火加热的烧损较大，有时可达 2%～3%，第二火及以后的烧损量为 0.5%～1.5%。$G_{料头}$ 为锻件在自由锻时切去的部分，也叫切头损耗。对于长度较大的工件，为了得到平直的端面，需要在端头切去一段；在冲孔加工时被冲掉的中部料芯。自由锻时的切头损耗重量可根据锻件的端面尺寸（直径、宽度和高度）进行计算获得。

坯料尺寸应根据锻件的变形程度即锻造比确定。通常采用碳素钢拔长制备锻件时，锻造比一般不小于 2.5～3.7；采用轧钢作坯料拔长时，锻造比约为 1.3～1.5。

3. 锻造工序的选择

自由锻造的工序应根据工序特点和锻件形状确定。常见锻件形态及锻造工序如表 10-2所示。

表 10-2 常见锻件形态及锻造工序

锻件形态	图 例	锻造工序
盘类锻件		镦粗（或拔长及镦粗），冲孔
轴类锻件		拔长（或镦粗及拔长），切肩和镦台阶
筒类锻件		镦粗（或拔长及镦粗），冲孔，在芯轴上拔长
环类锻件		镦粗（或拔长及镦粗），冲孔，在芯轴上拔长
曲轴类锻件		拔长（或镦粗及拔长），错移，镦台阶，扭转
弯曲类锻件		拔长，弯曲

10.2.4 自由锻件的结构工艺性

在实际生产过程中，应在满足锻件使用性能的基本前提下，尽量使锻造过程简化，并节约材料消耗和提高生产率。一般自由锻件的结构设计应注意如下原则要求：

（1）锻件形状应尽量简单、对称、平直，尽量适应锻造设备的成型特点。

（2）自由锻件的设计应避免锥体和斜面，可将其改为圆柱体或台阶结构。

（3）自由锻件上应避免空间曲线，如可将弧面的相贯线改成平面与平面的交接线，以方便锻件成型。

（4）避免加强筋或凸台等结构。

（5）横截面有急剧变化的自由锻件，应设计成几个件单件的组合体进行过渡。

（6）应避免工字型截面、椭圆截面、弧线及曲线表面等复杂截面和表面。

10.3 模 锻

采用固定于锻压设备上的锻模模膛，使加热的金属成型获得所需形状和尺寸锻件的锻造方法称为模锻。通常，模锻使用的锻模由上、下模组成，模上可以制造单个或多个模膛。模锻根据锻件的形状衍生出多种工艺方法。

与自由锻相比，模锻有如下优点：

（1）由于有模膛引导和约束金属的流动，可以锻造出复杂形状的锻件，且锻工操作技术较容易。

（2）锻件内部的锻造流线比较完整，可利用此特点控制锻件内部流线组织，提高锻件的力学性能和使用寿命。

（3）模锻件具有较高表面光洁度，尺寸精度较高，从而可减小加工余量，节约材料和降低后续机加工成本。

（4）操作较为简单，生产效率高。锻模不需要人力开合，可以节约生产时间和减轻劳动强度；易于实现机械化，在大批量生产中成本低。

但模锻相比自由锻，其设备投资大，锻模形状复杂，制造周期长、成本高。因此只有当生产批量较大的小型锻件且核算成本合理时才适宜采用。

10.3.1 锤上模锻

锤上模锻一般是指在模锻锤上进行的模锻。与其他模锻设备相比，锤上模锻的工艺适应性广，设备造价低，打击能量可在生产过程中随意调整，同一副锻模可实现毛坯的预锻、镦粗、拔长、弯曲、滚挤、成形、终锻等各类工序。

锤上模锻所用的设备为模锻锤，如图 10-3 所示。其锻模由上、下两个模块组成，模块借助楔块和键块固定在锤头和下模座的飞边槽中。飞边槽的作用主要是使模块能吊挂住，相对锤头和模座不发生垂直方向的移动；楔块和键块的作用是使模块在左、右和前、后方向不能移动，且能有微调的空间。

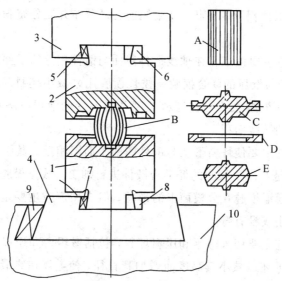

1—下模；2—上模；3—锤头；4—模座；5—上模楔；6—上模键块；7—下模楔；
8—下模键块；9—模座用楔；10—砧座

A—原毛坯；B—模锻中的毛坯；C—带飞边锻件；D—飞边；E—切除飞边的锻件

图 10-3 锤锻模结构

锤上模锻一般在一副锻模上开设多个模膛，毛坯在锻模上按照规定的工序，连续地在各个模膛中被打击成型，逐步变形成为锻件的形状，被称为多模膛模锻。与此相对应的是单模膛模锻，一般适用于形状简单，不需要制坯的锻件；或者锻件外形虽复杂，但可用其他方法或设备预先制坯的情况。

模膛根据其功用的不同，可分为模锻模膛和制坯模膛两种。

1. 模锻模膛

模锻模膛包括预锻模膛和终锻模膛。

预锻模膛的作用是使制坯后的毛坯进一步变形，保证终锻时制坯容易充满模膛，从而获得饱满且无缺陷的锻件。预锻的作用可减少终锻模膛的磨损，延长锻模的使用寿命。但是预锻模膛需要增加锻模尺寸，增加生产成本。锻件尺寸的增加容易使锻造过程中产生加工缺陷和降低锻件尺寸精度。所以只有当锻件形状复杂、无缺陷锻造困难、模膛磨损速率快且生产批量大时，应考虑使用预锻模膛。

终锻模膛的作用是将坯料加工成锻件所需形状和尺寸，故需要模膛的形状和尺寸与锻件一致。考虑到加热锻件在成型后的冷却过程中的收缩，终锻模膛的尺寸应比锻件尺寸进行适当放大。终锻模膛四周有飞边槽，以增加金属从模膛中流出的阻力，促使金属充分充满模膛的同时使模膛容纳更多的金属；飞边槽也可缓冲上、下模块相撞，防止分模面过早损坏。对于具有通孔的锻件，应在终锻过程中在孔内留下一薄层金属，称为冲孔连皮。将终锻锻件上的飞边和冲孔连皮冲掉后即可得到具有通孔的模锻件。对于形状简单或小批量的模锻件可直接使用终锻模膛加工。

2. 制坯模膛

制坯模膛是为模锻模膛制备毛坯的模膛，尤其是对于形状复杂的锻件，可采用制坯模腔将毛坯加工成与模锻件相近的形状，使金属能合理分布并充分充满模锻模腔。制坯模腔可分为三类：

（1）制坯模腔。它主要使坯料在轴线上各截面与锻件相近的零件加工。其中包括拔长模腔、滚压模腔、拔长与滚压的联合模腔。拔长模腔用来减小坯料某部分的横截面，以增加该部分的长度。滚压模腔主要是在坯料长度基本不变的前提下减小坯料某部分的横截面，以增加另一部分的横截面积。

（2）制坯模腔。它主要使坯料形状与锻件图的平面图相近。其中主要包括弯曲模腔与成型模腔。弯曲模腔是对需要弯曲的杆类模锻件进行加工。成型模腔的加工与弯曲模腔类似，都是使坯料符合模锻模腔在分模面上的形状，但成型模腔主要是成型聚料，金属流动量较大，弯曲作用很小或没有弯曲。

（3）制坯模腔。它主要用来镦粗和压扁坯料，包括镦粗台和压扁台。镦粗台适用于短轴类锻件，用来镦粗毛坯以减小其高度而增加其直径，使毛坯在终锻模腔内能覆盖一定的凸部和凹槽，防止终锻使金属横向流动速度过大。压扁台是使毛坯的轴线与分模面平行，用来压扁毛坯以增大宽度，同时起镦粗的作用。

锤上模锻设备投资少，锻件质量高，锻件适应性强，可以实现多种变形加工。但它完成一个变形工序需要多次锤击，且设备振动大、噪音大，难以实现机械化和自动化，生产效率较低。

3. 模锻工艺规则的制定

（1）制定与模锻变形相关的工艺。它主要包括绘制产品零件模锻件图，计算坯料尺寸，根据锻件形状尺寸和实际生产条件确定变形工艺方案，设计模锻工步和设计相应模腔，计算原始毛坯并确定设备吨位，设计锤锻模结构，绘制模锻图。

（2）制定模锻变形前和变形后的工艺。它主要包括确定坯料的加热、冷却和热处理规范，确定切边工艺并设计切边模具，确定清理、校正等工艺和设备。

10.3.2 胎模锻

胎模锻是在自由锤锻或压力机上安装一定形状的模具进行模锻件加工的方法。胎模锻是为了适应中小批量锻件生产而发展起来的一种锻造工艺，兼具有模锻和自由锻的特点。通常采用自由锻的方式制坯，然后在胎膜中成型。

胎膜根据其结构形式不同可分为套筒模和合模两类。套筒模一般用于锻制长度不大的回转体锻件和近回转体锻件，如齿轮、法兰、轴承环等。合模适用于锻制几何形状较为复杂的锻件的胎膜断枝，如连杆、曲轴、拔叉，转向节、吊环、吊钩等。胎膜根据是否留有飞边可分为有飞边和无飞边胎膜；根据锻件成型情况可分为整体式和分段式胎膜。

套筒模相比于合模，制造简单，操作容易，锻件同心度较好，可采用无飞边锻造和镶块结构，制坯简单。但套筒模对锻件形状有一定要求，且套筒在锻造过程中易于膨胀而变形。合模对锻件形状无要求，锻造使模具膨胀变形小，锻件精度稍好，毛坯的打击面积大，对锤头损伤较小。但合模制造复杂，模具较重，劳动强度大。

10.4 板料冲压

板料冲压是指在常温下靠压力机和模具对板材、带材和管材等施加外力,使板料经分离或成型而获得所需形状和尺寸工件的加工方法。由于板料冲压主要在室温条件下进行,故又称为冷冲压,简称冲压。冲压生产的产品称为冲压件;冲压所使用的模具称为冲压模具,简称冲模。

冲压相比于机械加工机塑性加工等方法,在技术方面和经济方面都具有许多独特的优点,主要包括如下方面:

(1)尺寸精度高。冲压可以保证产品具有较高的精度,一般无需切削加工,尤其是同一副模具生产出来的同一批次产品尺寸和精度一致性高,具有极好的互换性。

(2)生产效率高,操作简单,易于实现机械化和自动化。

(3)材料利用率高。普通冲压的材料利用率一般可达 70%~85%,甚至可达 95%。

(4)冷冲压过程中的塑性变形和加工硬化可提高零件的刚性和强度,从而可降低冲压件质量。

(5)可获得其他加工方法难以加工或无法加工的复杂形状零件。

(6)冲压操作简单,适合大批量生产,降低生产成本。

板料冲压在汽车、拖拉机、电器、日用家电、电子仪表等行业中具有广泛的应用。板料的加工大部分是经过冲压加工制成成品的。

10.4.1 冲压材料

冲压的材料应能满足产品设计的性能要求,同时应满足冲压工艺要求和冲压后的后续加工要求。冲压材料是否合适,直接影响冲压产品的性能和成本,还影响冲压工艺和后续加工的难易程度。通常,冲压材料应首先满足冲压件的使用性能要求,冲压件应具有一定的强度、刚度、冲击强度等力学性能。有的冲压件需要具有良好的耐热性能、传热性能、耐腐蚀性能等。其次冲压材料应满足冲压工艺要求,即冲压材料应具有较好的塑性、较低的变形能力以适应冲压的塑性变形过程,包括抗破裂性、贴模性和定形性。

10.4.2 冲压设备

冲压设备的种类较多,按滑块驱动力可分为机械压力机、液压机和气压机;按冲床结构可分为开式和闭式压力机;按滑块数量可分为单动和双动压力机等。用于冲模的冲压设备主要是机械传动的曲柄压力机和液压机。冲压设备按加工工艺分为剪床和冲床,常用的剪床有龙门剪、滚刀剪和振动剪,剪床通常用来将板料剪成一定宽度的条料,以便于后续加工;冲床是将凸模或冲头安装在滑块下端,通过电动机将冲床的曲柄连杆机构将回旋运动变为往复运动,使凸模与凹模共同作用对板料实现加工成型。

10.4.3 冲压的基本工序

1. 冲裁

冲裁是冲压工艺的基本工艺之一,它是利用模具使板料的一部分与另一部分沿着一定的轮廓形状分离的冲压方法，所以冲裁包括落料和冲孔两道基本工序。冲裁可以直接冲出成品零件，也可为弯曲、拉深和成形等其他冲压工序制备毛坯。落料和冲孔的操作方法和模具结构相同。当落料时，被冲下来的部分沿着封闭轮廓分离，且冲裁的目的是为了获得封闭轮廓形状以内的部分，带孔的周边为废料。冲孔则相反，冲裁的目的是为了得到封闭轮廓以外的部分，被冲下来的部分为废料，如图 10 - 4 所示。

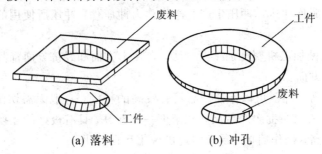

(a) 落料　　　　　(b) 冲孔

图 10 - 4　落料与冲孔

2. 弯曲

弯曲是在冲压过程中利用模具将坯料弯曲成具有一定角度和曲率形状的成形方法。在弯曲过程中，板料弯曲部分的内侧受压缩力，外侧受拉伸力，如图 10 - 5 所示。当外侧所受拉伸应力超过板料的抗拉强度时，会造成板料撕裂。弯曲变形区的内圆半径称为弯曲半径。弯曲时板料外层刚好处于拉裂时的弯曲半径称为最小弯曲半径。板料越厚，最小弯曲半径越小，此时拉应力越大，越容易弯裂。材料的塑性越好，最小弯曲半径越小。弯曲时应考虑到板材内部的纤维组织方向，应使弯曲线与板料纤维组织垂直。当使用模具弯曲管材时，为保证弯曲后管材内侧不产生皱纹或不被压扁，可在管材内填充干砂、硬质橡胶粒等。

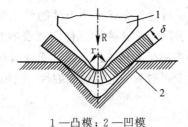

1 —凸模；2 —凹模

图 10 - 5　弯曲示意图

在弯曲过程中，弯曲变形区的总变形包括弹性变形和塑性变形；当弯曲结束后，由于弹性变形的回复，使板料回弹一点，使胚弯曲的角度增大。弯曲回弹是所有冲压工序中回弹量最大的，回弹角度通常为 0～10°。回弹严重影响了弯曲件的质量，通常为了减小回弹，可以优化弯曲件的弯曲工艺以改变变形区的应力分布状态，改进弯曲件的设计并选择合理的板材，采用补偿法或改进弯曲模工作部分材料及结构以优化弯曲模。

3. 拉深

拉深是利用模具将平板坯料冲压成开口空心零件或将开口空心零件进一步改变形状和尺寸的一种冲压加工方法，如图 10 - 6 所示。拉深加工得到的工件称为拉深件。拉深件根据磨具形态不同得到的形状各异，按形状可分为旋转体拉深件、盒形件和不对称复杂形状拉深件等。拉深的变形过程是：将直径为 D 的板料放在凹模上，启动凸模，在凸模的作用下，坯料被拉入凸模和凹模的间隙中而拉深成为一定内径和一定深度（高度）的开口圆筒形空心拉深件。

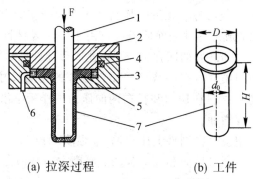

(a) 拉深过程　　　　(b) 工件

1—冲头（凸模）；2—压板；3—凹模；4—电热元件；5—板坯；
6—高压油孔；7—工件

图 10 - 6　超塑性板料拉深成形

拉深的特点：

（1）拉深后的板料分成了筒底和筒壁两部分。筒底金属一般不变形，只起传递拉力的作用，厚度基本不变。变形主要集中在位于凹模表面的平面凸缘区，该区域材料经拉深后由平板变成筒壁。

（2）主要变形区的变形不均匀。沿拉深方向受压而收缩，沿径向受拉而伸长，越靠近口部，压缩和拉深量越大。

（3）拉深件壁厚不均匀。在筒壁上部，尤其是口部的厚度增加；在筒壁下部，尤其是凸模圆角处最薄。

（4）拉深件筒壁各处硬度不均。口部变形程度最大，加工硬化效果最明显，硬度最高，越往下硬度越低。

4. 成形

成形是利用模具将冲裁、弯曲或拉深后的冲压件，产生局部变形或增大半成品的部分内径等的加工工序。它主要包括翻孔、翻边、胀形、缩口、压筋和压印等。

（1）翻孔。翻孔是指利用模具使制件的孔边缘翻起呈竖立或一定角度直边的冲压加工方法。有的翻孔加工是在平板上进行的，也可以在曲面上进行。利用翻孔可以使平面或曲面的零件变成立体形状，以增加工作的刚性。翻孔的特点是局部变形，变形区主要是凸模底部的作用区；变形区的材料同时受到拉深方向和径向的拉应力，这些拉应力均使材料沿作用方向拉长而厚度减薄；变形区材料的变形不均匀，变形规律与拉深成形相似。

可通过对板料加热增大板料的塑性，从而得到较高竖边的翻孔件，但加热后破坏了材料表面质量，故应尽量避免采用加热翻孔。在多次翻边过程中，需进行中间退火以降低加工硬化，但由于翻竖边的厚度严重变薄，故工件质量要求高时不宜采用。拉深后切底也可得到较好的竖边质量，但切底工序模具较复杂，故应尽量避免。采用拉深后冲孔再翻边可以得到质量好的制件，且模具较为简单，故可利用此方法加工竖边较高的翻孔件。

（2）翻边。翻边是利用模具使制件的边缘翻起呈竖立或一定角度直边的冲压方法。根据所翻外缘形状的不同，有外缘的内曲翻边和外缘的外曲翻边。

（3）胀形。胀形是利用模具使空心制件内部在双向拉应力的作用下产生塑性变形，以获得凸肚形制件的冲压加工方法。胀形可加工母线为曲线的旋转体凸肚空心件，也可加工不规则形状的非旋转体凸肚空心件。胀形时坯料处于双向受拉的应力作用，变形区的材料不会产生失稳、起皱现象，成形零件表面质量好。由于变形区材料横截面上的拉应力沿厚度方向分布较均匀，作用力卸载后的回弹很小，因此成形零件尺寸精度较高。

（4）缩口。缩口是利用模具将空心或管状制件端部的径向尺寸缩小的冲压加工方法。缩口变形区的变形特点是：材料在切向和径向两向压力的作用下沿切向产生压缩变形，使坯料直径减小，壁厚和高度增加。

（5）压筋。压筋是利用模具在制件上压出筋（加强筋）的冲压加工方法。压筋的变形特点是局部变形，变形区内金属沿切向和径向伸长、厚度方向减薄。利用压筋可以增强零件的刚度和强度。

（6）压印。压印是指利用模具在制件上印出印记的冲压加工方法。压印的变形特点与压筋相同，也是通过变形区材料厚度减薄、表面积增大的变形方式获得所需形状。

10.4.4 冲压件的结构工艺性

冲压件设计首先应保证冲压件的使用性能，且应考虑具有良好的工艺性能和后续加工的难易程度，以达到节约原材料消耗，减轻模具磨损，提高生产率和降低成本等。影响冲压件工艺性的主要因素包括冲压件的形状、材料、尺寸和精度等。

1. 冲裁件

（1）冲裁件的结构应尽量简单、对称，尽可能合理利用材料。可通过适当调整冲裁分布和孔间距等，达到节省材料和提高生产效率的目的，从而降低成本。

（2）冲裁件的外形和内孔应有适当的圆角，避免尖锐的清角，以便于模具加工，减小热处理变形，减小冲裁使尖角处的崩刃和过快磨损。

（3）冲裁件上应避免窄长的悬臂和凹槽。根据材料性能不同，冲裁件上凸出和凹入的尺寸与厚度相关，可查阅相关手册进行计算。

（4）冲裁件的孔边距。该孔边距与板厚及冲裁工艺相关，可查阅相关手册进行计算。

（5）冲孔位置。在弯曲件和拉深件上冲孔时，孔边与直壁间应留有适当距离，以避免冲孔凸模受水平推力而折断。

（6）孔径。冲孔孔径不应过小，以避免凸模折断或压弯。

（7）端头圆弧半径。凸模端头带圆角冲裁条料时，圆弧半径应大于板料宽度的 $1/2$。

2. 弯曲件

（1）弯曲件形状和尺寸应尽可能对称，以防止弯曲时产生偏移。

（2）板料局部弯曲时，在弯曲部分和不弯曲部分之间切槽或在弯曲前冲出工艺孔，以避免弯曲根部撕裂。

（3）在弯曲变形区附近有缺口的弯曲件，应在缺口处留连接带，弯曲成形后再将其切除。为保证坯料在弯曲模内定位准确，或防止弯曲过程中坯料的偏移，可在坯料上预先增加定位工艺孔。

（4）弯曲件的弯曲半径不宜小于最小弯曲半径，以避免增加工序数。

（5）弯曲件的直边高度不宜过小，以免不易形成足够的弯矩。对小直边弯曲件，可加高直边尺寸，弯曲后再切除多余部分。

（6）弯曲带孔工件时，为避免孔发生变形，需注意孔边距的大小，使孔处于变形区之外。

3. 拉深件

（1）拉深件的结构形状应简单、对称，尽量避免急剧变化的形状。对于形状复杂的拉深件，可将其分解，分别加工后进行连接。

（2）拉深件的壁厚在拉深过程中会发生变化，或在多次拉深过程中出现弯痕，或在无凸缘件拉深过程中易出现制耳，可在拉深加工后增加整形工序。

（3）拉深件的高度不宜过大，否则需要多次拉深。

（4）拉深件的凸缘宽度与板厚及拉深工艺相关，可查阅相关手册进行计算。

（5）拉深件的圆角半径应尽量大，以减少拉深次数并有利于拉深成形。拉深半径与板厚、拉深工艺和拉深件形状相关，可查阅相关手册进行计算。

（6）拉深件底部及凸缘上冲孔的边缘与工件圆角变径的切点之间的距离不少于 0.5 倍板厚，拉深件上的孔位应设置在与主要结构面同一平面上，或是孔壁垂直于该平面。

10.5　其他压力加工成形方法

现代工业的发展对锻件材料、形状尺寸、成形质量、成形方法、锻压装备等方面提出了越来越高的要求，不仅要求能生产各种毛坯，更需要生产高质量的成品零件。由此发展了具有某些显著特点和能力，且能实现普通锻造方法难以实现的锻造方法。

10.5.1　精密模锻

精密模锻是在模锻设备上锻造出形状复杂、高精度锻件的锻造工艺，一般不留或少留加工余量。精密模锻常用方法有开式模锻、闭式模锻、挤压、多向模锻、等温模锻等。精密模锻是现代模锻技术的发展方向之一。

影响精密模锻精度的因素主要有：毛坯体积偏差，模具和锻件的弹性变形，模具和毛坯的温度波动，模具精度和设备精度等。所以可从如下几个方面保证精密模锻精度：

（1）精确计算原始坯料尺寸。毛坯体积产生偏差的原因主要是下料不准确和加热时各毛坯烧损程度不一致。对开式精密模锻，毛坯体积偏差一般不影响锻件的尺寸偏差。对闭式精密模锻，若模膛水平尺寸不变和不产生飞刺，毛坯体积偏差将引起锻件高度尺寸的变化。

（2）模膛的尺寸精度和磨损。模膛的尺寸精度和使用过程中的磨损对锻件尺寸精度有直接影响。模膛的精度必须比锻件精度高两级。精密模应有导柱导套结构，以保证合模准确。精密模上应开有排气小孔，以减小金属的变形阻力。

（3）模具和锻件的弹性变形。在锻造过程中，模具和毛坯均会产生弹性变形，其变形尺寸可根据两者材料的弹性模量、应力指数和相应部分的尺寸来计算，最后根据工艺试验进行修订后再确定。

（4）锻造过程中应仔细清理坯料表面，除去坯料表面的氧化皮、脱碳层及其他缺陷等；尽量用无氧化或少氧化的加热法以减少坯料表面形成的氧化皮。

（5）锻造过程中要很好地冷却锻模和进行润滑。模膛的冷缩量、模具温度及其波动、加热温度的偏差、润滑情况等均影响金属充满模膛的难易程度，从而引起锻件尺寸的波动。

10.5.2　挤压

坯料在三向不均匀压应力作用下，从模具的孔口或缝隙挤出，使之横截面减小而长度增加，成为所需尺寸制品的加工方法称为挤压。挤压可提高材料塑性，有利于较低塑性材料的成形，有利于压合毛坯内部的微观缺陷，提高零件强度、疲劳极限等性能，可采用低强度材料代替贵重高强度材料。影响金属在挤压过程中的流动性因素主要有环形受力面积与挤压筒横截面积的比值、摩擦系数、筒内毛坯高度、模具形状和模具预热温度等。根据挤压时金属流动方向和凸模运动方向，挤压可分为四种方式：

（1）正挤压：坯料从模孔中流出部分飞运动方向与凸模运动方向相同的挤压方式。

（2）反挤压：坯料的一部分沿着凸模与凹模之间的间隙流出，其流动方向与凸模的运动方向相反的挤压方式。

（3）径向挤压：金属的流动方向与凸模运动方向垂直的挤压方式。

（4）复合挤压：金属沿着凸模运动相同和相反的方向同时流动的挤压方式。

10.5.3　高速模锻

高速模锻是在高速模锻设备上，采用极高的压下速度打击，使坯料在极短时间内成形锻件的方法。一般来说，设备的压下速度越高，金属变形流动就越快，金属填充模膛越充分。高速模锻可以得到形状复杂、尺寸精确的锻件。常见的高速成形方法有高速锤成形、爆炸成形、电磁成形、电液成形等。

当采用高速作用力作用在较扁毛坯上时，金属径向流动速度很大，产生很大的惯性流动。镦粗的变形力随毛坯高度降低而有所降低，这与采用很大变形力镦粗一般扁毛坯时的情况刚好相反。各质点都同时发生惯性流动，变形不均匀程度小，侧表面的周向受拉情况大为减轻。

高速成形时产生的大量变形热难以及时散发出去，使金属温度显著升高，且毛坯各处变形程度不均匀，温度变化不同，可能使局部引起过热。

在加工具有狭窄薄筋或薄片的锻件时，采用高速惯性力可使金属具有良好的填充性。

在常见的高速成形设备中，高速锤是使高压气体（通常采用 14 MPa 氮气）突然膨胀，借助触发机构推动锤头系统和框架系统作高速相对运动，以实现对击。爆炸成形是利用炸药爆炸产生的高压使金属材料变形。

10.5.4　辊锻

辊锻是使毛坯在装有扇形模块的一对旋转轧辊中通过，产生塑性变形，从而获得所需形状和尺寸的锻件。辊锻按用途可分为两类：

（1）制坯辊锻。在热模锻压力机或螺旋压力机上模锻时，可以用辊锻的方法来制坯，还可以为成形辊锻提供毛坯。

（2）成形辊锻。对原始圆钢、方钢毛坯或制坯辊锻得到的毛坯辊锻出锻件。

与一般模锻相比较，辊锻的锻模做旋转运动，辊锻只有扇形模块部分工作，所以辊锻使用的毛坯一般较短。辊锻生产效率高，设备所需吨位小，加工过程无冲击、振动小，易于实现机械自动化，对模具材料要求较低，毛坯金属损耗低。

10.5.5　摆动辗压

摆辗机是实现摆动辗压的专用设备。摆辗机上模的轴线与放在下模被辗压工件的轴线倾斜一个角度，模具一边绕轴心旋转，一边对坯料进行连续的局部压缩。如果上模的母线为一直线，则被辗压的工件表面为平面；如果母线为一曲线，则锻件上表面为曲面。

摆动辗压是局部加载变形，变形力显著降低，可以用小吨位设备成形较大的锻件。摆动辗压最适合辗压薄饼类或端部带有扁平法兰的锻件。摆动辗压过程由多次小变形均匀累积而成，组织流线分布合理，锻件力学性能均匀，锻件寿命较高。但摆辗机比一般压力机多了一套摆头传动机构，结构较为复杂。另外，在摆辗时毛坯在模具内停留时间较长，模具温度高，热疲劳较严重，寿命较低。

10.5.6　超塑性模锻

超塑性是指在特定的条件下，金属的延伸率超过常态的现象。超塑性材料的延伸率比常态提高几倍甚至几百倍，有的金属延伸率甚至达到1000%～2000%。影响材料超塑性的因素主要有组织结构、晶粒尺寸、温度条件和变形速度。利用材料的超塑性进行成形加工的方法称为超塑性成形。

目前，常用的超塑性成形方法主要有超塑性模锻、超塑性挤压、超塑性板料拉深和超塑性板料气压成形。超塑性模锻的工艺过程：首先将合金在接近正常再结晶温度下进行热变形已获得超细的晶粒组织；然后在预热的模具中将处于超塑性变形温度下的金属模锻成所需的形状；最后对锻件进行热处理，以恢复合金的高强度状态。

超塑性模锻加工能够显著提高金属的塑性，以提高金属填充模膛的能力；可极大地降低金属的变形抗力，可采用小吨位锻造机模锻较大的工件；能得到高尺寸精度的锻件，切削加工量很小，金属消耗小，锻件具有良好的力学性能。

10.6　工程应用案例——汽轮机低压转子锻造工艺

锻造工艺过程的制定是涉及锻压件产品设计、锻压工艺和后续加工的重要内容，在实际生产中具有重要意义。

汽轮机低压转子是电站设备中的重要锻件。对国内外发生的转子破裂失效的主要原因进行分析发现，锻件的力学性能达标，但由于锻件内部存在锻造缺陷，在长期的交变、复杂载荷条件下运转，内部产生的残余应力诱发缺陷产生疲劳裂纹，进而扩展长大而导致转子的破裂失效。因此，关键大型锻件的制造过程，不仅要保证其力学性能合格，还要注意消除或控制锻件内部缺陷。

1. 技术要求

汽轮机低压转子在工作时承受 3000 r/min 高速转速引起的巨大离心力,并承受扭转应力、弯曲应力、热应力和振动应力等,因此要求转子锻件强度高、韧性好、内部组织性能均匀、残余应力小。汽轮机转子用钢为 33Cr2Ni4MoV,气体含量 $\varphi_{H_2} \leqslant 0.0002\%$,$\varphi_{O_2} \leqslant 0.004\%$,$\varphi_{N_2} \leqslant 0.007\%$;力学性能 $\sigma_{0.2} \geqslant 760$ MPa,$\sigma_b = 860 \sim 970$ MPa,$\delta \geqslant 16\%$,$\psi \geqslant 45\%$,$\alpha_K \geqslant 42$ J/cm^2,脆性转变温度为 13℃;超声波探伤当量缺陷直径小于 $\phi 1.6$ mm,内孔潜望镜和磁粉检测缺陷长度小于 3 mm;金相检测结果要求晶粒度不大于 ASTM 2 级,夹杂物不大于 ASTM 3 级。

2. 锻造

在试制过程中,采用 WHF 和 JTS 联合锻压成形。具体锻造过程参见表 10-3。

表 10-3 大型转子 CAD 锻造工艺卡

零件名称	600 MW 汽轮机转子	钢 号	33Cr2Ni4MoV	
锻件单个质量	116 550 kg	锻件级别	特	
钢锭质量	230 000 kg	设备	12 000 t 水压机	
钢锭利用率	50.6%	锻造比	镦粗 4.4	拔长 17.3
每个钢锭制锻件数	1	每个锻件制零件数	1	

锻件图:

技术要求: 按照转子技术条件生产验收,钢锭第一热处理按专用工艺进行,各工序必须严格执行工艺规范。

生产路线: 加热—锻造—热处理—机加工。

大型转子的锻造工艺如表 10-4 所示。

表 10－4　大型转子的锻造工艺

编　制		校　对		批　准	
火次	温度/℃	操作说明及变形过程简图			
1	1260～750	拔冒口端到图示尺寸，压 ϕ1280 mm × 1200 mm 钳口。			
2	1260～750	用 B＝1700 mm 宽平砧压方至 2160 mm。 按 WHF 法操作要领进行。 倒八方至 2310mm。 略滚圆 ϕ 2310 mm。 剁水口，严格控制 4320 mm尺寸。 重压 ϕ1280 mm × 1200 mm 钳口			
3	1260～750	立料，镦粗，先用平板镦至 3900 mm。 再换球面板镦至图示尺寸。 压方至 2160 mm。 其余要求同火次 2 次。 倒八方至 2310 mm。 严格控制锭身及钳口长度，略滚圆 ϕ 2310 mm			
4	1260～750	立料，镦粗。 压方至 2160 mm。 倒八方至 2310 mm			

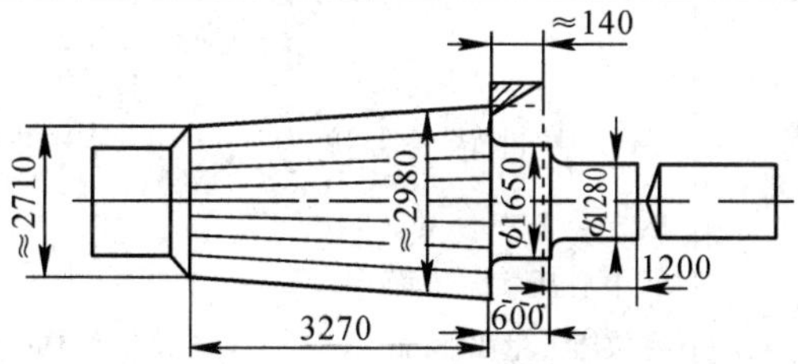

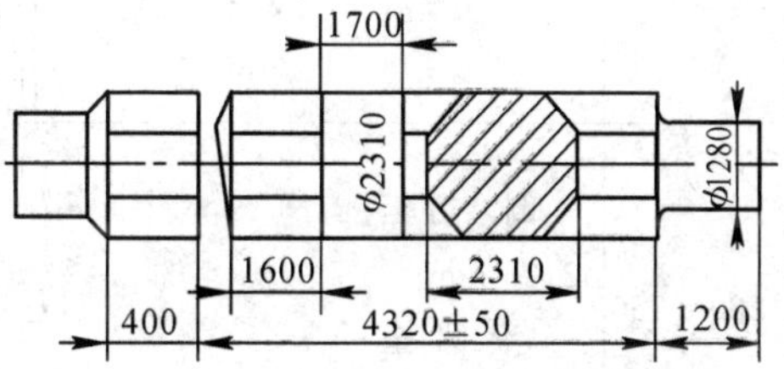

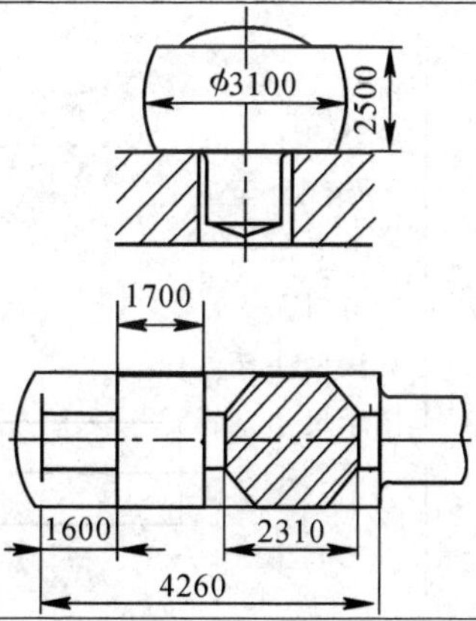

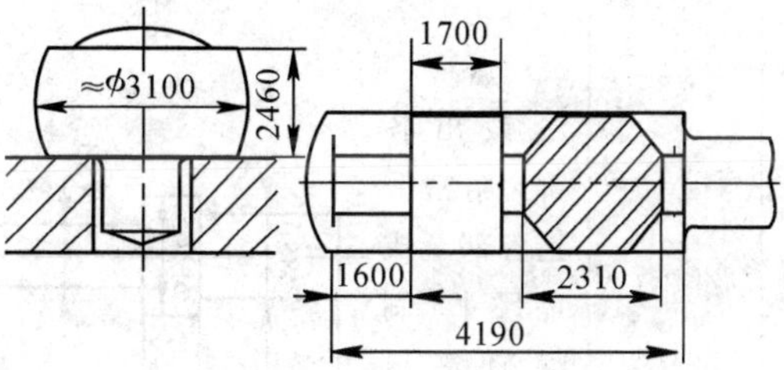

续表

编 制		校 对		批 准	
火次	温度/℃	操作说明及变形过程简图			

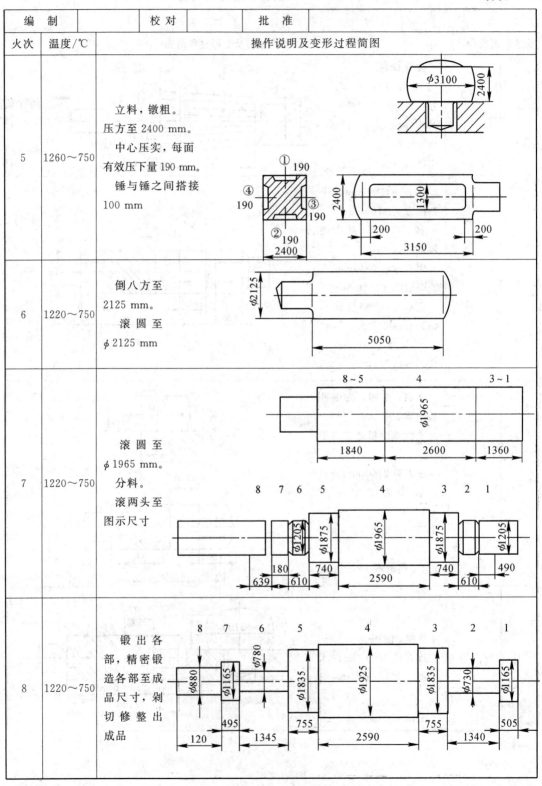

火次	温度/℃	操作说明
5	1260~750	立料，镦粗。压方至 2400 mm。中心压实，每面有效压下量 190 mm。锤与锤之间搭接 100 mm
6	1220~750	倒八方至 2125 mm。滚圆至 φ2125 mm
7	1220~750	滚圆至 φ1965 mm。分料。滚两头至图示尺寸
8	1220~750	锻出各部，精密锻造各部至成品尺寸，剁切修整出成品

3. 热处理

33Cr2Ni4MoV 淬透性好，高温奥氏体稳定性好，淬透组织有粗晶与组织遗传倾向。因此需要严格控制最后一火加热规范和塑性变形量，并采用多次重结晶，过冷至 $180\sim250℃$ 有利于晶粒细化。33Cr2Ni4MoV 钢锻后热处理规范如图 10-7 所示。

调质热处理： 840℃淬火，590～570℃回火，可以满足技术条件要求。

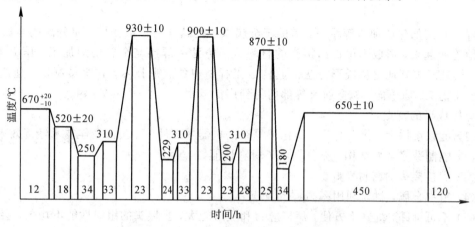

图 10-7　33Cr2Ni4MoV 钢锻后热处理规范

习题与思考题 10

10-1　什么是塑性变形？塑性变性的实质是什么？单晶体和多晶体各有什么塑性变形的方式？

10-2　如何提高金属的塑性？最常用的措施是什么？

10-3　已知 W 和 Cu 的熔点分别为 3399℃和 1083℃，试估算其再结晶温度。

10-4　自由锻有什么特点？自由锻工序如何分类？

10-5　为什么大型锻件宜采用自由锻造的方式制造？

10-6　锻造对钢锭的组织和性能有什么影响？

10-7　模锻有哪些特点和优点？

10-8　常见板料冲压工艺有哪些？冲压工艺有什么特点？

10-9　板料冲裁加工过程有什么特点？

10-10　在弯曲过程中的回弹现象对冲压生产有什么影响？

10-11　简述常见的冲压件结构工艺性。

10-12　采用哪些措施可以保证产品的尺寸精度？

第11章 焊接成形

焊接是用加热或加压等手段，借助于金属原子的结合与扩散作用，使分离的金属材料牢固地连接起来，形成不可拆卸接头的材料成形方法。焊接与金属切削加工、压力加工、铸造、热处理等其他材料成形方法一起构成工程材料的成形技术，在机械制造、建筑、车辆、石油化工、原子能、航空航天等部门得到广泛运用。

焊接成形的特点：

(1) 能以小拼大，化大为小，简化了复杂的机器零部件，可获得最佳技术经济效果。

(2) 能制造多金属结构，充分利用了材料性能。

(3) 焊接接头的密封性好。

(4) 节省金属，材料利用率高。

(5) 不可拆卸，维修不方便，焊接应力和变形较大，且接头的组织性能不均匀，会产生焊接缺陷，如裂纹、未焊透、夹渣、气孔等。

焊接方法的种类很多，按焊接过程特点可分为三大类：

(1) 熔焊：将焊件的被连接处局部加热至熔化状态形成熔池，待其冷却结晶后形成焊缝，使构件连成一体的方法。

(2) 压焊：利用摩擦、扩散和加压等方法使两个连接件表面上的原子相互接近到晶格距离，从而在固态下实现的连接方法。

(3) 钎焊：利用某些熔点低于母材的填充金属（钎料）熔化后，填入接头间隙并与固态母材通过扩散实现连接的方法。

焊接方法及其分类如图 11-1 所示。

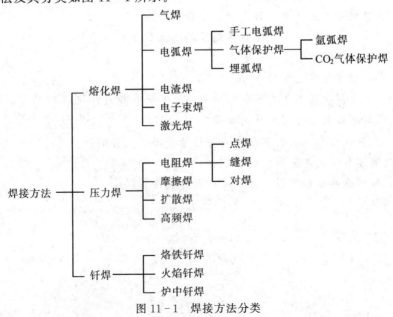

图 11-1 焊接方法分类

11.1　焊接成形理论基础

11.1.1　焊接电弧

1. 焊接电弧的产生

焊接电弧是在焊条与工件之间产生的强烈、持久又稳定的气体放电现象。

当焊条的一端与焊件接触时，造成短路，产生高温，使相接触的金属很快熔化并产生金属蒸汽。当焊条迅速提起 2～4 mm 时，在电场的作用下，阴极表面开始产生电子发射。这些电子在向阳极高速运动的过程中，与气体分子、金属蒸汽中的原子相互碰撞，造成介质和金属的电离。由电离产生的自由电子和负离子奔向阳极，正离子则奔向阴极。在它们运动过程中以及到达两极时不断碰撞和复合，使动能变为热能，产生了大量的光和热。其宏观表现是强烈而持久的放电现象，即电弧。

2. 焊接电弧的结构

焊接电弧由阴极区、阳极区和弧柱区三部分组成，如图 11-2 所示。

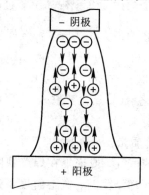

图 11-2　电弧的结构示意

（1）阴极区：在阴极的端部，是向外发射电子的部分。发射电子需消耗一定的能量，因此阴极区产生的热量不多，放出热量占电弧总热量的 36% 左右，平均温度为 2400 K。

（2）阳极区：在阳极的端部，是接收电子的部分。由于阳极受电子轰击和吸入电子，获得很大能量，因此阳极区的温度和放出的热量比阴极高些，约占电弧总热量的 43% 左右，平均温度为 2600 K。

（3）弧柱区：是位于阳极区和阴极区之间的气体空间区域，长度相当于整个电弧长度。它由电子、正负离子组成，产生的热量约占电弧总热量的 21% 左右，弧柱中心温度可达6000～8000 K。弧柱区的热量大部分通过对流、辐射散失到周围的空气中。

11.1.2　焊接原理和焊接冶金过程

1. 焊接原理

将两电极接通电源，短暂接触并迅速分离，接触时发生短路，产生极大的短路电流，使接触点产生大量的热，电极表面迅速升温，两者均熔化；分离时大量电子放射，形成电弧。

2. 焊接冶金过程

电弧焊的焊接过程，如同一座微型电弧炼钢炉在炼钢一样，要进行一系列的冶金反应过程。焊条电弧焊的冶金过程如图 11-3 所示，母材、焊条受电弧高温作用熔化形成金属熔池，将进行熔化、氧化、还原、造渣、精炼及合金化等物理、化学过程。

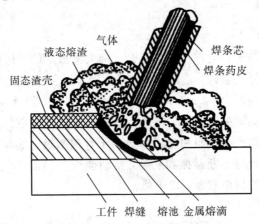

图 11-3　焊条电弧焊的冶金过程

金属与氧的作用对焊接质量影响最大，氧与多种金属发生氧化反应：

$$C + O \rightarrow CO, \quad Fe + O \rightarrow FeO, \quad Mn + O \rightarrow MnO,$$
$$Si + 2O \rightarrow SiO_2, \quad 2Cr + 3O \rightarrow Cr_2O_3, \quad 2Al + 3O \rightarrow Al_2O_3$$

能够溶解在液态金属中的氧化物（如氧化亚铁），冷凝时因溶解度下降而析出，严重影响焊缝质量，如图 11-4 所示。而大部分金属氧化物（如硅、锰化合物）不溶于液态金属，可随渣浮出，净化熔池，提高焊缝质量。

氢易溶入熔池，在焊缝中形成气孔，或聚集在焊缝缺陷处造成氢脆。其次空气中的氮气在高温时大量溶于液体金属，冷却结晶时，氮溶解度下降，如图 11-5 所示。析出的氮在焊缝中形成气孔，部分还以针状氮化物（Fe_4N）的形式析出。焊缝中含氮量提高，使焊缝的强度和硬度增加，但塑性和韧性剧烈下降。

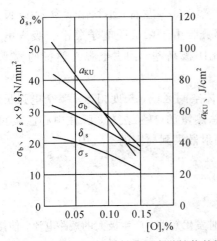

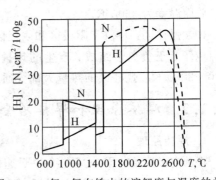

图 11-4　氧（氧化亚铁）对低碳钢力学性能的影响　　　图 11-5　氢、氮在铁中的溶解度与温度的关系

焊缝的冶金过程与一般冶金过程比较，具有以下特点：

（1）金属熔池体积小，熔池处于液态时间短，冶金反应不充分。

（2）熔池温度高，使金属元素强烈的烧损和蒸发，冷却速度快，易产生应力和变形，甚至开裂。

为保证焊缝质量，可从两方面采取措施：

（1）减少有害元素进入熔池，主要采用机械保护，如焊条药皮、埋弧焊的焊剂和气体保护焊的保护气体（CO_2、氩气）等。

（2）清除已进入熔池的有害元素，增加合金元素。如在焊条药皮里加合金元素进行脱氧、去氢、去硫、渗合金等。

11.1.3　电弧焊机

电弧焊机按产生电流种类不同，可分为交流弧焊机和直流弧焊机两类。

交流弧焊机实际上是符合焊接要求的降压变压器，如图 11-6 所示。

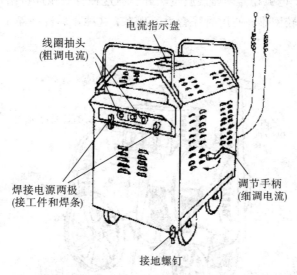

图 11-6　交流弧焊机

为了适应焊接电弧的特殊需要，电焊机应具有降压特性，这样才能使焊接过程稳定。未起弧时的空载电压为 60～90 V，起弧后自动降到 20～30 V，满足电弧正常燃烧的需要。它能自动限制短路电流，不怕起弧时焊条与工件的瞬间接触短路，还能供给焊接时所需要的几十安培到几百安培电流，并且这个焊接电流还可根据焊件的厚薄和焊条直径的大小来调节。电流调节分粗调和细调两级，粗调通过改变输出线头的接法来大范围调节；细调用摇动调节手柄改变电焊机内可动铁芯或可动线圈的位置来小范围调节。交流弧焊机结构简单，价格便宜，噪声小，使用可靠，维修方便。但电弧稳定性较差，有些种类的焊条使用受到限制。在我国交流弧焊机使用非常广泛。

直流弧焊电源输出端有正、负极之分，焊接时电弧两端极性不变。弧焊机正、负两极与焊条、焊件有两种不同的接线法：将焊件接到弧焊机正极，焊条接至负极，这种接法称为正接，又称正极性；反之，将焊件接到负极，焊条接至正极，称为反接，又称反极性，如图 11-7 所示。

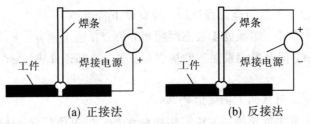

图 11 - 7　直流弧焊机的不同极性

焊接厚板时，一般采用直流正接，这是因为电弧正极的温度和热量比负极高，采用正接能获得较大的熔深。焊接薄板时，为了防止烧穿，常采用反接。在使用碱性低氢钠型焊条时，均采用直流反接。

1. 旋转式直流弧焊机

旋转式直流弧焊机是由一台三相感应电动机和一台直流弧焊发电机组成的，又称为弧焊发电机。图 11 - 8 所示是旋转式直流弧焊机的外形。它的特点是能够得到稳定的直流电，因此，引弧容易，电弧稳定，焊接质量较好。但这种直流弧焊机结构复杂，价格比交流弧焊机贵得多，维修较困难，使用时噪音大。现在，这种弧焊机已停止生产，处于淘汰中。

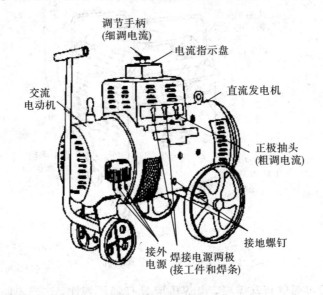

图 11 - 8　旋转式直流弧焊机外形

2. 整流式直流弧焊机

整流式直流弧焊机的结构相当于在交流弧焊机上加上整流器，从而把交流电变成直流电。它既弥补了交流弧焊机电弧稳定性不好的缺点，又比旋转式直流弧焊机结构简单，消除了噪音。它已逐步取代旋转式直流弧焊机。

3. 逆变式弧焊变压器

逆变是指将直流电变为交流电的过程。逆变式弧焊变压器可通过逆变改变电源的频率，得到想要的焊接波形。其特点是提高了变压器的工作频率，使主变压器的体积大大缩小，方便移动；提高了电源的功率因数；有良好的动特性；飞溅小，可一机多用，可完成多种焊接。逆变电源的基本原理框图如图 11 - 9 所示。

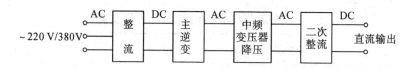

图 11-9 逆变电源的基本原理框图

11.1.4 焊条

焊条是指涂有药皮的供电弧焊使用的熔化电极。它是由焊芯和药皮两部分组成。焊条结构如图 11-10 所示。

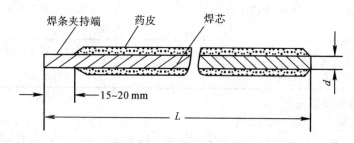

图 11-10 焊条结构示意图

1. 焊芯

焊芯是组成焊缝金属的主要材料。其主要作用是：传导焊接电流，产生电弧；作为填充金属，熔化后填充焊缝。它的化学成分和非金属夹杂物的多少将直接影响焊缝质量。因此，结构钢焊条应符合国家标准 GB/T 14957 — 1994《熔化焊用钢丝》的要求。常用结构钢焊条焊芯的牌号和成分如表 11-1 所示。

表 11-1 常用结构钢焊条焊芯的牌号和成分

牌号	化学成分(质量分数/(%))							用途
	C	Mn	Si	Cr	Ni	S	P	
H08A	≤0.10	0.30~0.55	≤0.03	≤0.20	≤0.30	≤0.30	≤0.30	一般焊接结构
H08MnA	≤0.10	0.80~1.10	≤0.07	≤0.20	≤0.30	≤0.30	≤0.30	重要的焊接结构，用作埋弧焊钢丝

焊芯具有较低的含碳量和一定的含锰量，含硅量控制较严，硫、磷的含量则应低。焊芯牌号中带"A"的，其硫、磷的质量分数不超过 0.03%。焊芯的直径称为焊条直径。最小直径为 $\phi 1.6\,\mathrm{mm}$，最大直径为 $\phi 8\,\mathrm{mm}$，其中以直径 $\phi 3.2\,\mathrm{mm}$～ $\phi 5\,\mathrm{mm}$ 的焊条应用最广。

2. 焊条药皮

焊条药皮在焊接过程中的主要作用是：提高电弧燃烧的稳定性，防止空气对熔化金属的侵害，保证焊缝金属的脱氧和加入合金元素，以保证焊缝金属的化学成分和力学性能。焊条药皮原料的种类、名称及其作用如表 11-2 所示。

表 11－2　焊条药皮原料的种类、名称及其作用

原料种类	原料名称	作　用
稳弧剂	K_2CO_3，Na_2CO_3，$CaCO_3$，长石，钛白粉，钠水玻璃，钾水玻璃	改善引弧性，提高电弧燃烧稳定性
造气剂	淀粉，木屑，纤维素，大理石（$CaCO_3$）	高温分解出大量气体，隔绝空气，保护焊接熔滴与熔池
造渣剂	大理石（$CaCO_3$），萤石（CaF_2），菱苦土，长石，锰矿，钛铁矿，黄土，钛白粉，金红石	使熔渣具有合适的熔点、黏度和酸碱度，以便有利于脱渣、脱硫和磷等
脱氧剂	锰铁，硅铁，钛铁，铝铁，石墨	降低电弧气氛和熔渣的氧化性，脱除熔滴和熔池金属中的氧、锰，还起脱硫作用
合金剂	锰铁，硅铁，钛铁，钼铁，钒铁，钨铁	使得焊缝金属获得必要的合金成分
黏结剂	钾水玻璃，钠水玻璃	将药皮牢固地粘在钢芯上

3．焊条的种类及型号

1）焊条的种类

由于焊接方法应用的范围越来越广泛，因此为适应各个行业、各种材料和达到不同的性能要求，焊条品种非常多。根据不同情况，焊条有三种分类方法：按焊条的用途分类、按焊条药皮的主要化学成分分类、按焊条药皮熔化后熔渣的特性分类。

按焊条的用途，可以将焊条分为结构钢焊条、耐热钢焊条、不锈钢焊条、堆焊焊条、低温钢焊条、铸铁焊条、镍和镍合金焊条、铜及铜合金焊条、铝及铝合金焊条以及特殊用途焊条。

按焊条药皮的主要化学成分来分类，可以将焊条分为氧化钛型焊条、氧化钛钙型焊条、钛铁矿型焊条、氧化铁型焊条、纤维素型焊条、低氢型焊条、石墨型焊条及盐基型焊条。

按焊条药皮熔化后熔渣的特性来分类，可将焊条分为酸性焊条和碱性焊条。药皮中含有多量酸性氧化物（TiO_2、SiO_2 等）的焊条称为酸性焊条。药皮中含有多量碱性氧化物（CaO、Na_2O 等）的焊条称为碱性焊条。酸性焊条能交、直流两用，焊接工艺性能较好，但焊缝的力学性能，特别是冲击韧度较差，适用于一般低碳钢和强度较低的低合金结构钢的焊接，是应用最广的焊条。碱性焊条脱硫、脱磷能力力强，药皮有去氢作用。其焊接含氢量很低，故又称为低氢型焊条。碱性焊条的焊缝具有良好的抗裂性和力学性能，但工艺性能较差，一般用直流电源施焊，主要用于重要结构（如锅炉、压力容器和合金结构钢等）的焊接。

2）焊条型号

由国家标准分别规定各类焊条的型号编制方法。如标准规定碳钢焊条型号为 E××××，其中，字母 E 表示焊条；前二位数字表示熔敷金属抗拉强度的最小值；第三位数字表示焊接位置，取值为 0 及 1 表示焊条适用于全位置（平焊、立焊、横焊、仰焊）焊接，2 表示为平焊及平角焊，4 表示焊条适用于向下立焊；第三位和第四位数字组合时，表示焊接电流种类及药皮类型。在第四位数字后附加 R 则表示耐吸潮焊条；附加 M 则表示耐吸潮和力学性能有特殊规定的焊条；附加－1 则表示冲击性能有特殊规定的焊条。

例如，E4303：E 表示焊条，43 表示熔敷金属的最小抗拉强度值（43 kgf/mm²）；03 表

示焊接电流的种类、焊接位置和药皮类型。

4. 焊条的选用原则

焊条的选用必须在确保焊接结构安全、使用可靠的前提下，根据被焊材料的化学成分、力学性能、板厚及接头形式、焊接结构特点、受力状态、结构使用条件对焊缝性能的要求、焊接施工条件和技术经济效益等综合考虑后，有针对性地选用焊条，必要时还需进行焊接性试验。

（1）考虑焊缝金属力学性能和化学成分。

对于普通结构钢，通常要求焊缝金属与母材等强度，应选用熔敷金属抗拉强度等于或稍高于母材的焊条。对于合金结构钢，有时还要求合金成分与母材相同或接近。焊接异种结构钢时，按强度等级低的钢种选用焊条。在焊接结构刚性大、接头应力高、焊缝易产生裂纹的不利情况下，应考虑选用比母材强度低的焊条。当母材中碳、硫、磷等元素的含量偏高时，焊缝中容易产生裂纹，应选用抗裂性能好的碱性低氢型焊条。

（2）考虑焊接构件使用性能和工作条件。

对承受载荷和冲击载荷的焊件，除满足强度要求外，主要应保证焊缝金属具有较高的冲击韧性和塑性，可选用塑、韧性指标较高的低氢型焊条。接触腐蚀介质的焊件，应根据介质的性质及腐蚀特征选用不锈钢类焊条或其他耐腐蚀焊条。在高温、低温、耐磨或其他特殊条件下工作的焊接件，应选用相应的耐热钢、低温钢、堆焊或其他特殊用途的焊条。

（3）考虑焊接结构特点及受力条件。

对结构形状复杂、刚性大的厚大焊接件，由于焊接过程中产生很大的内应力，易使焊缝产生裂纹，应选用抗裂性能好的碱性低氢焊条。对受力不大、焊接部位难以清理干净的焊件，应选用对铁锈、氧化皮、油污不敏感的酸性焊条。对受条件限制不能翻转的焊件，应选用适于全位置焊接的焊条。

（4）考虑施工条件和经济效益。

在满足产品使用性能要求的情况下，应选用工艺性好的酸性焊条。在狭小或通风条件差的场合，应选用酸性焊条或低尘焊条。对焊接工作量大的结构，有条件时应尽量采用高效率焊条，如铁粉焊条、高效率重力焊条等，或选用底层焊条、立向下焊条之类的专用焊条，以提高焊接生产率。

11.1.5 焊接接头的组织和性能

熔焊使焊缝及其附近的母材经历了一个加热和冷却的热过程，由于温度分布不均匀，焊件受到一次复杂的冶金过程，焊缝附近区域受到一次不同规范的热处理，因此必然引起相应的组织和性能的变化，直接影响焊接质量。

1. 焊接热循环

焊接热循环是指在焊接加热和冷却过程中，焊接接头上某点的温度随时间变化的过程。如图 11-11 所示。不同的点，其热循环不同，即最高加热温度、加热速度和冷却速度均不同。

在焊接热循环中，影响焊接质量的主要参数有最高加热温度 T_{m1}、高温（1100℃以上）停留时间 $t_{过1}$ 和冷却速度等。冷却速度中起关键作用的是从800℃到500℃的速度，通常用 $t_{8/5}$ 来表示。其特点是加热和冷却速度都很快，每秒一百摄氏度以上，甚至可达每秒几百摄氏度。因此，对易淬火钢，焊后发生空冷淬火，使其他材料易产生焊接变形、应力及裂纹。

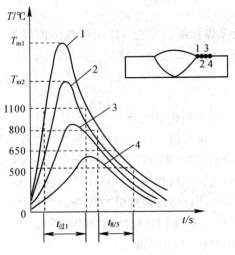

图 11 - 11　焊接热循环曲线

2. 焊接接头金属组织与性能的变化

以低碳钢为例，说明焊接过程造成金属组织和性能的变化，如图 11 - 12 所示。受焊接热循环的影响，焊缝附近的母材组织或性能发生变化的区域，叫做焊接热影响区。熔焊焊缝和母材的交界线叫做熔合线。熔合线两侧有一个很窄的焊缝与热影响区的过渡区，叫做熔合区。焊接接头由焊缝区、熔合区和热影响区组成。

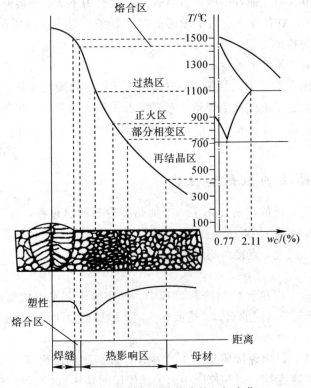

图 11 - 12　低碳钢焊接接头的组织变化

1）焊缝区

焊接热源向前移去后，熔池液体金属迅速冷却结晶，结晶从熔池底部未熔化的半个晶粒开始，垂直熔合线向熔池中心生长，呈柱状枝晶，如图 11-13 所示。在结晶过程中将在最后结晶部位产生成分偏析。同时焊缝组织是从液体金属结晶的铸态组织，晶粒粗大，成分偏析，组织不致密。但由于熔池小，冷却快，化学成分控制严格，碳、硫、磷都较低，并含有一定合金元素，故可使焊缝金属的力学性能不低于母材。

图 11-13　焊缝柱状枝晶

2）熔合区

化学成分不均匀，组织粗大，往往是粗大的过热组织或粗大的淬硬组织，使强度下降，塑性、韧性极差，产生裂纹和脆性破坏，其性能是焊接接头中最差的。

3）热影响区

热影响区各点的最高加热温度不同，其组织变化也不相同。如图 11-12 所示，热影响区可分为过热区、正火区、部分相变区和再结晶区。

（1）过热区：最高加热温度在 1100℃ 以上的区域，晶粒粗大，甚至产生过热组织。塑性和韧性明显下降，是热影响区中力学性能最差的部位。

（2）正火区：最高加热温度在 A_{c_3} 至 1100℃ 的区域，焊后空冷得到晶粒较细小的正火组织，力学性能较好。

（3）部分相变区：最高加热温度在 A_{c_1} 至 A_{c_3} 的区域，只有部分组织发生相变，晶粒不均匀，性能较差。

低碳钢焊接接头的组织、性能变化如图 11-14 所示，熔合区和过热区性能最差，热影响区越小越好，其影响因素有焊接方法、焊接规范、接头形式等。

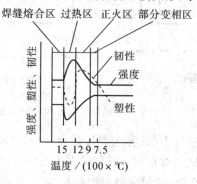

图 11-14　低碳钢焊接接头的性能分布

3. 影响焊接接头性能的因素

焊接接头的力学性能取决于它的化学成分和组织。具体如下：

（1）焊接材料、焊丝和焊剂均会影响焊缝的化学成分。

（2）焊接方法。一方面影响组织粗细，另一方面影响有害杂质含量。

（3）焊接工艺。在焊接时，为保证焊接质量而选定的诸物理量（如焊接电流、电弧电压、焊接速度、线能量等）的总称，叫做焊接工艺参数。线能量指熔焊时焊接能源输入到单位长度焊缝上的能量。显然焊接工艺参数，影响焊接接头输入能量的大小，影响焊接热循环,从而影响热影响区的大小和接头组织的粗细。

(4) 焊后热处理。如正火,能细化接头组织,改善性能。

(5) 接头形式、工件厚度、施焊环境温度和预热等均会影响焊后冷却速度,从而影响接头的组织和性能。

4. 改善焊接接头组织与性能的措施

(1) 尽量选择低碳和硫、磷含量较低的钢材作为焊接结构材料。

(2) 加快焊接速度,减小焊接电流。

(3) 对较大的焊缝采用多层焊,利用后层对前层的回火作用,使前层的组织和性能得到改善。

(4) 焊后进行热处理,消除应力,细化晶粒,改善接头的力学性能。

11.1.6 焊接应力与变形

1. 焊接应力与变形产生的原因

焊件在焊接过程中受到局部加热和冷却是产生焊接应力和变形的主要原因。图11-15所示是低碳钢平板对接焊时产生应力和变形的示意图。

平板焊接时,要产生热胀冷缩。加热时,若为自由膨胀,则如图11-15(a)中虚线所示,但由于受到阻碍,产生同样伸长,故高温处产生压应力,低温处产生拉应力,两者平衡。冷却后,由于冷却速度不同,高温处冷却慢,收缩大。同样,最后在高温处产生拉应力,低温处产生压应力。

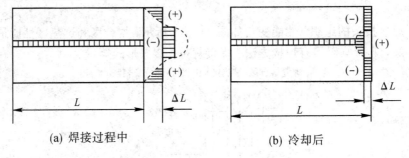

(a) 焊接过程中   (b) 冷却后

图 11-15　平板对接焊的应力和变形示意图

残留在焊接构件中的焊接应力(又称为焊接残余应力)会降低接头区实际承受载荷的能力。特别是当构件承受动载疲劳载荷时,有可能发生低应力破坏。对于厚壁结构的焊接接头、立体交叉焊缝的焊接区或存在焊接缺陷的区域,由于焊接残余应力,使材料的塑性变形能力下降,会造成构件发生脆性破裂。焊接残余应力在一定条件下会引起裂纹,有时导致产品返修或报废。如果在工作温度下材料的塑性较差,由于焊接拉伸应力的存在,则会降低结构的强度,缩短使用寿命。

2. 焊接变形的基本形式

焊接过程中焊件产生的变形称为焊接变形。焊接后,焊件残留的变形称为焊接残余变形。焊接残余变形有纵向收缩变形、横向收缩变形、角变形、弯曲变形、扭曲变形和波浪变形等六种,如图11-16所示。其中,焊缝的纵向收缩变形和横向收缩变形是基本的变形形式,在不同的焊件上,由于焊缝的数量和位置分布不同,这两种变形又可表现为其他几种不同形式的变形。

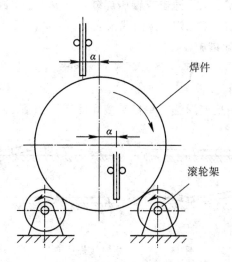

图 11-16　常见焊接变形的基本形式

通常，焊件的焊接残余变形和残余应力是同时存在的，有时焊接残余变形的危害比残余应力的危害还要大。焊接残余变形使焊件或部件的尺寸改变，降低装配质量，甚至使产品直接报废。矫正变形是一件费时的事，会增加制造成本，降低焊接接头的性能。另外，由于角变形、弯曲变形和扭曲变形使构件承受载荷时产生附加应力，因而会降低构件的实际承载能力，导致发生断事故。

3. 焊接应力和变形的防止

焊接应力的防止及消除措施：

(1) 焊前预热可减少工件温差，减少残余应力。在焊接之前，把工件全部或局部进行适当预热，然后进行焊接。一般的预热温度为 150~350℃。该方法主要适用于塑性较低，容易产生裂缝的材料。例如，中碳钢、中碳合金钢、铸铁等。

(2) 焊后热处理。对于受力复杂的重要焊件，以及有精度要求的零件，焊接之后应进行除去应力退火，一般温度为 600~650℃，可消除焊件中 80%~90% 的残余应力。

(3) 结构设计要避免焊缝密集交叉，焊缝截面和长度要尽可能小。

(4) 采取合理的焊接顺序，使焊缝较自由的收缩，如图 11-17 所示。通常，先焊收缩量较大的焊缝或工作时受力较大的焊缝；先焊错开的短焊缝，后焊直通的长焊缝。

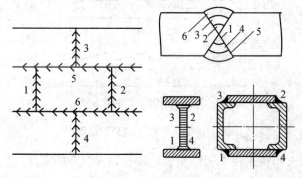

图 11-17　合理安排焊接顺序

（5）焊缝仍处在较高温度时，锤击或辗压焊缝使金属伸长，减少残余应力。

（6）采用小线能量焊接，多层焊，减少残余应力。

焊接变形的防止和消除措施：

（1）结构设计要避免焊缝密集交叉，焊缝截面和长度要尽可能小，与防止应力一样，这也是减少变形的有效措施。

（2）焊前组装时，采用反变形法。平板对接焊反变形如图 11-18 所示。

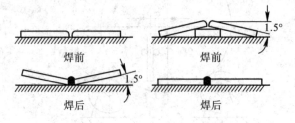

图 11-18 平板对接焊反变形

（3）采用刚性固定法，但会产生较大的残余应力，如图 11-19 所示。

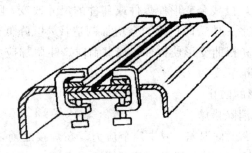

图 11-19 刚性固定防止变形

（4）采用合理的焊接规范。

（5）选用合理的焊接顺序，如图 11-17 所示的焊接顺序和图 11-20 所示的分段退焊。

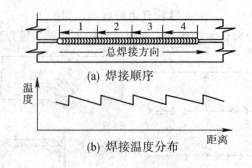

图 11-20 长焊缝的分段退焊

（6）采用机械或火焰矫正法来减少变形，如图 11-21 和 图 11-22 分别所示机械矫正法和火焰矫正法。

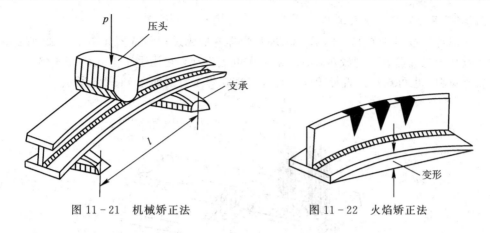

图 11-21 机械矫正法   图 11-22 火焰矫正法

11.2 常用焊接方法

11.2.1 熔焊

1. 焊条电弧焊

焊条电弧焊是利用电弧作为热源，手工操纵焊条进行焊接的方法，又称为手工电弧焊。

焊条电弧焊具有设备简单，易于维护，操作灵活，成本低等优点，且焊接性好，对焊接接头的装配尺寸无特殊要求，可在各种条件下进行各种位置的焊接，适于多种钢材和有色金属等，是应用最广泛的焊接方法。但是，焊条电弧焊焊接时有强烈弧光和烟尘污染，劳动条件差，生产率低，对工人技术水平要求较高，焊缝短而且不连续，焊缝宽度不均，焊缝质量不稳定。因此，它主要应用于单件小批量生产中焊接碳素钢、低合金结构钢、不锈钢、耐热钢和对铸铁的补焊等，适宜板厚为 3~20 mm。

2. 埋弧焊

电弧在焊剂层下燃烧的电弧焊方法称为埋弧焊。若引弧、焊丝送进、移动电弧以及收弧等均由机械完成，则称为埋弧自动焊。

1) 埋弧焊设备

埋弧焊设备由焊接电源、焊车、控制箱三部分组成。其中，焊车由送丝机头、行走小车、控制盘、焊丝盘和焊剂漏斗等组成，如图 11-23 所示。

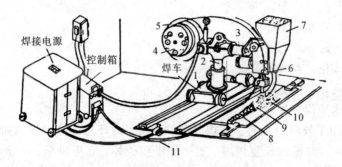

1—车架；2—立柱；3—横梁；4—操纵盘；5—焊丝盘；6—机头；
7—焊剂漏斗；8—焊缝；9—渣壳；10—焊剂；11—焊接电缆

图 11-23 埋弧焊设备

2）埋弧焊的焊接过程及工艺

埋弧焊焊接过程如图 11-24 所示；埋弧焊焊缝形成过程示意图如图 11-25 所示。埋弧焊焊丝从导电嘴深处长度较短，故可采用大电流焊接，它比手工电弧焊高 4 倍，故适宜焊接较厚材料，也可焊接大直径筒体。环焊缝埋弧焊示意图如图 11-26 所示。

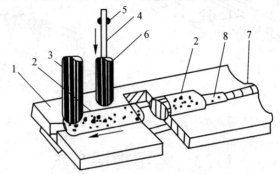

1—焊件；2—焊剂；3—焊剂漏斗；4—焊丝；5—送丝滚轮；6—导电嘴；7—焊缝；8—渣壳

图 11-24　埋弧焊焊接过程

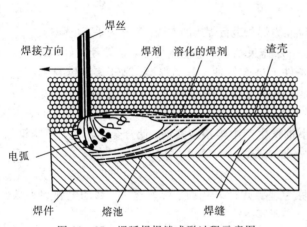

图 11-25　埋弧焊焊缝成形过程示意图

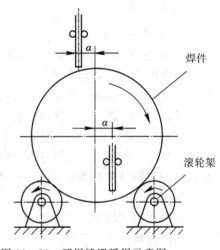

图 11-26　环焊缝埋弧焊示意图

3）埋弧焊的特点及应用

埋弧焊的特点：

（1）焊接质量高且稳定。

（2）熔深大，节省焊接材料。

（3）无弧光，无金属飞溅，焊接烟雾少。

（4）自动化操作，生产效率高。

（5）设备昂贵，工艺复杂。

（6）只能在水平位置焊接。

埋弧焊主要用于较厚钢板的长直焊缝和较大直径的环形焊缝焊接。如压力容器的环焊缝和直焊缝、锅炉冷却壁的长直焊缝、船舶和潜艇壳体、起重机械、冶金机械（高炉炉身）等的焊接。

3．气体保护焊

气体保护焊是用外加气体作为电弧介质并保护电弧区的熔滴和熔池及焊缝的电弧焊。

常用的保护气体有惰性气体(氩气、氦气和混合气体)和活性气体(二氧化碳气)两种,分别称为惰性气体保护焊和 CO_2 焊。

1)惰性气体保护焊

(1)保护气体和电极材料。

保护气体有氩气(Ar)和氦气(He)及其混合气体,分别称为氩弧焊和氦弧焊及混合气体保护焊。

氩弧焊分为钨极氩弧焊和熔化极氩弧焊,如图 11-27 所示。钨极氩弧焊的电极材料可用纯钨或钨合金,一般采用铈钨极,其在焊接过程中不熔化,故需采用焊丝。钨极氩弧焊的焊接电流较小,适于薄板焊接。熔化极氩弧焊采用焊丝作为电极,可使用大电流,适用于中厚板焊接。

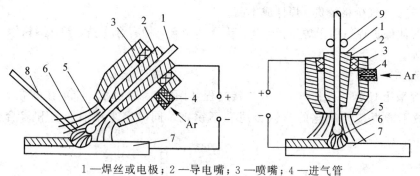

1—焊丝或电极;2—导电嘴;3—喷嘴;4—进气管

5—氩气流;6—电弧;7—焊件;8—填充焊丝;9—送丝滚轮

图 11-27 氩弧焊示意图

氩弧焊设备由送丝系统、主电路系统、供气系统、水冷系统、控制系统、焊枪等组成,如图 11-28 所示。

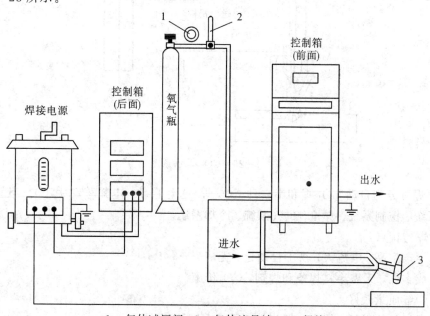

1—气体减压阀;2—气体流量计;3—焊枪

图 11-28 氩弧焊设备组成示意图

（2）电源种类和极性。

钨极氩弧焊一般采用直流正接，以减少钨极烧损；但焊接铝、镁金属时，为去除氧化物，而利用"阴极破碎"作用可采用直流反接。熔化极氩弧焊一般采用直流反接。

（3）惰性气体保护焊的特点及应用。

惰性气体保护焊的特点：

① 可焊化学性质活泼的非铁金属及其合金或特殊性能钢。

② 电弧燃烧稳定、飞溅小，表面无熔渣，焊缝成形美观，质量好。

③ 电弧在气流压缩下燃烧，热量集中，焊缝周围气流冷却，热影响区小，焊后变形小，适于薄板焊接。

④ 电弧为明弧，操作方便，易于自动控制焊缝。

⑤ 氩气、氦气价格较贵，焊件成本高。

惰性气体保护焊适用于焊接铝、镁、钛及其合金，稀有金属锆、钼、不锈钢、耐热钢、低合金钢等。

2）CO_2 气体保护焊

CO_2 焊采用 CO_2 为保护气体，其焊接过程如图 11 - 29 所示。CO_2 在高温下会分解氧化金属，故不能焊接易氧化的非铁金属和不锈钢。同时需采用能脱氧和渗合金的特殊焊丝。

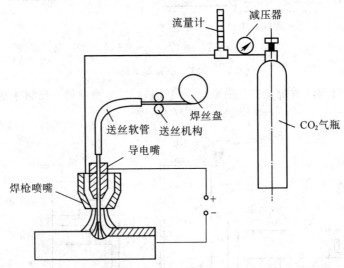

图 11 - 29 CO_2 焊示意图

CO_2 焊可分为自动 CO_2 焊和半自动 CO_2 焊（送丝自动，电弧移动手工）。其设备包括主电路系统、控制系统、焊枪、供气系统、冷却系统。

CO_2 焊的特点：

（1）生产率高，电流大，易于自动化，无渣壳。

（2）成本低，无需涂料焊条和焊剂，CO_2 价廉。

（3）焊缝质量较好。

（4）采用气体保护，能全位置焊接，易于自动控制。

（5）焊缝成形差，飞溅大。

(6) 不能焊接易氧化的非铁金属和不锈钢。

(7) 设备较复杂，使用和维修不方便。

CO_2 焊适于焊接低碳钢和强度级别不高的普通低合金结构钢。

4. 电渣焊

电渣焊是利用电流通过熔渣产生的熔渣电阻热加热熔化母材与电极(填充金属)的一种焊接方法。按电极形状，电渣焊可分为丝极电渣焊、板极电渣焊、熔嘴电渣焊和熔管电渣焊。

丝极电渣焊过程如图 11-30 所示。焊接过程为先引弧，形成渣池，电弧过程变为电渣过程，熔化金属凝固成形。

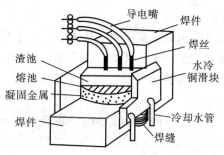

图 11-30　电渣焊过程示意图

电渣焊的特点：

(1) 可一次焊成很厚的焊缝。

(2) 生产率高，焊接材料消耗少，不需开坡口。

(3) 焊缝金属较纯净，渣池覆盖住熔池，保护良好，有利于气体和杂质浮出。

(4) 接头金属在高温下停留时间长，过热区大，接头金属组织粗大，焊后应进行正火处理。

电渣焊主要用于厚壁压力容器和铸—焊、锻—焊、厚板拼焊等大型构件的制造，厚度应大于 40 mm 的碳钢、合金钢和不锈钢等。

5. 高能束焊

高能束焊是利用高能量密度的束流，如等离子弧、电子束、激光束等作为焊接热源的熔焊方法。

1) 等离子弧焊和切割

等离子弧是一种电离度很高的压缩电弧，温度高，能量密度大，其发生装置如图11-31所示。在三个压缩作用下形成等离子弧。

(1) 机械压缩效应。

(2) 热压缩效应。

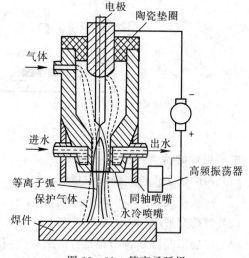

图 11-31　等离子弧焊

（3）电磁压缩效应。温度可达 24 000～50 000 K。

等离子弧焊用于航空航天等军工和尖端工业技术的铜及铜合金、钛及钛合金、合金钢、不锈钢、钼等金属的焊接。

等离子切割是利用能量密度高的高温、高速的等离子流，将切割金属局部熔化并随即吹除，形成整齐的切口。它常用于切割不锈钢、铝、铜、钛、铸铁及钨、锆等难熔金属和非金属材料。

2）电子束焊

电子束焊是利用加速和聚焦的电子束轰击置于真空或非真空中的焊件所产生的热能进行焊接的方法。真空电子束产生原理如图 11-32 所示。电子束焊不需要加焊丝。电子束焊可分为：

（1）真空电子束焊。把工件放在真空室内，利用在真空室内产生的电子束经聚焦和加速，撞击工件后动能转化为热能的一种熔化焊。需严格除锈和清洗。

（2）低真空电子束焊。使电子束通过隔离阀及气阻孔道进入焊接工作室。工作室的真空度保持在 1～13 Pa。

（3）非真空电子束焊，将真空条件下形成的电子束流经过充氦的气室，然后与氦气一起进入大气的环境中施焊。

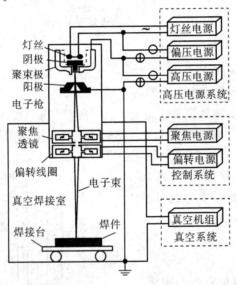

图 11-32 真空电子束产生原理

电子束焊的特点：

（1）保护效果极佳，焊接质量好。

（2）能量密度大；106～108 W/cm^2。

（3）焊接变形小。

（4）焊接工艺参数调节范围广，适应性强。

（5）设备复杂，造价高，焊件尺寸受真空室限制。

电子束焊用于原子能、航空航天等军工尖端技术部门的特殊材料和结构的焊接；也可用于大批量生产和流水线生产，如齿轮组合件、轴承等。

3）激光焊与切割

（1）激光焊。

激光焊是利用聚焦后的激光束的高能量密度（1013 W/cm²），对工件进行焊接。它分为脉冲激光焊接和连续激光焊接。激光焊设备的示意图如图 11 - 33 所示。

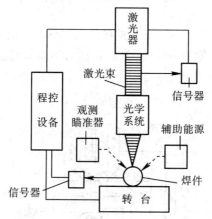

图 11 - 33　激光焊设备示意图

激光焊的特点：

① 能量密度大，适合于高速加工，能避免热损伤和焊接变形。

② 灵活性比较大。

③ 激光辐射放出能量极其迅速，不仅焊接生产率高，而且被焊材料不易氧化，可以在大气中焊接，不需真空环境或气体保护。

④ 装置复杂，效率较低。

激光焊常用于精密零件、热敏感性材料，异种金属异种材料的焊接。

（2）激光切割。

激光切割是利用聚焦后的激光束使工件材料瞬间气化而形成割缝。它可切割各种金属和非金属材料。根据切割机理，激光切割可分为：

① 激光蒸发切割，适于极薄材料。

② 激光熔化吹气（氩、氦、氮等）切割，适于非金属材料。

③ 激光反应气体（纯氧，压缩空气）切割，适于金属材料。

激光切割的优点：

① 切割质量好，效率高。

② 切割速度快。

③ 切割成本低。

11.2.2　压焊

压焊是指在加热或不加热状态下对组合焊件加压，使其产生塑性变形，并通过再结晶和扩散等作用，使两个分离表面的原子达到形成金属键而连接的焊接方法。常用的有电阻焊和摩擦焊。

1. 电阻焊

电阻焊是利用电流通过焊接接头的接触面及邻近区域产生的电阻热,把焊件加热到塑性或局部熔化状态,再在电极压力作用下形成接头的一种焊接方法。电阻焊可分为点焊、缝焊、对焊。

1) 点焊

点焊是利用电流通过两圆柱形电极和搭接的两焊件产生电阻热,将焊件加热并局部熔化,形成一个熔核(其周围为塑性状态),然后在压力下熔核结晶,形成一个焊点的焊接方法。点焊示意图如图 11 - 34 所示。

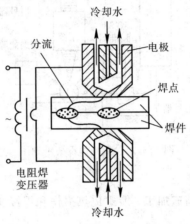

图 11 - 34　点焊示意图

点焊的主要焊接参数是电极压力、焊接电流和通电时间。若电极压力过大,焊接电流过小,则会使热量少,焊点强度下降;若电极压力过小,焊接电流大,则会使热量大而不稳定,易飞溅,烧穿。

2) 缝焊

缝焊与点焊同属于搭接电阻焊,焊接过程与点焊相似。它采用滚盘作电极,边焊边滚,相邻两个焊点重叠一部分,形成一条有密封性的焊缝,主要用于有密封性要求的薄板件。电阻缝焊如图 11 - 35 所示。

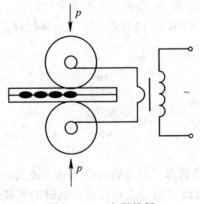

图 11 - 35　电阻缝焊

3）对焊

对焊是利用电阻热将焊件断面对接焊合的一种电阻焊。它可分为电阻对焊和闪光对焊。对焊示意图如图 11-36 所示。对焊的应用实例如图 11-37 所示。

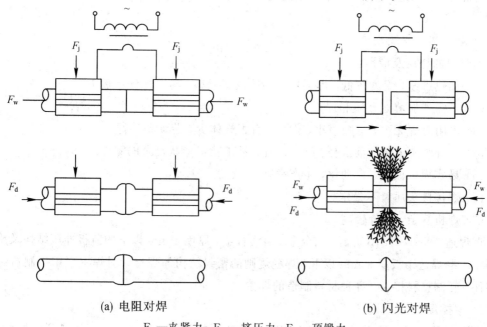

(a) 电阻对焊　　　　　　　　　　　(b) 闪光对焊

F_j —夹紧力；F_w —挤压力；F_d —顶锻力

图 11-36　对焊示意图

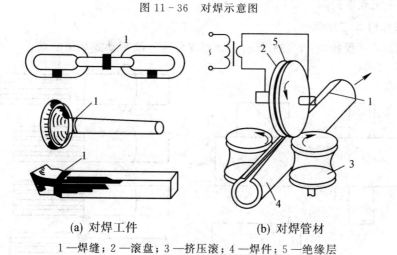

(a) 对焊工件　　　　　　　　　(b) 对焊管材

1—焊缝；2—滚盘；3—挤压滚；4—焊件；5—绝缘层

图 11-37　对焊应用实例

（1）电阻对焊：先加预压，使两端面压紧，然后通电加热，使待焊处达到塑性温度后，再断电加压顶锻，产生一定塑性变形而焊合。它适于截面简单、直径小于 20 mm 和强度要求不高的杆件。

（2）闪光对焊：两焊件不接触，先加电压，再移动焊件使之接触，由于接触点少，其电流密度很大，接触点金属迅速达到熔化、蒸发、爆破，呈高温颗粒飞射出来，称为闪光；经多次闪光加热后，端面均匀达到半熔化状态，同时多次闪光把端面的氧化物也清除干净，于是断电加压顶锻，形成焊接接头。

对焊断面形状应相近，以保证断面均匀加热。其焊接质量较高，常用于重要零件的焊接。

4）电阻焊特点及应用

电阻焊的特点及应用：

（1）加热迅速，温度较低，焊接热影响区及变形小，易获得优质接头。

（2）不需外加填充金属和焊剂。

（3）电阻对焊无弧光，噪声小，烟尘、有害气体少，劳动条件好。

（4）焊件结构简单、重量轻、气密性好，易于获得形状复杂的零件。

（5）易实现机械化、自动化，生产率高。

（6）焊接接头质量不稳定。

（7）焊机复杂，造价较高。

点焊适于低碳钢、不锈钢、铜合金、铝镁合金，厚度 4 mm 以下的薄板冲压结构及钢筋的焊接。缝焊适于板厚 3 mm 以下，焊缝规则的密封结构的焊接。对焊主要用于制造封闭形零件、轧制材料接长、异种材料制造的焊接。

2. 摩擦焊

摩擦焊是利用工件金属焊接表面相互摩擦产生的热量，将金属局部加热到塑性状态，然后在压力下完成焊接的一种热压焊接方法。

1）摩擦焊的工艺过程

摩擦焊工艺过程如图 11-38 所示。摩擦焊分为连续驱动式和储能式。

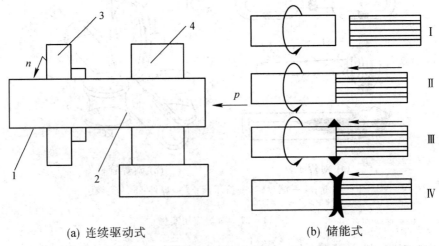

(a) 连续驱动式　　　　　　　　　　(b) 储能式

1—工件 1；2—工件 2；3—旋转夹头；4—移动夹头；n—工件转速；p—轴向压力

图 11-38　摩擦焊工艺过程

2）摩擦焊接头形式

接头一般是等断面，也可为不等断面，但其中必须有一个为圆形。如图 11-39 所示。

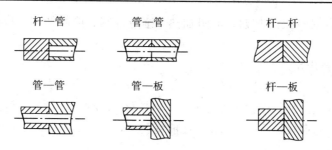

图 11 - 39　摩擦焊接头形式

3）摩擦焊的特点及应用

（1）接头质量好且稳定。

（2）生产率高、成本低。

（3）适用范围广。

（4）生产条件好。

摩擦焊适用于圆形工件、棒料管子的对接。

11.2.3　钎焊

钎焊是采用比母材熔点低的金属材料作钎料，将焊件和钎料加热到高于钎料熔点、低于母材熔点的温度，利用液态钎料湿润母材，填充接头间隙并与母材相互扩散实现连接的焊接方法。钎焊按钎料熔点可分为软钎焊、硬钎焊。钎剂能除去氧化膜和油污等杂质，保护母材接触面和钎料不受氧化，并增加钎料湿润性和毛细流动性。

1. 软钎焊

钎料熔点在 450℃以下的钎焊，常用锡铅钎料，松香、氯化锌溶液作钎剂。其接头强度低，工作温度低，具较好的焊接工艺性，用于电子线路的焊接。

2. 硬钎焊

钎料熔点在 450℃以上的钎焊，常用铜基和银基钎料，硼砂、硼酸、氯化物、氟化物组成钎剂。其接头强度较高，工作温度也高，用于机械零部件的焊接。

3. 钎焊接头及加热方式

钎焊的接头形式有板料搭接、套件镶接等，如图 11 - 40 所示。

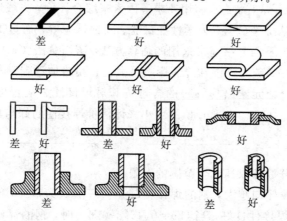

图 11 - 40　钎焊接头形式

钎焊的加热方式有火焰加热、电阻加热、感应加热、炉内加热、盐浴加热和烙铁加热等。

4. 钎焊特点及应用

钎焊的特点：

(1) 采用低熔点的钎料作为填充金属，钎料熔化，母材不熔化。

(2) 工件加热温度较低，接头组织、性能变化小，焊件变形小，接头光滑平整，焊件尺寸精确。

(3) 可焊接异种金属，焊件厚度不受限制。

(4) 生产率高，可整体加热，一次焊成整个结构的全部焊缝，易于实现机械化自动化。

(5) 钎焊设备简单，生产投资费用少。

钎焊主要用于焊接精密、微型、复杂、多焊缝、异种材料的焊件。

11.3　常用金属材料的焊接

11.3.1　金属材料的焊接性

1. 金属焊接性的概念

金属焊接性是指某一种金属材料采用一定焊接方法、焊接材料、工艺参数及结构形式的条件下，获得优质焊接接头的难易程度，即其对焊接加工的适应性。

焊接性一般包括两个方面：一是接合性能，主要指在给定的焊接工艺条件下，形成完好焊接接头的能力，特别是接头对产生裂纹的敏感性。二是使用性能，指在给定的焊接工艺条件下，焊接接头在使用条件下安全运行的能力，包括焊接接头的力学性能和其他特殊性能(如耐高温、耐腐蚀、抗疲劳等)。

焊接性是金属的工艺性能在焊接过程中的反映，了解及评价金属材料的焊接性，是焊接结构设计、确定焊接方法、制定焊接工艺的重要依据。

2. 焊接性的评定方法

金属焊接性可以从金属的物理特性、化学成分、合金晶体结构特点、CCT图或SHCCT图结构件形状、焊前状态、使用要求等因素来综合评价，一般通过估算或试验方法评定。焊接性试验包括抗裂试验、力学性能试验、腐蚀试验等，通过试验可以评定某种金属材料焊接性的优劣。下面介绍通常采用的估算方法：碳当量法(Carbon Equivalent)。

在各种合金元素中，碳对淬硬和冷裂影响最大。在粗略估计碳钢和低合金结构钢的焊接性能时，把钢中的合金元素(包括碳)的含量按其对焊接性影响程度换算成碳的相当含量，其总和叫做碳当量(CE)。以CE值的大小来评估价焊接性的好与坏。

$$CE = w_C + \frac{w_{Mn}}{6} + \frac{w_{Cr} + w_{Mo} + w_V}{5} + \frac{w_{Ni} + w_{Cu}}{15}$$

式中，各元素的质量分数都取其成分范围的上限。

碳当量越高，裂纹倾向越大，钢的焊接性越差。一般认为，当CE<0.4%时，钢的淬硬和冷裂倾向不大，焊接性良好；当CE=0.4%～0.6%时，钢的淬硬和冷裂倾向逐渐增加，焊接性较差，焊接时需要采取一定的预热、缓冷等工艺措施，以防止产生裂纹；当

CE＞0.6％时，钢的淬硬和冷裂倾向严重，焊接性很差，一般不用于生产焊接结构。

值得注意的是，钢材的焊接性还受结构刚度、焊后应力条件、环境温度的影响，故应根据具体情况进行抗裂试验及使用焊接性试验。

11.3.2 碳素钢的焊接

1. 低碳钢的焊接

Q235、10、15、20 等低碳钢是应用最广泛的焊接结构材料，因为其含碳量低于0.25％，塑性很好，淬硬倾向小，不易产生裂纹，所以焊接性最好。焊接时，任何焊接方法和最普通的焊接工艺即可获得优质的焊接接头。但由于施焊条件、结构形式的不同，因此焊接时还需注意以下问题：

(1) 在低温环境下焊接厚度大、刚性大的结构时，应该进行预热，否则容易产生裂纹。

(2) 重要结构焊后要进行去应力退火，以消除焊接应力。

低碳钢常用的焊接方法是焊条电弧焊、埋弧焊、电阻焊、电渣焊和气体保护焊。一般结构常使用酸性焊条，如 E4303、E4320、E4301、E4310 等；对于承受重载或低温下工作的重要构件，以及厚度大、刚度大的构件可采用低氢型焊条，如 E5015、E5016、E4316 等。埋弧焊一般采用 H08A 或 H08MnA 焊丝，配以 HJ431 焊剂进行焊接。

2. 中碳钢的焊接

含碳量在 0.25％～0.60％之间的中碳钢，有一定的淬硬倾向，焊接接头容易产生低塑性的淬硬组织和冷裂纹，焊接性较差。中碳钢的焊接结构多为锻件和铸钢件，通过补焊修理损坏件。焊接方法通常采用手工电弧焊，焊条选用抗裂性好的低氢型焊条（如 E5015，E5016、E4316 等），当焊缝有等强度要求时，选择相当强度级别的焊条。对于补焊或不要求等强度的接头，可选择强度级别低、塑性好的焊条，以防止裂纹的产生。焊接时，应采取焊前预热、焊后缓冷等措施以减小淬硬倾向，减小焊接应力。接头处开坡口进行多层焊，采用细焊条小电流，可以减少母材金属的熔入量，降低裂纹倾向。

3. 高碳钢的焊接

高碳钢的含碳量大于 0.60％，其焊接特点与中碳钢基本相同，但淬硬和裂纹倾向更大，焊接性更差。一般这类钢不用于制造焊接结构，大多是用手工电弧焊或气焊来补焊修理一些损坏件。焊接时，应注意焊前预热和焊后缓冷。

11.3.3 低合金结构钢的焊接

低合金结构钢按其屈服强度可以分为九级：300、350、400、450、500、550、600、700、800 MPa。强度级别≤400 MPa 的低合金结构钢，CE＜0.4％，焊接性良好，其焊接工艺和焊接材料的选择与低碳钢基本相同，一般不需采取特殊的工艺措施。只有焊件较厚、结构刚度较大和环境温度较低时，才进行焊前预热，以免产生裂纹。强度级别≥450 MPa 的低合金结构钢，CE＞0.4％，存在淬硬和冷裂问题，其焊接性与中碳钢相当，焊接时需要采取一些工艺措施，如焊前预热（预热温度 150℃左右）可以降低冷却速度，避免出现淬硬组织。适当调节焊接工艺参数，可以控制热影响区的冷却速度，保证焊接接头获得优良性能；焊后热处理能消除残余应力，避免冷裂。

低合金结构钢含碳量较低，对硫、磷控制较严，手工电弧焊、埋弧焊、气体保护焊和电渣焊均可用于此类钢的焊接，其中以手工电弧焊和埋弧焊较常用。选择焊接材料时，通常从等强度原则出发，为了提高抗裂性，尽量选用碱性焊条和碱性焊剂；对于不要求焊缝和母材等强度的焊件，亦可选择强度级别略低的焊接材料，以提高塑性，避免冷裂。

11.3.4 奥氏体不锈钢的焊接

不锈钢中都含有不少于 12% 的铬，还含有镍、锰、钼等合金元素，以保证其耐热性和耐腐蚀性。按组织状态，不锈钢可分为奥氏体不锈钢、铁素体不锈钢和马氏体不锈钢等，其中以奥氏体不锈钢的焊接性最好，广泛用于石油、化工、动力、航空、医药、仪表等部门的焊接结构中，常见牌号有 1Cr18Ni9、1Cr18Ni9Ti、0Cr18Ni9 等。

1. 奥氏体不锈钢的焊接性

奥氏体不锈钢焊接件容易在焊接接头处发生晶间腐蚀，其原因是焊接时，在 450～850℃ 温度范围停留一定时间的接头部位，在晶界处析出高铬碳化物($Cr_{23}C_6$)，引起晶粒表层含铬量降低，形成贫铬区。在腐蚀介质的作用下，晶粒表层的贫铬区受到腐蚀而形成晶间腐蚀。这时被腐蚀的焊接接头表面无明显变化，受力时则会沿晶界断裂，几乎完全失去强度。为防止和减少焊接接头处的晶间腐蚀，应严格控制焊缝金属的含碳量，采用超低碳的焊接材料和母材。采用含有能优先与碳形成稳定化合物的元素如 Ti、Nb 等，也可防止贫铬现象的产生。

奥氏体不锈钢焊接的另一个问题是热裂纹。它产生的主要原因是焊缝中的树枝晶方向性强，有利于 S、P 等元素的低熔点共晶产物的形成和聚集。另外，此类钢的导热系数小（约为低碳钢的 1/3），线胀系数大（比低碳钢大 50%），所以焊接应力也大。防止的办法是选用含碳量很低的母材和焊接材料，采用含适量 Mo、Si 等铁素体形成元素的焊接材料，使焊缝形成奥氏体加铁素体的双相组织，减少偏析。

2. 奥氏体不锈钢的焊接工艺

一般熔焊方法均能用于奥氏体不锈钢的焊接，目前生产上常用的方法是手工电弧焊、氩弧焊和埋弧焊。在焊接工艺上，主要应注意以下问题：

（1）采用小电流、快速焊，可有效地防止晶间腐蚀和热裂纹等缺陷的产生。一般焊接电流应比焊接低碳钢时低 20%。

（2）焊接电弧要短，且不作横向摆动，以减少加热范围。避免随处引弧，焊缝尽量一次焊完，以保证耐腐蚀性。

（3）多层焊时，应在前面一层冷至 60℃ 以下，再焊后一层。进行双面焊时，先焊非工作面，后焊与腐蚀介质接触的工作面。

（4）对于晶间腐蚀，在条件许可时，可采用强制冷却。必要时可进行稳定化处理，消除产生晶间腐蚀的可能性。

11.3.5 铸铁的补焊

铸铁在制造和使用中容易出现各种缺陷和损坏。铸铁补焊是对有缺陷铸铁件进行修复的重要手段，在实际生产中具有很大的经济意义。

1. 铸铁的焊接性

铸铁的含碳量高，脆性大，焊接性很差，在焊接过程中易产生白口组织和裂纹。白口组织是由于在铸铁补焊时,碳、硅等促进石墨化元素大量烧损,且补焊区冷速快,在焊缝区石墨化过程来不及进行而产生的。白口铸铁硬而脆,切削加工性能很差。采用含碳、硅量高的铸铁焊接材料或镍基合金、铜镍合金、高钒钢等非铸铁焊接材料,或补焊时进行预热缓冷使石墨充分析出,或采用钎焊,均可避免出现白口组织。

裂纹通常发生在焊缝和热影响区,产生的原因是铸铁的抗拉强度低,塑性很差(400℃以下基本无塑性),而焊接应力较大,且接头存在白口组织时,由于白口组织的收缩率更大,裂纹倾向更加严重,甚至可使整条焊缝沿熔合线从母材上剥离下来。防止裂纹的主要措施:采用纯镍或铜镍焊条、焊丝,以增加焊缝金属的塑性;加热减应区以减小焊缝上的拉应力;采取预热、缓冷、小电流、分散焊等措施减小焊件的温度差。

2. 铸铁补焊方法及工艺

铸铁补焊采用的焊接方法参见表 11-3。补焊方法主要根据对焊后的要求(如焊缝的强度、颜色、致密性,焊后是否进行机加工等)、铸件的结构情况(大小、壁厚、复杂程度、刚度等)及缺陷情况来选择。手工电弧焊和气焊是最常用的铸铁补焊方法。

表 11-3　铸铁的补焊方法

补焊方法		焊接材料的选用	焊缝特点
手工电弧焊	热焊及半热焊	Z208,Z248	强度、硬度、颜色与母材相同或相近,可加工
	冷焊	Z100,Z116,Z308,Z408,Z607,J507,J427,J422	强度、硬度、颜色与母材不同,加工性较差
气焊	热焊	铸铁焊丝	强度、硬度、颜色与母材相同,可加工
	加热减应区法		
钎焊		黄铜焊丝	强度、硬度、颜色与母材不同,可加工
CO_2 气体保护焊		H08Mn2Si	强度、硬度、颜色与母材不同,不易加工
电渣焊		铸铁屑	强度、硬度、颜色与母材相同,可加工,适用于大尺寸缺陷的补焊

11.3.6　非铁金属的焊接

1. 铜及铜合金的焊接

(1) 铜及铜合金在焊接时面临的主要问题:

① 难熔合。铜的导热系数大,焊接时散热快,要求焊接热源集中,且焊前必须预热;否则,易产生未焊透或未熔合等缺陷。

② 裂纹倾向大。铜在高温下易氧化,形成的氧化亚铜(Cu_2O)与铜形成低熔共晶体(Cu_2O+Cu)分布在晶界上,容易产生热裂纹。

③ 焊接应力和变形较大。这是因为铜的线胀系数大,收缩率也大,且焊接热影响区宽。

④ 容易产生气孔。气孔主要是由氢气引起的,液态铜能够溶解大量的氢,冷却凝固时,溶解度急剧下降,来不及逸出的氢气即在焊缝中形成氢气孔。

此外，焊接黄铜时，会产生锌蒸发(锌的沸点仅 907℃)，一方面使合金元素损失，造成焊缝的强度、耐蚀性降低；另一方面，锌蒸汽有毒，对焊工的身体造成伤害。

(2) 焊接方法。

焊接方法有氩弧焊、气焊和手工电弧焊。其中，氩弧焊是焊接紫铜和青铜最理想的方法。黄铜焊接常采用气焊，因为气焊时可采用微氧化焰加热，使熔池表面生成高熔点的氧化锌薄膜，以防止锌的进一步蒸发；或选用含硅焊丝，可在熔池表面形成致密的氧化硅薄膜，既可以阻止锌的蒸发，又能对焊缝起到保护作用。

(3) 为保证焊接质量，在焊接铜及铜合金时还应采取以下措施：

① 为了防止 Cu_2O 的产生，可在焊接材料中加入脱氧剂，如采用磷青铜焊丝，即可利用磷进行脱氧。

② 清除焊件、焊丝上的油、锈、水分，减少氢的来源，避免气孔的形成。

③ 厚板焊接时应以焊前预热来弥补热量的损失，改善应力的分布状况。焊后锤击焊缝，减小残余应力。焊后进行再结晶退火，以细化晶粒，破坏低熔共晶。

2. 铝及铝合金的焊接

铝具有密度小、耐腐蚀性好、很高的塑性和优良的导电性、导热性以及良好的焊接性等优点，因而铝及铝合金在航空、汽车、机械制造、电工及化学工业中得到了广泛应用。

(1) 铝及铝合金在焊接时面临的主要问题：

① 铝及铝合金表面极易生成一层致密的氧化膜(Al_2O_3)，其熔点(2050℃)远远高于纯铝的熔点(657℃)，在焊接时阻碍金属的熔合，且由于其密度大，容易形成夹杂。

② 液态铝可以大量溶解氢，铝的高导热性又使金属迅速凝固，因此液态时吸收的氢气来不及析出，极易在焊缝中形成气孔。

③ 铝及铝合金的线膨胀系数和结晶收缩率很大，导热性很好，因而焊接应力很大，对于厚度大或刚性较大的结构，焊接接头容易产生裂纹。

④ 铝及铝合金高温时强度和塑性极低，很容易产生变形，且高温液态无显著的颜色变化，操作时难以掌握加热温度，容易出现烧穿、焊瘤等缺陷。

(2) 焊接方法。

焊接方法有氩弧焊、电阻焊、气焊。其中，氩弧焊应用最广，电阻焊应用也较多，气焊在薄件生产中仍在采用。电阻焊焊接铝合金时，应采用大电流、短时间通电，焊前必须清除焊件表面的氧化膜。如果对焊接质量要求不高，薄壁件可采用气焊，焊前必须清除工件表面氧化膜，焊接时使用焊剂，并用焊丝不断破坏熔池表面的氧化膜，焊后应立即将焊剂清理干净，以防止焊剂对焊件的腐蚀。

(3) 为保证焊接质量，铝及铝合金在焊接时应采取以下工艺措施：

① 焊前清理，去除焊件表面的氧化膜、油污、水分，便于焊接时的熔合，防止气孔、夹渣等缺陷。

② 对厚度超过 5～8 mm 的焊件，预热至 100～300℃，以减小焊接应力，避免裂纹，且有利于氢的逸出，防止气孔的产生。

③ 焊后清理残留在接头处的焊剂和焊渣，防止其与空气、水分作用，腐蚀焊件。可用10％的硝酸溶液浸洗焊件，然后用清水冲洗、烘干。

11.4　焊接结构件工艺设计

焊接工艺设计是根据产品的生产性质和技术要求，结合生产实际条件，运用现代焊接技术知识和先进生产经验，确定焊接生产方法和程序的过程。在焊接结构件的生产制造中，除考虑使用性能之外，还应考虑制造时焊接工艺的特点及要求，才能保证在较高的生产率和较低的成本下，获得符合设计要求的产品质量。

焊接工艺设计的主要内容是根据焊接结构件工作时的负荷大小和种类、工作环境、工作温度等使用要求，合理选择结构材料、焊接材料和焊接方法，正确设计焊接接头、制定工艺和焊接技术条件等。

11.4.1　焊接结构材料的选择

（1）根据工艺性能选择焊接材料。优先选用含碳量低于 0.25％的碳钢或碳当量低于 0.4％的合金钢，这类材料的焊接性能、切削性能等都比较好。

（2）根据焊接件结构选择焊接材料。在满足承载能力等工作条件的前提下，考虑体积、重量、经济性等因素，尽量选用型材和管材，以减少焊缝数量，简化焊接工艺。

（3）根据焊接方法选择焊接材料，如表 11-4 所示。

表 11-4　根据焊接方法选择焊接材料

材料＼方法	气焊	手工电弧焊	埋弧焊	CO_2 保护焊	氩弧焊	电渣焊	点焊缝焊	对焊	钎焊
低碳钢	A	A	A	A	A	A	A	A	A
中碳钢	A	A	B	B	A	A	B	A	A
低合金钢	B	A	A	A	A	A	A	A	A
不锈钢	A	A	B	B	A	B	A	A	A
铸铁	B	B	C	C	B	B		D	B
铝合金	B	C	C	D	A	D	A	A	C

11.4.2　焊接方法的选择

选择焊接方法时应根据下列原则：

（1）焊接接头使用性能及质量要符合结构技术要求。

（2）提高生产率，降低成本。

11.4.3 焊接接头工艺设计

1. 焊缝布置

焊缝位置对焊接接头的质量、焊接应力和变形以及焊接生产率均有较大影响，因此在布置焊缝时，应考虑以下几个方面：

（1）焊缝位置应便于施焊，有利于保证焊缝质量。

焊缝可分为平焊缝、横焊缝、立焊缝和仰焊缝四种。焊缝的空间位置如图 11-41 所示。其中，施焊操作最方便、焊接质量最容易保证的是平焊缝，因此在布置焊缝时应尽量使焊缝能在水平位置进行焊接。

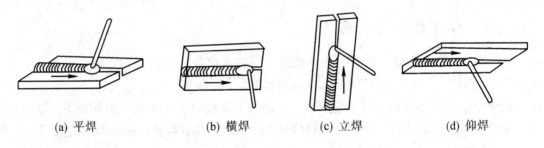

(a) 平焊　　　　(b) 横焊　　　　(c) 立焊　　　　(d) 仰焊

图 11-41　焊缝的空间位置

除焊缝空间位置外，还应考虑各种焊接方法所需要的施焊操作空间。图 11-42 所示为考虑手工电弧焊施焊空间时，对焊缝的布置要求。图 11-43 所示为考虑点焊或缝焊施焊空间（电极位置）时的焊缝布置要求。

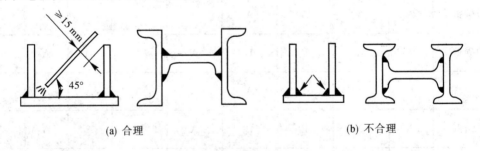

(a) 合理　　　　　　　　　　　　　　　(b) 不合理

图 11-42　手工电弧焊对操作空间的要求

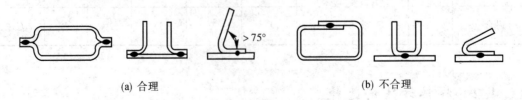

(a) 合理　　　　　　　　　　　　　　(b) 不合理

图 11-43　电阻点焊或缝焊时的焊缝布置

另外，还应注意焊接过程中对熔化金属的保护情况。气体保护焊时，要考虑气体的保护作用，如图 11-44 所示。埋弧焊时，要考虑接头处有利于熔渣形成封闭空间，如图

11－45所示。

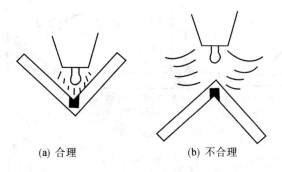

(a) 合理　　　　　　(b) 不合理

图 11－44　气体保护焊时的焊缝布置

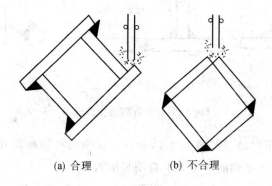

(a) 合理　　　　　　(b) 不合理

图 11－45　埋弧焊时的焊缝布置

（2）焊缝布置应有利于减少焊接应力和变形。

通过合理布置焊缝来减小焊接应力和变形主要有以下途径：

① 尽量减少焊缝数量。采用型材、管材、冲压件、锻件和铸钢件等作为被焊材料。这样不仅能减小焊接应力和变形，还能减少焊接材料消耗，提高生产率。如图 11－46 所示箱体构件，如果采用型材或冲压件(参见图 11－46(b))焊接，则较板材(参见图 11－46(a))减少两条焊缝。

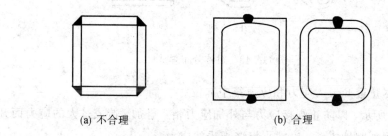

(a) 不合理　　　　　　(b) 合理

图 11－46　减少焊缝数量

② 尽可能分散布置焊缝。如图 11－47 所示，焊缝集中分布容易使接头过热，材料的力学性能降低，两条焊缝的距离一般要求大于三倍或五倍的板厚。

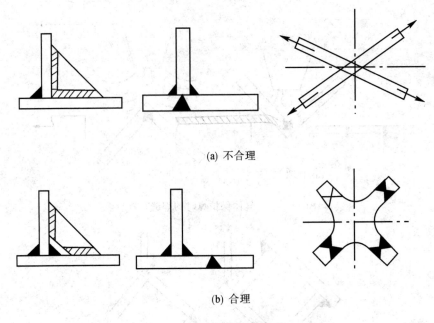

(a) 不合理

(b) 合理

图 11-47　分散布置焊缝

③ 尽可能对称分布焊缝。如图 11-48 所示，焊缝的对称布置可以使各条焊缝的焊接变形相抵消，对减小梁柱结构的焊接变形有明显的效果。

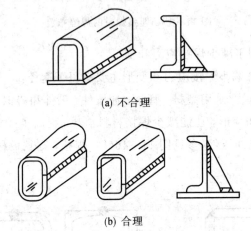

(a) 不合理

(b) 合理

图 11-48　对称分布焊缝

（3）焊缝应尽量避开最大应力和应力集中部位。

如图 11-49 所示，以防止焊接应力与外加应力相互叠加，造成过大的应力而开裂。若其不可避免，应附加刚性支承，以减小焊缝承受的应力。

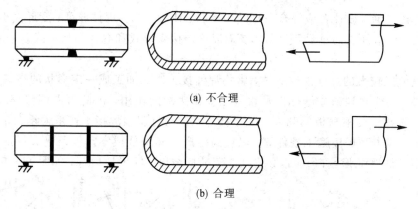

(a) 不合理

(b) 合理

图 11-49　焊缝避开最大应力集中部位

（4）焊缝应尽量避开机械加工面。

一般情况下，焊接工序应在机械加工工序之前完成，以防止焊接损坏机械加工表面。此时焊缝的布置也应尽量避开需要加工的表面，因为焊缝的机械加工性能不好以及焊接残余应力会影响加工精度。如果焊接结构上某一部位的加工精度要求较高，又必须在机械加工完成之后进行焊接工序时，应将焊缝布置在远离加工面处，以避免焊接应力和变形对已加工表面精度的影响，如图 11-50 所示。

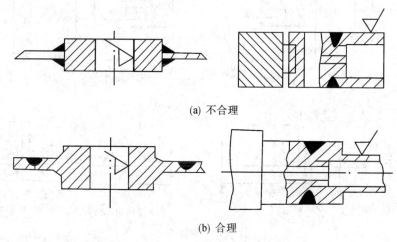

(a) 不合理

(b) 合理

图 11-50　焊缝远离机械加工表面

2. 焊接接头形式的选择与设计

1）接头形式

根据 GB/T985.1—2008 规定，手工电弧焊焊接碳钢和低合金钢的基本焊接接头形式有对接接头、角接接头、T 形接头和搭接接头四种，分别如图 11-51 所示。其中，对接接头是焊接结构中使用最多的一种形式，接头上应力分布比较均匀，焊接质量容易保证，但对焊前准备和装配质量要求相对较高。角接接头便于组装，能获得美观的外形，但其承载能力较差，通常只起连接作用，不能用来传递工作载荷。T 形接头也是一种应用非常广泛的接头形式，在船体结构中约有 70% 的焊缝采用 T 形接头，在机床焊接结构中的应用也十分广泛。搭接接头便于组装，常用于对焊前准备和装配要求简单的结构，但焊缝受剪切力作用，应力分布不均，承载能力较低，且结构重量大，不经济。

在结构设计时，设计者应综合考虑结构形状、使用要求、焊件厚度、变形大小、焊接材料的消耗量、坡口加工的难易程度等因素，以确定接头形式和总体结构形式。

2）坡口形式

为保证厚度较大的焊件能够焊透，常将焊件接头边缘加工成一定形状的坡口。坡口除保证焊透外，还能起到调节母材金属和填充金属比例的作用，由此可以调整焊缝的性能。坡口形式的选择主要根据板厚和采用的焊接方法，同时兼顾焊接工作量大小、焊接材料消耗、坡口加工成本和焊接施工条件等，以提高生产率和降低成本。焊条电弧焊常采用的坡口形式有不开坡口（I形坡口）、Y形坡口、双Y形坡口、U形坡口等，如图11-51所示。

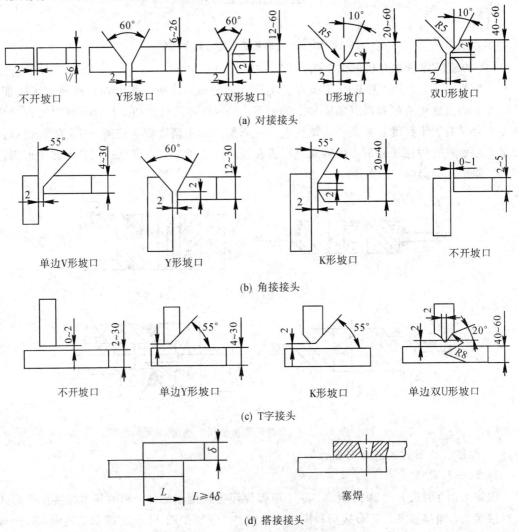

(a) 对接接头

(b) 角接接头

(c) T字接头

(d) 搭接接头

图 11-51 手弧焊接头形式及坡口形式

手工电弧焊板厚 6 mm 以上对接时，一般要开设坡口。对于重要结构，板厚超过 3 mm 就要开设坡口。厚度相同的工件常有几种坡口形式可供选择，Y 形和 U 形坡口只需一面焊，可焊到性较好，但焊后角变形大，焊条消耗量也大些。双 Y 形和双面 U 形坡口两面施焊，受热均匀，变形较小，焊条消耗量较小，在板厚相同的情况下，双 Y 形坡口比 Y 形坡口节省焊接材料 1/2 左右，但必须两面都可焊到，所以它有时受到结构形状的限制。U 形和双面 U 形坡口根部较宽，容易焊透，且焊条消耗量也较小，但坡口制备成本较高，一般只在重要的受动载的厚板结构中采用。如果采用两块厚度相差较大的金属材料进行焊接，则接头处会造成应力集中，而且接头两边受热不匀易产生焊不透等缺陷。国家标准中规定，对于不同厚度钢板对接的承载接头，当两板厚度差 $\delta - \delta_1$ 不超过表 11 - 5 所示的规定时，焊接接头的基本形式和尺寸按厚度较大的板确定；反之，则应在厚板上作出单面或双面斜度，有斜度部分的长度 $L \geq 3(\delta - \delta_1)$，如图 11 - 52 所示。

表 11 - 5　不同厚度钢板对接时允许的厚度差

较薄板的厚度 δ_1 /mm	$\geq 2 \sim 5$	$\geq 5 \sim 9$	$\geq 9 \sim 12$	≥ 12
允许厚度差 $(\delta - \delta_1)$ /mm	1	2	3	4

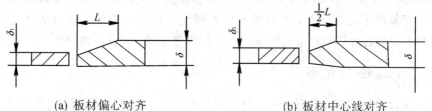

(a) 板材偏心对齐　　　　　　(b) 板材中心线对齐

图 11 - 52　不同厚度钢板的对接

11.5　焊接质量检验

11.5.1　焊接缺陷及分类

焊接接头中产生的金属不连续、不致密或连接不良的现象称为焊接缺陷。

常见的焊接缺陷：

(1) 焊缝尺寸不符合要求。它主要指焊缝宽窄不一、高低不平、余高不足或过高等。焊缝尺寸过小，会降低焊接接头的强度；尺寸过大，将增加结构的应力和变形，造成应力集中，还增加焊接工作量。

(2) 咬边。在工件上沿焊缝边缘所形成的凹陷叫做咬边。它不仅减少了接头工作截面，而且在咬边处造成严重的应力集中。

(3) 焊瘤。焊接过程中，熔化金属流淌到焊缝之外未熔化的母材上，所形成的金属瘤叫做焊瘤。焊瘤不仅影响焊缝外表的美观，而且焊瘤下面常有未焊透缺陷，易造成应力集中。

(4) 烧穿。焊接过程中，熔化金属自坡口背面流出，形成穿孔的缺陷称为烧穿。烧穿常发生于打底焊道的焊接过程中。

(5) 未焊透。未焊透是指工件与焊缝金属或焊缝层间局部未熔合的一种缺陷。未焊透减弱了焊缝工作截面，造成严重的应力集中，大大降低接头强度，它往往成为焊缝开裂的根源。

(6) 未熔合。未熔合是指焊接时，焊道与母材之间或焊道与焊道之间未完全熔化结合的部分；或是指点焊时，母材与母材之间未完全熔化结合的部分。未熔合的危害大致与未焊透相同。

(7) 凹坑、塌陷及未焊满。凹坑指在焊缝表面或焊缝背面形成的低于母材表面的局部低洼部分。塌陷指单面熔化焊时，由于焊接工艺不当，造成焊缝金属过量透过背面，使焊缝正面塌陷，背面凸起的现象。由于填充金属不足，在焊缝表面形成的连续或断续的沟槽，这种现象即未焊满。上述缺陷削弱了焊缝的有效截面，容易造成应力集中，并使焊缝的强度严重减弱。

（8）夹渣。焊缝中夹有非金属熔渣，即称为夹渣。夹渣减少了焊缝工作截面，造成应力集中，会降低焊缝强度和冲击韧性。

（9）气孔。焊缝金属在高温时，吸收了过多的气体（如 H_2）或由于溶池内部冶金反应产生的气体（如 CO），在溶池冷却凝固时来不及排出，而在焊缝内部或表面形成孔穴，即为气孔。气孔的存在减少了焊缝有效工作截面，降低接头的机械强度。若有穿透性或连续性气孔存在，会严重影响焊件的密封性。

（10）裂纹。焊接过程中或焊接以后，在焊接接头区域内所出现的金属局部破裂叫做裂纹。裂纹可能产生在焊缝上，也可能产生在焊缝两侧的热影响区。有时产生在金属表面，有时产生在金属内部。通常按照裂纹产生的机理不同，可分为热裂纹和冷裂纹两类。

11.5.2 焊接检验过程

焊接质量检验贯穿整个焊接过程，它包括焊前检验、焊接过程中检验和焊后成品检验三个阶段。

1. 焊前检验

焊前检验是指焊件投产前应进行的检验工作。它是焊接检验的第一阶段，其目的是预先防止和减少焊接时产生缺陷的可能性。焊前检验包括的项目如下：

（1）检验焊接基本金属、焊丝、焊条的型号和材质是否符合设计或规定的要求。

（2）检验其他焊接材料，如埋弧自动焊剂的牌号、气体保护焊保护气体的纯度和配比等是否符合工艺规程的要求。

（3）对焊接工艺措施进行检验，以保证焊接能顺利进行。

（4）检验焊接坡口的加工质量和焊接接头的装配质量是否符合图样要求。

（5）检验焊接设备及其辅助工具是否完好，接线和管道连接是否符合要求。

（6）检验焊接材料是否按照工艺要求进行去锈、烘干、预热等。

（7）对焊工操作技术水平进行鉴定。

（8）检验焊接产品图样和焊接工艺规程等技术文件是否齐备。

2. 焊接过程中检验

焊接过程中的检验是焊接检验的第二阶段，由焊工在操作过程中完成，其目的是为了防止由于操作原因或其他特殊因素的影响而产生的焊接缺陷，便于及时发现问题并加以解决。焊接过程中的检验包括：

（1）检验在焊接过程中焊接设备的运行情况是否正常。

（2）对焊接工艺规程和规范规定的执行情况进行检验。

（3）焊接夹具在焊接过程中的夹紧情况是否牢固。

（4）检验操作过程中可能出现的未焊透、夹渣、气孔、烧穿等焊接缺陷。

（5）焊接接头质量的中间检验，如厚壁焊件的中间检验等。

焊前检验和焊接过程中检验是防止产生缺陷、避免返修的重要环节。尽管多数焊接缺陷可以通过返修来消除，但返修要消耗材料、能源、工时，增加产品成本。通常，返修要求采取更严格的工艺措施，而返修处可能产生更为复杂的应力状态，成为新的影响结构安全运行的隐患。

3. 焊后成品检验

焊后成品检验是焊接检验的最后阶段，需按产品的设计要求逐项检验。它包括的主要项目如下：

（1）检验焊缝尺寸、外观及探伤情况是否合格。

（2）产品的外观尺寸是否符合设计要求。

（3）变形是否控制在允许范围内。

（4）产品是否在规定的时间内进行了热处理等。

焊后成品检验方法有破坏性和非破坏性两大类。其中有多种检验方法和手段，具体采用哪种方法，主要根据产品标准、有关技术条件和用户的要求来确定。

11.5.3　焊接检验方法

焊接质量的检验方法分为非破坏性和破坏性两类，如图 11-53 所示。

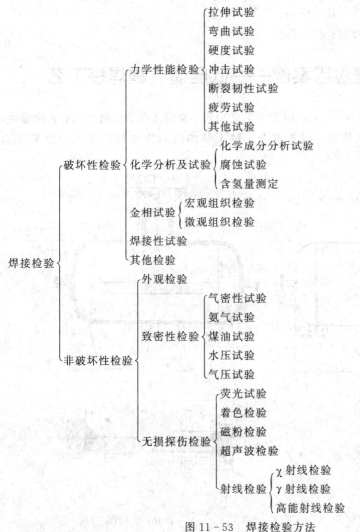

图 11-53　焊接检验方法

1. 破坏性检验

破坏性检验主要是对试样进行检验，包括：

(1) 机械性能检验：拉伸（室温、高温）试验；弯曲试验；硬度试验；冲击试验；断裂韧性试验；疲劳试验；其他试验。

(2) 化学分析及试验：化学成分分析试验；腐蚀试验；含氢量测定。

(3) 金相检验：宏观组织检验；微观组织检验；断口分析（成分和形貌）检验。

(4) 焊接性试验。

(5) 其他检验。

2. 非破坏性检验

非破坏性检验主要是对产品进行检验，包括：

(1) 外观检验。

(2) 致密性检验：气密性试验；氨气试验；煤油试验；水压试验；气压试验等。

(3) 无损检验：

① 表面检查：荧光试验；着色检验；磁粉检验。

② 内部检查：超声波检验；射线检验。

11.6 工程应用案例——低压储气罐焊接工艺

有一低压储气罐，壁厚为 8 mm，压力为 1.0 MPa，常温工作，压缩空气，大批量生产。

(1) 结构分析。筒体由筒节、封头焊合。整个结构由筒体再加四个法兰管座焊合而成，如图 11 - 54(a)所示。

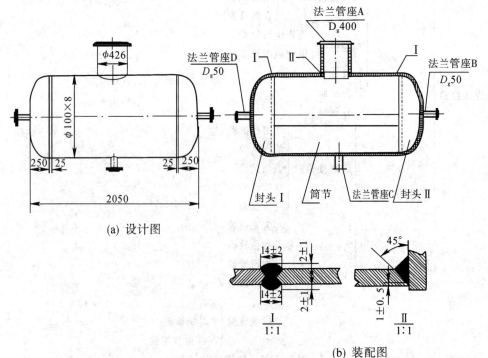

(a) 设计图

(b) 装配图

图 11 - 54 低压储气罐装配示意图

（2）选择母材材料。封头需拉伸，筒节卷圆，故需较好塑性；再考虑焊接工艺及成本，故筒节、封头、法兰选用普通碳素结构钢（Q235A），短管选用优质碳素结构钢（10 钢）。

（3）设计焊缝位置及焊接接头、坡口形式。筒节纵焊缝与环焊缝采用对接 I 型坡口双面焊，法兰与短管采用不开坡口角焊缝；法兰管座与筒体采用开坡口角焊缝。如图 11 - 54 (b)所示。

（4）选择焊接方法和焊接材料。角焊缝采用手工电弧焊，选用结构钢焊条 J422，选用弧焊变压器；对接焊缝采用埋弧焊，焊丝选用 H08A，配合焊剂 HJ431。

（5）主要工艺流程如图 11 - 55 所示。

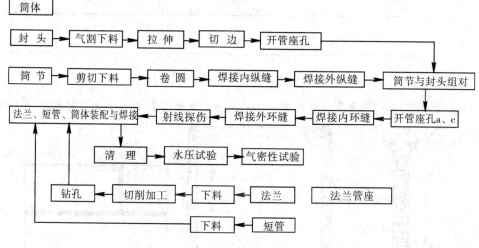

图 11 - 55　低压储气罐主要工艺流程

习题与思考题 11

11 - 1　简述焊条电弧焊的原理及过程。

11 - 2　焊条药皮有什么作用？酸性焊条和碱性焊条的区别是什么？它们各适用于什么场合？

11 - 3　焊接低碳钢时，其热影响区的组织和性能有什么变化？

11 - 4　减少焊接应力常采用的措施有哪些？

11 - 5　焊接变形的基本形式有哪些？消除焊接变形常采用的措施有哪些？

11 - 6　常用的焊接方法有哪些？试说明他们的主要特点。

11 - 7　为什么有色合金通常采用保护气体焊接？

11 - 8　生产下列焊接结构选用什么焊接方法？简述理由。

(1) 起重机吊臂。

(2) 合金容器，厚度 2 mm，对接。

(3) 不锈钢零件，厚度 1 mm，搭接，焊缝要求气密封。

(4) 低碳钢桁架结构（比如厂房结构）。

(5) 供水钢制管道的维修。

11 - 9　低碳钢的焊接有哪些特点？为什么铜及铜合金、铝及铝合金比低碳钢困难得多?

11-10 铸铁焊补为什么易产生冷裂纹?

11-11 按图 11-56 所示拼焊大块钢板是否合理? 若不合理, 请改进拼焊形式, 并合理安排出焊接顺序以减小焊后应力和变形。

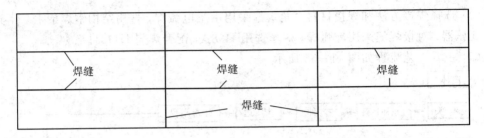

图 11-56 习题 11-11 图

11-12 图 11-57 所示焊接结构件, 采用手工电弧焊焊接生产时, 标出其焊接顺序。

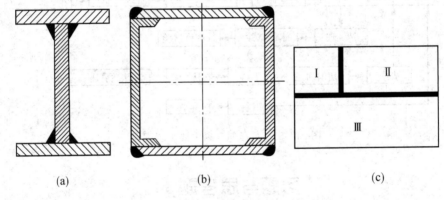

(a)   (b)   (c)

图 11-57 习题 11-12 图

11-13 通常焊缝中可能产生哪几种气孔? 形成气孔的原因是什么?

11-14 产生焊接热裂纹和冷裂纹的原因是什么? 如何减少和防止?

第三篇

工程材料应用及成形工艺选择

第12章 机械零件失效分析与表面处理

12.1 机械零件的失效

GB3187 — 82 中定义："失效(故障)——产品丧失其规定的功能。对可修复产品,通常也称为故障。"零件由于某种原因,导致其尺寸、形状、材料的组织、性能发生变化而不能圆满地完成指定的功能即为失效。

失效形式各种各样,装备整体失效的情况比较少,往往是某个零件先失效导致装备整体失效。常见失效形式分为四大类:变形失效、断裂失效、磨损失效 、腐蚀失效。各种失效形式均有其产生条件、特征及判断依据。

12.1.1 变形失效

金属构件(零件)在外力作用下产生形状和尺寸的变化称为变形。变形失效是逐步进行的,一般属于非灾难性的。忽视对变形失效的监督和预防,也会导致很大的损失,因为过度的变形最终会导致断裂。常温或温度不高时,变形失效主要有弹性变形失效和塑性变形失效;在高温下,变形失效有蠕变失效和热松弛失效。

若零件弹性变形不遵从"虎克定律",则构件失去了弹性而失效,称为弹性变形失效。如弹簧称上的弹簧,安全阀上的弹簧等。产生弹性失效的主要原因:过载、超温、材料变质,往往是由设计考虑不周,计算错误或选材不当造成的。其主要预防措施如下:

(1) 选择合适的材料或结构。

(2) 合适的构件匹配尺寸或变形的约束条件,适当的配合尺寸。

(3) 采用减少变形影响的连接件,如皮带传动,软管连接等。

当零件塑性变形量超过允许的数值时称为塑性变形失效。塑性变形主要原因包括过载,外加载荷估计不足,偏载引起局部应力,复杂应力计算误差及应力集中,残余应力等附加应力,局部区域的总应力超值等。其预防措施如下:

(1) 合理选材。

(2) 正确确定零件的工作载荷,合理选取安全系数,减少应力集中,降低应力集中水平。

(3) 严格按工艺规程加工,减少有害的残余应力。

(4) 严禁零件运行超载。

金属零件在高温长时间作用下,即使其应力恒小于屈服强度,也会缓慢地产生塑性变形。当变形量超过规定的要求时,会导致零件的塑性变形失效。它分为蠕变变形失效和应力松弛变形失效。其主要的特点如下:

(1) 蠕变变形失效是塑性变形失效,但不一定是过载,只是载荷大时,蠕变变形失效时间短,恒速蠕变阶段蠕变速度大。

（2）高温下不但变形引起尺寸变化，还有金属内部组织结构的变化，如珠光体球化、石墨化、碳化物聚集、长大、再结晶以及合金元素的重新分布等。

（3）用蠕变极限及持久强度来衡量材料抵抗蠕变的能力。所谓蠕变极限是指在给定温度下，材料产生规定蠕变速率的应力值或者材料产生一定蠕变变形量的应力值。持久强度是指材料在高温长期载荷下，发生蠕变断裂的最大应力值。

蠕变变形失效的主要预防措施包括选用抗蠕变性能合适的材料（如 12Cr1MoV 等）以及防止零件的超温使用。

在总变形不变的条件下，零件弹性变形不断转变为塑性应力，从而使应力不断降低的过程称为应力松弛变形失效。常见的如燃气机电机的组合转子或法兰的紧固力，高温下使用的压紧弹簧的弹力，高温紧固螺栓，在高温使用时都会出现应力松弛的问题。

应力松弛变形失效的主要预防措施包括选用松弛稳定性好的材料以及使用的时候进行一次或多次再紧固。

12.1.2　断裂失效

构件（零件）在应力作用下，材料分离为互不相连的两个或两个以上部分的现象称为断裂。内裂也属断裂范畴。断裂类型根据断裂的分类方法不同而有很多种，它们是依据一些各不相同的特征来分类的。

根据金属材料断裂前所产生的宏观塑性变形的大小，可将断裂分为韧性断裂与脆性断裂。韧性断裂的特征是断裂前发生明显的宏观塑性变形；脆性断裂在断裂前基本上不发生塑性变形，是一种突然发生的断裂，没有明显征兆，因而危害性很大。通常，脆性断裂前也产生微量塑性变形，一般规定光滑拉伸试样的断面收缩率小于 5％为脆性断裂；大于 5％的为韧性断裂。可见，金属材料的韧性与脆性是依据一定条件下的塑性变形量来规定的，随着条件的改变，材料的韧性与脆性行为也将随之发生变化。

多晶体金属断裂时，裂纹扩展的路径可能是不同的。沿晶断裂一般为脆性断裂；而穿晶断裂既可为脆性断裂（低温下的穿晶断裂），也可以是韧性断裂（如室温下的穿晶断裂）。沿晶断裂是晶界上的一薄层连续或不连续脆性第二相、夹杂物，破坏了晶界的连续性所造成的，也可能是杂质元素向晶界偏聚引起的。应力腐蚀、氢脆、回火脆性、淬火裂纹、磨削裂纹都是沿晶断裂。有时沿晶断裂和穿晶断裂可以混合发生。

断裂按断裂机理又可分为解理断裂与剪切断裂两类。解理断裂是指金属材料在一定条件下（如体心立方金属、密排六方金属与合金处于低温、冲击载荷作用），当外加正应力达到一定数值后，以极快速率沿一定晶体学平面的穿晶断裂。解理面一般是低指数或表面能最低的晶面。对于面心立方金属来说，在一般情况下不发生解理断裂，但面心立方金属在非常苛刻的环境条件下也可能产生解理破坏。

通常，解理断裂总是脆性断裂，但脆性断裂不一定是解理断裂，两者不是同义词。

剪切断裂是指金属材料在切应力作用下，沿滑移面分离而造成的滑移面分离断裂。它又分为滑断（又称切离或纯剪切断裂）和微孔聚集型断裂。纯金属尤其是单晶体金属常发生滑断断裂；钢铁等工程材料多发生微孔聚集型断裂，如低碳钢拉伸所致的断裂即为这种断裂，是一种典型的韧性断裂。

根据断裂面取向，可将断裂分为正断型和切断型断裂两类。若断裂面取向垂直于最大正应力，即为正断型断裂(简称正断)；断裂面取向与最大切应力方向相一致而与最大正应力方向约成 45°角，为切断型断裂(简称切断)。前者有解理断裂或塑性变形受较大约束下的断裂，后者有塑性变形不受约束或约束较小情况下的断裂。

按受力状态、环境介质不同，可将断裂分为静载断裂(如拉伸断裂、扭转断裂、剪切断裂等)、冲击断裂、疲劳断裂；根据环境不同，断裂又分为低温冷脆断裂、高温蠕变断裂、应力腐蚀和氢脆断裂。而磨损和接触疲劳则为一种不完全断裂。

常用的断裂分类方法及其特征如表 12-1 所示。

表 12-1　断裂分类及其特征

分类方法	名　　称	特　　征
根据断裂前宏观塑性变形的大小分类	脆性断裂	断裂前没有明显的塑性变形，断口形貌是光亮的结晶状
	韧性断裂	断裂前产生明显的塑性变形，断口形貌是暗灰色纤维状
根据断裂面的取向分类	正断	断裂的宏观表面垂直于 σ_{max} 方向
	切断	断裂的宏观表面平行于 τ_{max} 方向
根据裂纹扩展的路径分类	穿晶断裂	裂纹穿过晶粒内部
	沿晶断裂	裂纹沿晶界扩展
根据断裂机理分类	解理断裂	无明显塑性变形。 沿解理面分离，穿晶断裂
	微孔聚集型断裂	沿晶界微孔聚合，沿晶断裂。 在晶内微孔聚合，穿晶断裂
	纯剪切断裂	沿滑移面分离剪切断裂(单晶体)。 通过缩颈导致最终断裂(多晶体、高纯金属)

材料在交变应力作用下，虽然应力水平低于材料的抗拉强度，甚至低于屈服极限，但经过一定的循环周期后，零件产生裂纹而突然断裂，这种断裂称为疲劳断裂。它是脆性断裂的一种形式，可分为：

(1) 拉伸疲劳，拉压疲劳，弯曲疲劳，扭转疲劳及混合疲劳等。

(2) 高周疲劳，低周疲劳。

(3) 腐蚀疲劳，高温疲劳，微振疲劳，接触疲劳等。纯压缩负荷不会出现疲劳断裂。

疲劳断裂的过程包括以下几个阶段：

(1) 裂纹的萌生。光滑试样是由于表面滑移带的"挤入"、"挤出"形成的，一般沿 45°角扩展。工程材料往往形成于最大拉应力处的各种缺陷，如第二相夹杂物，各种表面缺陷(脱 C、折叠、夹渣、气孔、疏松、缩孔、腐蚀坑等)。

(2) 疲劳裂纹的扩展。它是指与抗应力垂直，交变应力作用下裂纹扩展，显微特征存在疲劳辉纹。

影响疲劳断裂的因素很多，主要有：

（1）零件表面状态，疲劳裂纹多数起源于表面或亚表面。有淬火裂纹，尖锐缺口（粗糙度、加工刀痕），表面强度削弱（氧化、脱碳）等严重影响疲劳寿命。

（2）缺口效应与应力集中。

（3）残余应力。残余拉应力有害，残余压应力有益。表面热处理，喷丸，表面滚压等工艺有益。研磨，校直，焊接等工艺有害。

（4）材料的成分和组织。冶金质量好的材料，疲劳强度高。

（5）温度影响。温度高，疲劳强度低。

（6）环境影响。腐蚀会加速疲劳源萌生而促进腐蚀疲劳。

12.1.3　磨损失效

相互接触并作相对运动的物体由于机械、物理和化学作用，造成物体表面材料的位移及分离，使表面形状、尺寸、组织和性能发生变化的过程称为磨损。磨损是零件失效的重要形式之一，是一个逐渐发展的过程。材料磨损类型主要包括以下几类：

（1）磨料磨损。它是指硬的磨（颗）粒或硬的凸出物在与摩擦表面相互接触运动过程中，使材料表面损耗的一种现象或过程。

（2）粘着磨损。它是指相对运动物体的真实接触面积上发生固相粘着，使材料从一个表面转移到另一表面的现象。例如，机床导轨表面刮伤，主轴与轴瓦之间的磨损，汽车缸体与缸套—活塞环之间的磨损。粘着磨损主要特征有表面有细划痕，摩擦件之间有金属转移，表面金相组织及化学成分均有明显变化，磨损产物多为小片或颗粒。

（3）冲蚀磨损。它是指流体或固体以松散的小颗粒按一定的角度和速度对材料表面进行冲击所造成的磨损。通常颗粒小于 $1000~\mu m$，速度小于 $550~m/s$，若超过即为外来物损伤。

（4）微动磨损。它是指两个配合表面之间由一微小振幅的相对振动所引起的表面损伤。微动磨损包括材料损失、表面形貌变化，表面、次表面塑性变形或开裂等现象。

（5）腐蚀磨损。腐蚀磨损是金属表面产生摩擦时，同时与工作（周围）介质发生化学或电化学反应，产生表面金属的损失或迁移现象。

（6）疲劳磨损。它是指两个接触体相对滚动或滑动时，在接触区形成的循环应力超过材料的疲劳强度的情况下，在表层将引发裂纹并扩展，最后使裂纹上的材料断裂剥落下来的过程。此种磨损在滚动轴承、齿轮、车轮、轧辊等表面上经常出现。它的主要特征表现为零件表面出现深浅不同、大小不一的斑状凹坑或较大面积的表面剥落，称为点蚀及剥落。

12.1.4　腐蚀失效

金属材料受周围介质的作用而损坏，称为金属腐蚀。金属的锈蚀是最常见的腐蚀形态之一。出现腐蚀时，在金属的界面上发生了化学或电化学多相反应，使金属转入氧化（离子）状态。这会显著降低金属材料的强度、塑性、韧性等力学性能，破坏金属构件的几何形状，增加零件间的磨损，恶化电学和光学等物理性能，缩短设备的使用寿命，甚至造成火灾、爆炸等灾难性事故。腐蚀主要分为以下几种类型：

1）均匀腐蚀

在整个金属表面均匀地发生腐蚀，被腐蚀的金属表面具有均匀的化学成分和显微组织，腐蚀介质均匀包围金属表面。

2）点腐蚀

点腐蚀（简称点蚀）又称坑蚀和小孔腐蚀。点蚀有大有小，一般情况下，点蚀的深度要比其直径大得多。点蚀经常发生在表面有钝化膜或保护膜的金属上。由于金属材料中存在缺陷、杂质和溶质等的不均一性，当介质中含有某些活性阴离子（如 Cl^- ）时，这些活性阴离子首先被吸附在金属表面某些点上，从而使金属表面钝化膜发生破坏。一旦这层钝化膜被破坏又缺乏自钝化能力时，金属表面就发生腐蚀。这是因为在金属表面缺陷处易漏出机体金属，使其呈活化状态，而钝化膜处仍为钝态，这样就形成了活性-钝性腐蚀电池。由于阳极面积比阴极面积小得多，阳极电流密度很大，因此腐蚀往深处发展，金属表面很快就被腐蚀成小孔，即点蚀。

在石油、化工的腐蚀失效类型统计中，点蚀约占 $20\%\sim25\%$ 。流动不畅的含活性阴离子的介质中容易形成活性阴离子的积聚和浓缩的条件，促使点蚀的生成。粗糙的表面比光滑的表面更容易发生点蚀。pH 值降低、温度升高都会增加点蚀的倾向。氧化性金属离子（如 Fe^{3+}、Cu^{2+}、Hg^{2+} 等）能促进点蚀的产生。但某些含氧阴离子（如氢氧化物、铬酸盐、硝酸盐和硫酸盐等）能防止点蚀。

点蚀虽然失重不大，但由于阳极面积很小，因此腐蚀速率很快，严重时可造成设备穿孔，使大量的油、水、气泄漏，有时甚至造成火灾、爆炸等严重事故，危险性很大。点蚀会使晶间腐蚀、应力腐蚀和腐蚀疲劳等加剧，在很多情况下点蚀是这些类型腐蚀的起源。

3）缝隙腐蚀

金属与金属或非金属之间形成很小的缝隙，缝隙内介质处于静滞状态，从而引起缝内金属加速腐蚀的局部腐蚀形式。常见的有法兰连接面、螺母压紧面，缝内氧耗尽形成氧浓差电池，促使氯离子等活性离子进入缝隙，pH 值降低，引起缝隙腐蚀。

4）晶间腐蚀

晶间腐蚀是金属材料在特定的腐蚀介质中，沿着材料的晶粒间界受到腐蚀，使晶粒之间丧失结合力的一种局部腐蚀破坏现象。受到这种腐蚀的设备或零件，有时从外表看仍是完好光亮，但由于晶粒之间的结合力被破坏，材料几乎丧失了强度，严重的还会失去金属声音，轻轻敲击便成为粉末。

据统计，在石油、化工设备腐蚀失效事故中，晶间腐蚀约占 $4\%\sim9\%$，主要发生在用轧材焊接的容器及热交换器上。一般认为，晶界合金元素的贫化是产生晶间腐蚀的主要原因。通过提高材料的纯度，去除碳、氮、磷和硅等有害微量元素或加入少量稳定化元素（钛、铌），以控制晶界上析出的碳化物及采用适当的热处理制度和适当的加工工艺，可防止晶间腐蚀的产生。

5）应力腐蚀

材料在特定的腐蚀介质中和在静拉伸应力（包括外加载荷、热应力、冷加工、热加工、焊接等所引起的残余应力，以及裂缝锈蚀产物的楔入应力等）下，所出现的低于强度极限的脆性开裂现象称为应力腐蚀开裂。

应力腐蚀开裂是先在金属的腐蚀敏感部位形成微小凹坑，产生细长的裂缝，且裂缝扩展很快，能在短时间内发生严重的破坏。应力腐蚀开裂在石油、化工腐蚀失效类型中所占比例最高，可达 50%。应力腐蚀的产生有两个基本条件：一是材料对介质具有一定的应力腐蚀开裂敏感性；二是存在足够高的拉应力。导致应力腐蚀开裂的应力可能来自工作应力，也可能来自制造过程中产生的残余应力。据统计，在应力腐蚀开裂事故中，由残余应力所引起的占 80% 以上，而由工作应力引起的则不足 20%。

应力腐蚀过程一般可分为三个阶段。第一阶段为孕育期，在这一阶段内，因腐蚀过程局部化和拉应力作用的结果，使裂纹生核。第二阶段为腐蚀裂纹发展时期，当裂纹生核后，在腐蚀介质和金属中拉应力的共同作用下，裂纹扩展。第三阶段中，由于拉应力的局部集中，裂纹急剧生长导致零件的破坏。

在发生应力腐蚀破裂时，并不发生明显的均匀腐蚀，甚至腐蚀产物极少，有时肉眼也难以发现，因此，应力腐蚀是一种非常危险的破坏。一般来说，介质中氯化物浓度的增加，会缩短应力腐蚀开裂所需的时间。不同氯化物的腐蚀作用是按 Mg^{2+}、Fe^{3+}、Ca^{2+}、Na^{1+}、Li^{1+} 等离子的顺序递减的。发生应力腐蚀的温度一般在 $50\sim300℃$ 之间。

防止应力腐蚀应从减少腐蚀和消除拉应力两方面来采取措施，具体表现为：一要尽量避免使用对应力腐蚀敏感的材料；二是在设计设备结构时要力求合理，尽量减少应力集中和积存腐蚀介质；三是在加工制造设备时，要注意消除残余应力。

6）腐蚀疲劳

腐蚀疲劳是在腐蚀介质与循环应力的联合作用下产生的。这种由于腐蚀介质而引起的抗腐蚀疲劳性能的降低称为腐蚀疲劳。疲劳破坏的应力值低于屈服点，当它在一定的临界循环应力值（疲劳极限或称疲劳寿命）以上时，才会发生疲劳破坏。而腐蚀疲劳却可能在很低的应力条件下就发生破断，因而它是很危险的。

影响材料腐蚀疲劳的因素主要有应力交变速度、介质温度、介质成分、材料尺寸、加工和热处理等。增加载荷循环速度，降低介质的 pH 值或升高介质的温度，都会使腐蚀疲劳强度下降。材料表面的损伤或较低的粗糙度所产生的应力集中会使疲劳极限下降，从而也会降低疲劳强度。

12.2　机械零件失效分析

12.2.1　零件失效的基本原因

失效原因有多种，在实际生产中，零件失效很少是由于单一因素引起的，往往是几个因素综合作用的结果。归纳起来，零件失效的基本原因可分为设计，材料，加工，安装、使用与失效四个方面。

1. 设计方面的原因

一是由于设计的结构和形状不合理导致零件失效，如零件的高应力区存在明显的应力集中源（各种尖角、缺口、过小的过渡圆角等）；二是对零件的工作条件估计失误，如对工作中可能的过载估计不足，使设计的零件的承载能力不够。

2. 材料方面的原因

选材不当是材料方面导致失效的主要原因。最常见的是设计人员仅根据材料的常规性能指标来作出决定，而这些指标根本不能反映出材料所受某种类型失效的抗力。另外，材料本身的缺陷（如缩孔、疏松、气孔、夹杂、微裂纹等）也导致零件失效。

3. 加工方面的原因

加工工艺控制不好会造成各种缺陷而引起失效。例如，热处理工艺控制不当导致过热、脱碳、回火不足等；锻造工艺不良、带状组织、过热或过烧现象等；冷加工工艺不良造成光洁度太低，刀痕过深、磨削裂纹等都可导致零件的失效。

有些零件加工不当造成的缺陷与零件设计有很大的关系，如热处理时的某些缺陷。零件外形和结构设计不合理会促使热处理缺陷的产生（如变形、开裂）。为避免或减少零件淬火时发生开裂，设计零件时应注意：截面厚薄应均匀，否则容易在薄壁处开裂；结构对称，尽量采用封闭结构以免发生大的变形；变截面处均匀过渡，防止应力集中。

4. 安装、使用与失效方面的原因

零件安装时，配合过紧、过松、对中不良、固定不紧等，或操作不当均可造成使用过程中失效。

12.2.2　零件失效分析

研究失效及其分析，应找出失效的起因，据此制订出防止类似失效的改进方案。研究一宗复杂的事故，往往需要若干工程部门和物理、冶金、化学方面各专家的协助。一般来说，失效分析和研究的主要阶段如下：

(1) 背景资料的收集和分析样品的选择。
(2) 失效件的初步检查（肉眼检查和记录）。
(3) 无损检测。
(4) 机械性能试验（包括硬度、韧性试验）。
(5) 所有试样的选择、鉴定、保存及清洗。
(6) 宏观检验和分析（断裂表面、二次裂纹及其他表面现象）。
(7) 微观检验和分析。
(8) 化学分析（包括腐蚀产物，沉积物等）。
(9) 断裂机理的分析。

综合上述各方面的调查和分析结果，判断影响零件失效的各种因素，排除不可能或者不重要的因素，最终确定零件失效的真正原因，尤其是起决定作用的原因。

12.3　材料的表面处理

12.3.1　表面处理及目的

表面处理，从广义上讲，它是一个十分宽广的科学技术领域，是具有极高使用价值的基础技术。随着工业的现代化、规模化、产业化，以及高新技术和现代国防用先进武器的发展，对各种材料表面性能的要求愈来愈高。20 世纪 80 年代，被列入世界 10 项关键技术之一的表面技术，经过 20 余年的发展，已成为一门新兴、跨学科、综合性强的先进基础与工程技术。材料表面处理是指把材料的表面与基体作为一个统一系统进行设计和改性，以最经济、最有效的方法改善材料表面及近表面区的形态、化学成分、组织结构，并赋予材料表面新的复合性能，使许多新构思、新材料、新器件实现了新的工程应用。我们把这种综合化的用于提高材料表面性能的各种新技术，统称为现代材料表面处理技术。

对固体材料而言，材料表面处理实施的主要目的，是以最经济、最有效的方法改变材料表面及近表面区的形态、化学成分和组织结构，使材料表面获得新的复合性能。具体而言，通过表面处理技术的优化设计与实施，可以达到下列目的：

（1）提高材料抵御环境的能力。

（2）赋予材料表面机械功能、装饰功能、物理功能和特殊功能（包括声、电、光、磁及其转换和各种特殊的物理、化学性能）。

（3）弄清各类固体表面的失效机理和各种特殊的性能要求，实施特定的表面加工来制备具有优异性能的构件、零部件和元器件等先进产品，以促进材料表面科学技术与生产力的发展。

12.3.2 表面处理方法

表面处理方法很多，各种新方法也在不断出现。常用的表面处理技术有热喷涂、堆焊、电镀、化学镀、涂装、熔结、热浸镀、陶瓷涂敷，各种物理气相沉积（包括真空蒸发镀、溅射镀、阴极多弧镀、空心阴极离子镀、磁控溅射镀等）、化学气相沉积，分子束外延、离子束合成等技术。另外，也采用各种表面改性技术及机械、物理、化学等方法，使材料表面的形貌、化学成分、相组成、微观结构、缺陷状态、应力状态得到改变，其技术主要有表面热处理、化学热处理、喷丸强化、等离子扩渗处理、三束（激光束、电子束、离子束）改性处理等。以下是几种较为常见的表面处理技术。

1. 热喷涂

热喷涂技术是通过某种热源将某些材料加热至熔融或半熔融状态，然后喷射到涂敷的基体表面，形成一层性能优于原来基体的涂层，从而使原工件具有更加优异的表面性能，或者是使工件获得一种或几种原来基体材料不具备的表面性能膜状组织。喷涂层的形成包括喷涂材料的加热熔化阶段、熔滴的雾化阶段、粒子的飞行阶段和粒子的喷涂阶段。涂层与基体的结合一般认为有机械结合、扩散结合、物理结合和冶金结合。在使用放热型喷涂材料或采用高温热源喷涂时，熔融态的喷涂材料粒子会与熔化态的基体发生焊接现象，形成微区的冶金结合，提高涂层与基体的结合强度。喷涂层内的粒子之间的结合以机械结合为主，而扩散结合、物理结合、冶金结合等也共同起作用。

自 1910 年瑞士肖普（Schoop）博士发明了一种火焰喷涂装置（即热喷涂）以来，热喷涂技术已有很大发展，尤其是 20 世纪 80 年代以来，热喷涂技术的应用取得了很大的成就。与其他各种表面技术相比，热喷涂技术有其自身的特点：

（1）可在各种基体上制备各种材质的涂层，包括金属、陶瓷、金属陶瓷、工程塑料、玻璃、木材、布、纸等几乎所有的固体材料。

（2）基体温度低。基体温度一般在 30~200℃之间，变形小，热影响区浅。

（3）操作灵活。可喷涂各种规格和形状的物体，特别适合于大面积涂层，并可在野外作业。

（4）涂层厚度范围宽。从几十微米到几毫米的涂层都能制备，且容易控制，喷涂效率高，成本低。喷涂时生产效率为每小时几千克到几十千克。

热喷涂作为一种表面处理技术，它也存在许多不足之处，比如，涂层存在结合力较低、孔隙率较高、均匀性较差且不易对涂层进行非破坏检查等问题，主要体现在热效率低、材料利用率低、浪费大和涂层与基材强度较低三个方面。

2．堆焊

堆焊的物理本质、热过程、冶金过程以及堆焊金属的凝固结晶和相变过程，与一般的焊接方法相比差别不大。然而，堆焊主要是以获得特定性能的表层，发挥表面层金属性能为目的的，所以在使用堆焊技术工艺时应该注意：

（1）根据技术要求合理地选择堆焊合金类型。被堆焊的金属种类很多，所以，堆焊前首先应分析零件的工作状况，确定零件的材质，根据具体的情况选择堆焊合金系统，这样才能得到符合技术要求的表面堆焊层。

（2）以降低稀释率为原则，选定堆焊方法。由于零件的基体大多是低碳钢或低合金钢，而表面堆焊层含合金元素较多，因此，为了得到良好的堆焊层，就必须减小母材向焊缝金属的熔入量，也就是稀释率。

（3）堆焊层与基体金属间应有相近的性能。由于通常堆焊层与基体的化学成分差别很大，为防止堆焊层与基体间在堆焊、焊后热处理及使用过程中产生较大的热应力与组织应力，常要求堆焊层与基体的热膨胀系数和相变温度最好接近，否则容易造成堆焊层开裂及剥离。

（4）提高生产率。由于堆焊零件的数量繁多、堆焊金属量大，因此应该研发和应用生产率较高的堆焊工艺。

总之，只有全面考虑上述内容，才能在工程实践中正确选择堆焊合金系统与堆焊工艺，获得符合技术要求的经济性好的表面堆焊层。

3．气相沉积

气相沉积是利用气相中发生的物理、化学过程，在工件表面形成具有特殊性能的金属或化合物涂层。按照过程的性质可将其分为化学气相沉积（CVD）和物理气相沉积（PVD）两大类。化学气相沉积是利用气态物质在固态工件表面进行化学反应，生成固态沉积物的过程。通常的处理是将低温下气化的金属盐与加热到高温的基体接触，通过与碳氢化合物和氢气或氮气进行气相反应，在基体表面上沉积所要求的金属或金属间化合物。化学气相反应室应抽真空并加热到 $900\sim1000℃$，生成物沉积在工件表面。钢件经沉积镀覆后，还需进行热处理，可在同一反应室内进行。由于加热温度较高，所用钢种皆系合金钢，故升温时要采用预热处理。沉积处理后随炉冷至 $200℃$ 以下，取出空冷，再进行淬火和回火处理。碳素工具钢、渗碳钢、轴承钢、高速钢、铸铁及硬质合金等多种材料都可进行气相沉积。

物理气相沉积是通过蒸发、电离或溅射等过程，产生的金属粒子沉积在工件表面，形成金属涂层或与反应气反应形成化合物涂层。物理气相沉积的重要特点是沉积温度低于 $600℃$，沉积速度比 CVD 快。PVD 法可适用于黑色金属高速钢、碳素工具钢等有色金属、陶瓷、高聚物、玻璃等各种材料。PVD 法有真空蒸镀、真空溅射、离子镀三大类。

4．离子注入表面强化处理

离子注入是根据被处理表面材料所需的性能来选择适当种类的原子，使其在真空电场中离子化，并在高电压作用下加速注入工件表层的技术。离子注入设备主要是在真空中将注入的原子电离成离子，用聚束系统形成离子束流，用加速系统以必需的能量加速。由于加速的离子束也可能含有不需要的离子，需要利用质量分析器进行质量分离，只让必要的离子从狭缝通过。由于通过狭缝的离子束的断面的不均匀，为使离子束有良好的均匀性，应对离子束作电扫描。离子注入技术在工业上应用广泛，在材料工业中，可用于金属材料表面合金化，可以提高工程材料的表面性能。例如，利用 N、C、B 等非金属元素注入到钢、铁、有色金属及各种合金中，当注入的离子量合适时，将产生明显的表面硬化作用，一般提高 10%～100%，甚至更高。离子注入能改变金属表面的摩擦系数，又由于它提高了硬度，因此耐磨性增强。当离子注入 Ce、Y、Hf、Th、Zr、Nb、Ti 或其他能稳定氧化物的活性元素于钢中时，可大大提高钢的耐腐蚀能力。

5. 熔盐浸镀处理

TMD 处理是熔盐浸镀法、电解法及粉末法进行扩散表面硬化处理技术的总称。TD 处理是 Toyota Diffusion 的简称，系日本丰田中央研究所于 20 世纪 70 年代所发展的材料表面改性技术。TD 处理是将欲处理的工件置于含有碳化物形成元素如钒、铌、铬高温盐浴中，温度保持在 871～1037℃，处理时间为 1～8 h。此时，底材中所含的碳会往外扩散至表面，与盐浴中的碳化物形成元素结合为碳化物。例如，碳化钒、碳化铌与碳化铬，前两者有优异耐磨性与耐剥离强度；而后者碳化铬虽然有较低的耐磨性，但是却有高的抗氧化性。该碳化物非常细致内部没有疏松组织，与底材以金属键结方式紧密结合，在碳化物与底材之间存在一层薄的扩散层约为 2～20 微米。由于碳化物形成所需的碳均由底材供应，因此适合 TD 作处理的底材必须为含碳量至少在 0.3% 以上的含碳材料，如钢铁/镍合金、钴合金及超硬合金。处理前，工件均须作预热以防加热过速产生变形，然后在各种工件材料的奥氏体化温度下进行 TD 处理。处理后的冷却方式则有多种选择，视材料而定，可采用空冷、油冷、水冷、盐浴冷却、氮气冷却，使底材获得硬化，再回火。当钢材奥氏体化温度大于 TD 处理温度上限时，处理后的钢材必须放在真空热处理炉或具有保护性的盐浴炉中加热至奥氏体化温度并作冷却，以完成底材的硬化。

实际应用最广的是用熔盐浸镀法在工件表面涂覆 VC、NBC、Cr - C 等碳化物镀层。TD 处理有直接加热形式与间接加热形式。熔盐浸镀法的原理是将放入耐热坩埚中的硼砂（至少占 70%～90%）熔融后，欲涂覆哪种碳化物即可向硼砂中相应的加入那种能形成碳化物的物质。例如，涂覆 VC 时加入 Fe - V 的合金粉末或 V205 粉末，将含碳的钢件浸入保持在 800～1200℃ 的盐浴中，保温 1～10 h，即可得到由碳化物构成的表面涂层。

6. 激光表面处理技术

激光是 1960 年才出现的一种新光源。激光具有高亮度、高单色性、高相干性、强方向性等特征，这些特点决定了它在许多领域中都有重大的应用。激光表面处理是一种高能量密度的表面热处理。

激光表面熔化处理（LSM）是用能量密度较大的激光照射工作表面，使材料表面层熔化，停止照射后靠基体热传导快速冷却、凝固的一种技术。在激光熔融处理时，当冷却速度为 10^6℃/s 以上时，足以抑制正常晶粒的形成，而在表面层 1～10 微米内产生亚稳结构。这类亚结构通常是超细的枝晶，甚至是非晶态，这主要取决于金属或合金的本质和冷却速度。这种处理方法相当于激光上釉，其特点是表面具有高硬度、高耐磨和高耐蚀性。另一种常用于铸铁或高碳钢的处理工艺是通过激光束照射铸铁表面，使表面熔融，而片状石墨均匀地熔于奥氏体基体中，在随后的自冷却过程中过饱和的碳以渗碳体形式析出在表面层，形成莱氏体组织。这种表层的硬度约为 1000 HV，大幅度地提高耐磨性，此工艺已用于汽车凸轮轴生产中。

激光合金化是用激光束把基体材料表层和涂敷到表面上的合金化物质一起熔化后迅速凝固，从而达到改变表层化学成分，提高金属的耐磨性、抗蚀性及高温抗氧化性的一种表面改性处理方法。激光合金化能量密度一般为 $10^4 \sim 10^6\,\mathrm{W/cm^2}$。合金化熔池深度为 $0.5 \sim 2\,\mathrm{mm}$，基体材料为碳钢或铸铁，有时亦选用有色金属 Al、Ti、Ni 为基体合金。合金化的材料可以是粉末、薄片、线材或棒材，可预先加入或同时加入，预先加入的方式有沉积、电镀、离子注入、刷涂、喷涂等。这种工艺可使零件有高硬度、高耐磨性、优良的耐蚀性，已在工业上广泛应用。

7. 化学镀工艺的原理

化学镀是一种不需要通电，依据氧化还原反应原理，利用强还原剂在含有金属离子的溶液中，将金属离子还原成金属而沉积在各种材料表面形成致密镀层的方法。实现上述过程的方法有三种。

(1) 置换法。

将还原性较强的金属（金属、待镀的工件）放入另一种氧化性较强的金属盐溶液中，还原性较强的金属是还原剂，它提供的电子被溶液中的金属离子接收后，在基体金属表面沉积出溶液中所含有的那种金属离子的金属涂层。最常见的例子是钢铁制品放进硫酸铜溶液中会沉积出一层薄薄的铜，这种工艺又称为浸镀（Immersion Plating），应用较少。

(2) 接触法。

将待镀金属工件与另一种辅助金属接触后浸入沉积金属盐的溶液中，辅助金属的电位应低于沉积出的金属电位。金属工件与辅助金属侵入溶液后构成原电池，后者活性强是阳极，发生活化溶解放出电子；金属工件作为阴极就会沉积出溶液中金属离子，还原出金属层。该方法实际应用也较少。

(3) 还原法。

在溶液中添加还原剂，由它被氧化后提供的电子还原沉积出金属镀层。只有在具有催化能的活性表面上沉积出金属涂层，由于施镀过程中沉积层仍具有自催化能力，因此才能使该工艺可以连续不断地沉积以形成一定厚度且有实用价值的金属涂层。

在以上三种方法中，还原法就是真正意义上的化学镀"工艺"。所以化学镀的本质是还原反应。

化学镀独特的工艺性和优异的镀层性能集中体现在以下几方面：

(1) 工艺装备简单、投资低，不需要电源和电极。

(2) 化学镀镀层均匀、致密，没有明显的尖角、边缘效应，镀层厚度容易控制，特别适于具有内孔、细小孔、盲孔等的零件，只要镀液能够达到的部位，皆能获得均匀的涂覆层。

(3) 化学镀镀层外观良好、晶料细、致密、空隙率低、光亮或半光亮（也可根据要求获得其他颜色）。

(4) 化学镀镀层根据其成分不同，可以获得非晶态、微晶、细晶等组织结构。

(5) 可在非金属材料表面镀覆。

(6) 镀层化学稳定性好，耐酸、碱、盐腐蚀的能力强以及有良好的磁性能。

(7) 化学镀镀层硬度高（镀态硬度为 500 HV 左右，而经过热处理后，其镀层硬度可高达 1000 HV)、润滑性好、抗磨损和擦伤的能力强。

化学镀镀层经过热处理后其硬度可高达 1000 HV,其耐磨性可超过电镀铬,并表现出特殊的磁性能。化学镀镀层表面形成钝化膜后,其耐酸、碱、盐腐蚀能力明显地优于其他金属材料。化学镀 Ni－P 层对碳钢具有明显的保护作用。化学镀 Ni－P 非晶态合金镀层在含氯离子的中性介质中具有优异的耐点蚀性能,其耐点蚀能力明显优于目前在油田中广泛使用的 Cr13 及 18－8 系不锈钢。化学镀层作为高温防护涂层,其性能不亚于电镀镍层,特别是在温度低于 850℃ 时,如复合镀层后渗铝,可以大幅度地改善其性能。由于化学镀镀层具有以上所述的优异的性能,而使其在世界范围内得到了迅速的发展和广泛的应用。化学镀已成为近年来表面处理领域发展速度最快的工艺之一。其作用已由简单的表面装饰发展成为表面强化与防护,并向功能化、梯度功能化方向发展。近年来,经济发达国家利用化学镀工艺技术进行材料表面镀覆的发展速度,平均每年以 12％～15％ 递增。虽然我国在该领域起步较晚,但也处于迅速发展阶段。

12.3.3 表面处理发展趋势

随着社会科技的发展,表面工程技术已成为现代工业的中坚力量。为了面对日趋严重的能源、环境、资源等问题,表面处理技术有以下发展趋势:

1. 复合表面技术

在单一表面技术发展的同时,综合运用两种或多种表面技术的复合表面技术(也称第二代表面技术)有了迅速的发展。复合表面技术通过多种工艺或技术的协同效应,使工件材料表面体系在技术指标、可靠性、寿命、质量和经济性等方面获得最佳的效果,克服单一表面技术存在的局限性,解决了一系列工业关键技术和高新技术发展中特殊的技术问题。强调多种表面技术的复合,是表面处理技术的重要特色之一。复合表面技术的研究和应用已取得了重大进展,如热喷涂和激光重熔的复合、热喷涂与刷镀的复合、化学热处理与电镀的复合等。

2. 纳米表面工程

近年来纳米材料技术正在以令人吃惊的速度迅猛发展。迄今的研究以纳米粉末的制作为主,但是越来越倍受关注的是纳米材料的结构化问题。众所周知,特殊的表面性能是纳米材料的重要独特性能之一。表面处理技术无论在工艺方法和应用领域方面都与纳米材料技术有着不可分割的密切联系。在传统的电刷镀溶液中加入纳米粉体材料,可以制备出性能优异的纳米复合镀层;在传统的机油添加剂中加入纳米粉体材料,可以提高减摩性能并具有良好的自修复性能。

3. 表面工程技术设计

表面工程技术设计是针对工程对象的工况条件和设备中零部件等寿命的要求,综合分析可能的失效形式与表面工程的进展水平,正确选择表面技术或多种表面技术的复合,合理确定涂层材料及工艺,预测使用寿命,评估技术经济性,必要时进行模拟实验,并编写表面工程技术设计书和工艺卡片。目前,表面工程技术设计仍基本停留在经验设计阶段。有些行业和企业针对自己的工程问题开发出了表面工程技术设计软件,但其局限性很大。随着计算机技术、仿真技术和虚拟技术的发展,建立有我国特色的表面工程技术设计体系迫在眉睫。

4．扩展应用领域

表面处理技术已经在机械产品、信息产品、家电产品和建筑装饰中获得富有成效的应用。但是其应用的深度、广度仍很不够，不了解和不应用表面处理技术的单位和产品仍很普遍。表面处理技术的优越性和潜在效益仍未很好发挥，需要做大量的宣传、推广工作。可通过推广、应用表面处理技术，提高产品的质量，减少资源消耗，降低生产成本，改进产品包装，增强市场竞争力，促进节约型社会建设。

12.4 工程应用案例——载货汽车后桥主动锥齿轮断裂失效分析

下面通过货车齿轮断裂失效来分析其原理，理解机械零件失效分析在工程中的应用。

1．事故调研

汽车后桥主动锥齿轮在小端断裂，如图 12-1 所示。

图 12-1 断裂的汽车后桥主动锥齿轮

材料：22CrMoH 钢。

热处理：920～930℃渗碳—预冷，840～850℃淬火—180 ℃低温回火，时间为 6 h。

要求：渗碳淬火，硬化层深度 1.7～2.1 mm。

金相组织：碳化物 1～5 级，残余奥氏体 1～5 级。

齿轮表面硬度：60～64 HRC；齿轮心部硬度：30～40 HRC。

2．宏观观察

主动锥齿轮与被动锥齿轮啮合偏向于主动锥齿轮的小端，距大端 20～25 mm 没有啮合痕迹。主动锥齿轮受力偏向于小端，导致主动锥齿轮小端受力过高。

3．成分分析与淬透性测定

22CrMoH 钢淬透性：J15＝36～42 HRC。其成分与淬透性符合标准。

4．硬度测定

表面硬度：60～62 HRC，心部硬度：36～37 HRC。其硬度符合要求。

5．金相分析

渗碳淬火硬化层深度 1.75 mm，碳化物 3 级，残余奥氏体 3 级。其金相符合技术要求。

6．断口分析

断口如图 12-2 所示，为疲劳断口。疲劳源在主动齿轮工作面的齿根部。此处弯曲应力最大，发生弯曲疲劳。

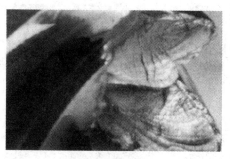

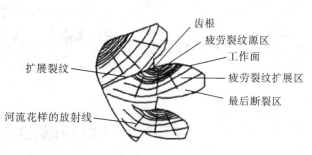

(a) 实际断口　　　　　　　　　　　　　(b) 断口分析示意图

图 12 - 2　齿轮断口及分析

7. 结论

主动锥齿轮与被动锥齿轮安装、配合时不精确，啮合区域偏向于主动锥齿轮的小端，主动锥齿轮小端受力过高。导致轮齿根部产生疲劳裂纹，使齿破断。

8. 预防措施

（1）正确安装、调试主动锥齿轮与被动锥齿轮的啮合位置，保证齿轮工作状态良好。防止主动锥齿轮受力偏移，避免齿轮局部地方过载。

（2）齿轮加工铣齿时保证齿根圆滑过渡，避免刀痕引起疲劳源。

（3）汽车运行防止严重超载。避免齿轮受力过大，防止断裂。

习题与思考题 12

12 - 1　工程技术人员在选材时的一般原则是什么？合理选材有什么重要意义？

12 - 2　在零件选材时应注意哪些问题？哪些问题是最主要的方面？

12 - 3　零件的失效形式主要有哪些？失效分析对于零件选材有什么意义？

12 - 4　为什么要做表面处理？表面处理技术有哪些作用？

12 - 5　什么为热喷涂技术？热喷涂技术分为几个阶段？

12 - 6　随着科技的进步，表面处理技术有哪些发展方向？

第 13 章　材料与成形工艺的选择

13.1　材料与成形工艺选择原则

在机械零件产品的设计与制造过程中，如何合理地选择和使用金属材料是一项十分重要的工作。不仅要考虑材料的性能是否能够适应零件的工作条件，使零件经久耐用，而且要求材料有较好的加工工艺性能和经济性及环保性，以便提高零件的生产率，降低成本，减少消耗等。选材时，要考虑材料的化学物理性能、机械性能和工艺性能，如密度、弹性模量、强度、韧性、耐蚀性、耐磨性、高温和低温强度、焊接性能、淬透性、热处理变形量、可锻性、切削性能、经济性等。选用材料要根据产品批量以及是常年需要（定型产品）或一次性生产（单件、单批生产），从使用性能、工艺和经济环保三方面来考虑。

13.1.1　使用性能原则

在设计零件并进行选材时，应根据零件的工作条件和损坏形式找出所选材料的主要使用性能指标，这是保证零件经久耐用的先决条件。如汽车、拖拉机或柴油机上的连杆螺栓，在工作时整个截面不仅承受均匀分布的拉应力，而且拉应力是周期变动的，其损坏形式除了由于强度不足引起过量塑性变形而失效外，多数情况下是由于疲劳破坏而造成的断裂。因此对连杆螺栓材料的机械性能，除了要求有高的屈服极限和强度极限外，还要求有高的疲劳强度。由于是整个截面均匀受力，因此材料的淬透性也需考虑。

零件实际受力条件是较复杂的，而且还应考虑到短时过载、润滑不良、材料内部缺陷等因素，因此使用性能指标经常成为材料选用的主要依据。

在工程设计上，材料的使用性能数据一般是以该材料制成的试样进行机械性能试验测得的，它虽能表明材料性能的高低，但由于试验条件与机械零件实际工作条件有差异，因而严格来说，材料机械性能数据仍不能确切地反映机械零件承受载荷的实际能力。即使这样，目前用此法来进行生产检验还是存在着一定的困难。生产中最常用的比较方便的检验性能的方法是检验硬度，这是因为硬度检验可以不破坏零件，而且硬度与其他机械性能之间存在一定关系。因此，零件图纸上一般都以硬度作为主要的热处理技术条件。

13.1.2　工艺性能原则

材料的加工工艺性能主要有铸造、压力加工、切削加工、热处理和焊接等性能。其加工工艺性能的好坏直接影响到零件的质量、生产效率及成本。所以，材料的工艺性能也是选材的重要依据之一。

（1）铸造性能。一般是指熔点低、结晶温度范围小的合金才具有良好的铸造性能。例如，合金中共晶成分铸造性最好。

（2）压力加工性能。它是指钢材承受冷热变形的能力。冷变形性能好的标志是成型性良好，加工表面质量高，不易产生裂纹；而热变形性能好的标志是接受热变形的能力好，抗氧化性高，可变形的温度范围大及热脆倾向小等。

（3）切削加工性能。刀具的磨损、动力消耗及零件表面光洁度等是评定金属材料切削加工性能好坏的标志，也是合理选择材料的重要依据之一。

（4）可焊性。衡量材料焊接性能的优劣是以焊缝区强度不低于基体金属和不产生裂纹为标志的。

（5）热处理。它是指钢材在热处理过程中所表现的行为。如过热倾向、淬透性、回火脆性、氧化脱碳倾向以及变形开裂倾向等来衡量热处理工艺性能的优劣。

一般来说，碳钢的锻造、切削加工等工艺性能较好，其机械性能可以满足一般零件工作条件的要求，因此碳钢的用途较广，但它的强度还不够高，淬透性较差。所以，制造大截面、形状复杂和高强度的淬火零件，常选用合金钢，因为合金钢淬透性好、强度高。可是，合金钢的锻造、切削加工等工艺性能较差。通过改变工艺规范，调整工艺参数，改进刀具和设备，变更热处理方法等途径，可以改善金属材料的工艺性能。总之，良好的加工工艺性可以大大减少加工过程的动力、材料消耗、缩短加工周期及降低废品率等。优良的加工工艺性能是降低产品成本的重要途径。

13.1.3　经济及环境友好性原则

每台机器产品成本的高低是劳动生产率和重要标志。产品的成本主要包括原料成本、加工费用、成品率以及生产管理费用等。材料的选择也要着眼于经济效益，根据国家资源，结合国内生产实际加以考虑。此外，还应考虑零件的寿命及维修费，若选用新材料则还要考虑研究试验费。

另外，目前全球环境日益恶化，选材时应尽量满足环保要求。选材时要以无毒、无害的材料代替有毒、有害的材料，尽量对材料采取循环利用和重复利用，对废弃物进行综合利用，使生产过程中资源得到最大限度的利用，减少材料成形过程及废物对环境的污染。

作为一个工程技术人员，在选材时必须了解我国工业发展趋势，按国家标准，结合我国资源和生产条件，从实际出发全面考虑各方面因素。

13.2　材料与成形工艺选择步骤与方法

13.2.1　材料与成形工艺选择的基本步骤

材料与成形工艺选择的基本步骤如下：首先根据使用工况及使用要求进行材料选择，然后根据所选材料，同时结合材料的成本、材料的成形工艺性、零件的复杂程度、零件的生产批量、现有生产条件和技术条件等，选择合适的成形工艺。

1. 分析服役条件

分析机件的服役条件，找出零件在使用过程中具体的负荷情况、应力状态、温度、腐蚀及磨损等情况。

大多数零件都在常温大气中使用，主要要求材料的力学性能。在其他条件下使用的零件，要求材料还必须有某些特殊的物理、化学性能。如在高温条件下使用，要求零件材料有一定的高温强度和抗氧化性；化工设备则要求材料有高的抗腐蚀性能；某些仪表零件要求材料具有电磁性能等。严寒地区使用的焊接结构，应附加对低温韧性的要求；在潮湿地区使用时，应附加对耐大气腐蚀性的要求等。

（1）通过分析或试验，结合同类材料失效分析的结果，确定允许材料使用的各项广义许用应力指标，如许用强度、许用应变、许用变形量及使用时间等。

（2）找出主要和次要的广义许用应力指标，以重要指标作为选材的主要依据。

（3）根据主要性能指标，选择符合要求的几种材料。

（4）根据材料的成形工艺性、零件的复杂程度、零件的生产批量、现有生产条件技术条件选择材料生产的成形工艺。

（5）综合考虑材料成本、成形工艺性、材料性能，使用的可靠性等，利用优化方法选出最适用的材料。

（6）必要时选材要经过试验投产，再进行验证或调整。

上述只是选材步骤的一般规律，其工作量和耗时都是相当大的。对于重要零件和新材料的选材，要进行大量的基础性试验和批量试生产过程，以保证材料的使用安全性。对不太重要的批量小的零件，通常参照相同工况下同类材料的使用经验来选择材料，确定材料的牌号和规格，安排成形工艺。若零件属于正常的损坏，则可选用原来的材料及成形工艺；若零件的损坏属于非正常的早期破坏，应找出引起失效的原因，并采取相应的措施。如果是材料或其生产工艺的问题，可以考虑选用新材质或新的成形工艺。

2. 选材的依据

一般依据使用工况及使用要求进行选材，可以从以下四方面考虑：

1）负荷情况

工程材料在使用过程中受到各种力的作用，有拉应力、压应力、剪应力、切应力、扭矩、冲击力等。工程上主要承力件是传递动力或承受载荷的机件，如轴和齿轮。材料在负荷下工作，其力学性能要求和失效形式是和负荷情况紧密相关的。

在工程实际中，任何机械和结构，必须保证它们在完成运动要求的同时，而能安全、可靠地工作。例如，要保证机床主轴的正常工作，则主轴既不允许折断，也不允许受力后产生过度变形。又如千斤顶顶起重物时，其螺杆必须保持直线形式的平衡状态，而不允许突然弯曲。对工程构件来说，只有满足了强度、刚度和稳定性的要求，才能安全、可靠地工作。实际上，在材料力学中对材料的这三方面要求都有具体的使用条件。在分析材料的受力情况或根据受力情况进行材料选择时，除了要查阅有关材料力学性能手册外，还必须应用材料力学的有关知识科学选材。

在以力学性能为主选材时，主要考虑材料的强度、延展性、韧性指标、弹性模量等。首先要清楚所需要的强度，是极限强度还是屈服强度，是拉伸强度还是压缩强度。室温下我们考虑屈服强度，高温下考虑极限强度。如果使用拉伸强度，则应当考虑韧性较好的材料；如果是压缩强度，反而考虑脆性材料，如铸铁陶瓷、石墨等。这些脆性材料都是化学键比较强的物质，它们有较高的压缩强度。如果在动态应力作用下，屈服强度就失去意义了，必须考虑疲劳强度。

延展性是与强度同时考虑的，因为一般情况下，强度越高，材料的延展性越低。如果两者都很重要，就需要认真选择。对金属材料而言，降低晶粒尺寸能够显著提高强度而使延展性降低不大。在复合材料中，通过改变纤维的体积分数与排列，可以提高延展性而使强度降低不大。

如果材料在使用过程中发生震动或冲击，就必须考虑材料的韧性。韧性的指标采用冲击韧度，但更科学的指标是断裂韧性 K_{IC}。金属材料具有最高的韧性，高分子材料次之，而陶瓷材料没有韧性。

弹性模量的大小表征物体变形的难易程度。它是反映材料刚性的主要指标。

由于多数零件在使用时，既不允许折断，也不允许产生过度变形。因此，根据材料的屈服强度来选材是工程上常用的方法。其方法是：

$$\sigma_s \geqslant K[\sigma] \tag{13-1}$$

其中，σ_s 为所选材料的屈服强度；$[\sigma]$ 为机件在使用工况下的最大应力；K 为安全系数（对常温静载的塑性材料，一般取 $K=1.4\sim1.8$；脆性材料，一般取 $K=2.0\sim3.5$）。

这就是说，所选材料的屈服强度应大于材料的最大工作应力，同时必须留有一定的安全余量。根据这种方法进行选材，能满足多数情况下的强度需要。

上面是根据屈服强度进行选材的基本方法。根据材料的实际使用工况，当还要求其他力学性能指标时，可参照式（13-1）的原理来进行选材，即所选材料的该性能指标应大于工作时相应的最大工作应力。

几种常见零件受力情况、失效形式及要求的力学性能如表 13-1 所示。

表 13-1　几种常见零件的受力情况、失效形式及要求的力学性能

零件	工作条件			常见失效形式	要求的主要力学性能
	应力种类	载荷性质	其他		
普通紧固螺栓	拉应力切应力	静		过量变形，断裂	屈服强度，抗剪强度
传动轴	弯应力扭应力	循环冲击	轴颈处摩擦，振动	疲劳破坏，过量变形，轴颈处磨损	综合力学性能
传动齿轮	压应力弯应力	循环冲击	强烈摩擦，振动	磨损，麻点剥落，齿折断	表面硬度及弯曲疲劳强度、接触疲劳抗力，心部屈服强度、韧性
弹簧	扭应力弯应力	循环冲击	振动	弹性丧失，疲劳断裂	弹性极限，屈服比，疲劳强度
油泵柱塞副	压应力	循环冲击	摩擦，油的腐蚀	磨损	硬度，抗压强度
冷作模具	复杂应力	循环冲击	强烈摩擦	磨损，脆断	硬度，足够的强度、韧性
压铸模	复杂应力	循环冲击	高温度，摩擦，金属液腐蚀	热疲劳，脆断，磨损	高温强度，热疲劳抗力，韧性与红硬性

续表

零件	工作条件			常见失效形式	要求的主要力学性能
	应力种类	载荷性质	其他		
滚动轴承	压应力	循环冲击	强烈摩擦	疲劳断裂,磨损,麻点,剥落	接触疲劳抗力,硬度,耐磨性
曲轴	弯应力扭应力	循环冲击	轴颈摩擦	脆断,疲劳断裂,咬蚀,磨损	疲劳强度,硬度,冲击疲劳抗力,综合力学性能
连杆	拉应力压应力	循环冲击		脆断	抗压疲劳强度,冲击疲劳抗力

部分常用材料的力学性能如表 13-2 所示,各种材料的力学性能在使用时可参考相关的性能手册。

表 13-2　部分常用材料的主要力学性能

性能	金属		塑料		无机材料	
	钢铁	铝	聚丙烯	玻璃纤维增强尼纶-6	陶瓷	玻璃
密度/(g/cm^{-3})	7.8	2.7	0.9	1.4	4.0	2.6
拉伸强度/MPa	460	80～280	35	150	120	90
比拉伸强度	59	30～104	39	107	30	35
拉伸模量/GPa	210	70	1.3	10	390	70
韧性	优	优	良	优	差	差

2) 材料的使用温度

大多数材料都在常温下使用,但是常温也因地域和季节的不同而不同,有时能差几十度。当然还有许多在高温或低温下使用的材料。由于使用温度不同,要求材料的性能也有很大差异。如各种工业炉用材,都必须能耐高温;各种制冷设备用材,都必须能耐低温;有些时候,还要求材料具备承受剧烈的温度变化的能力。

随着温度的降低,钢铁材料的韧性和塑性不断下降。当温度降低到一定程度时,其韧性塑性显著下降,这一温度称为韧脆转变温度。在低于韧脆转变温度下使用时,材料容易发生低应力脆断,从而造成危害。因此,选择低温下使用的钢铁时,应选用韧脆转变温度低于使用工况的材料。各种低温用钢的合金化目的都在于降低碳含量,提高材料的低温韧性。

随着温度的升高,钢铁材料的性能会发生一系列变化,主要是强度、硬度降低,塑性、韧性先升高而后又降低,钢铁受高温氧化或高温腐蚀等。这些都对材料的性能产生的影响，甚至使材料失效。例如，一般碳钢和铸铁的使用温度不能超过$200\sim300℃$，而合金钢的使用温度能超过$1150℃$。一般地，陶瓷材料的耐热性最高，钢铁材料次之，常用有色合金耐热性较差，有机材料的耐热性能最差。

　　3）受腐蚀情况

　　在工业上，一般用腐蚀速度的高低表示材料的耐蚀性的高低。腐蚀速度用单位时间内单位面积上金属材料的损失量来表示；也可用单位时间内金属材料的腐蚀深度来表示。工业上常用 6 类 10 级的耐蚀性评级标准从Ⅰ类完全耐蚀到Ⅵ类不耐蚀。金属材料耐蚀性的分类评级标准如表 13-3 所示。

表 13-3　金属材料耐蚀性的分类评级标准

耐蚀性分类		耐蚀性分级	腐蚀速度/(mm/a)
Ⅰ	完全耐蚀	1	<0.001
Ⅱ	相当耐蚀	2	0.001～0.005
		3	0.005～0.01
Ⅲ	耐蚀	4	0.01～0.05
		5	0.05～0.1
Ⅳ	尚耐蚀	6	0.1～0.5
		7	0.5～1.0
Ⅴ	耐蚀性差	8	1.0～5.0
		9	5.0～10.0
Ⅵ	不耐蚀	10	>10.0

　　绝大多数工程材料都是在大气环境中工作的，大气腐蚀是一个普遍性的问题。大气的湿度、温度、日照、雨水及腐蚀性气体含量对材料腐蚀影响很大。在常用合金中，碳钢在工业大气中的腐蚀速度为 $10\sim60~\mu m/a$，在需要时常涂覆油漆等保护层后使用。含有铜、磷、镍、铬等合金组分的低合金钢，其耐大气腐蚀性有较大提高，一般可不涂油漆直接使用。铝、铜、铅、锌等合金耐大气腐蚀很好。

　　碳钢在淡水中的腐蚀速度与水中溶解的氧的浓度有关，钢铁在含有矿物质的水中腐蚀速度较慢。控制钢铁在淡水中腐蚀的常用办法是添加缓蚀剂。海水中由于有氯离子的存在，铁铸铁、低合金钢和中合金钢在海水中不能钝化，腐蚀作用较明显。钢铁在海水中的腐蚀速度为 0.13 mm/a，铝、铜、铅、锌的腐蚀速度均在 0.02 mm/a 以下。碳钢、低合金钢和铸铁在各种土壤中的腐蚀速度没有明显差别，均为 0.2～0.4 mm/a。

　　各种材料在 20℃ 水溶液中的耐腐蚀性能如表13-4所示；常用陶瓷耐腐蚀性如表13-5所示。在使用时应根据具体情况从相关手册中查阅材料的耐腐蚀性。

表 13-4　各种材料在 20℃ 水溶液中的的耐腐蚀级别

材　料	20%的溶液				海　水
	HNO_3	H_2SO_4	HCl	KOH	
铅	8～9	3～5	10	8～9	5～6
铝(99.5%)	7～8	6	9～10	10	5

续表

材　料	20%的溶液				海　水
	HNO$_3$	H$_2$SO$_4$	HCl	KOH	
锌(99.99%)	10	10	10	10	6～8
铁(99.9%)	10	8～9	9～10	1～2	6
碳钢(0.3%C)	10	8～9	9～10	1～2	6～7
铸铁(3.5%C)	10	8～9	10	1～2	6～7
3Cr13 不锈钢	6	8～9	10	1～2	6～7
2Cr17 不锈钢	4	8～9	10	1～2	5～6
Cr27 不锈钢	3	8～9	10	1～2	4～5
1Cr18Ni8 不锈钢	3	8～9	10	1～2	4～5
1Cr18Ni8Mo3 不锈钢	3	7	6～7	1～2	1～3
铜	10	4～5	9～10	2～3	5～6
10%Al 黄铜	8～9	3～4	7～8	—	4～6
锡	10	—	6～7	6	
镍	9～10	7～8	6～7	1～2	3～4
蒙乃尔合金 (Ni－27Cu－2Fe－1.5Mn)	4～5	5～6	6～7	1～2	3～4
钛	1～2	1～2	—		1～2
银	10	3～4	1～3	1～2	1～2
金	1～2	1～2	1～2	1～2	1
铂	1～2	1～2	1～2	1～2	1

表 13－5　各种陶瓷耐腐蚀性

种　类	酸液及酸性气体	碱液及碱性气体	熔融金属	种　类	酸液及酸性气体	碱液及碱性气体	熔融金属
Al$_2$O$_3$	良好	尚可	良好	SiO$_2$	良好	差	可
MgO	差	良好	良好	SiC	良好	可	可
BeO	可	差	良好	Si$_3$N$_4$	良好	可	良好
ZrO$_2$	尚可	良好	良好	BN	可	良好	良好
ThO$_2$	差	良好	良好	B$_4$C	良好	可	—
TiO$_2$	良好	差	可	TiC	差	差	—
Cr$_2$O$_3$	差	差	差	TiN			
SnO$_2$	可	差	差				

4) 耐磨损情况

影响材料耐磨性的因素如下：

（1）材料本身的性能。它包括硬度、韧性、加工硬化的能力、导热性、化学稳定性、表面状态等。

（2）摩擦条件。它包括相磨物质的特性、摩擦时的压力、温度速度、润滑剂的特性、腐蚀条件等。

一般来说，硬度高的材料不易为相磨的物体刺入或犁入，而且疲劳极限一般也较高，故耐磨性也较高；如同时具备较高的韧性，即使被刺入或犁入，也不致被成块撕掉，可以提高耐磨性。因此，硬度是耐磨性的主要方面。并且硬度在使用过程中也是可变的。易于加工硬化的金属在摩擦过程中变硬，而易于受热软化的金属会在摩擦中软化。

钢铁的耐磨性及其与硬度的关系如表 13 - 6 所示。表中，高碳高锰的奥氏体钢，虽然硬度低，但在磨损过程中产生加工硬化，因而具有较低的磨损系数。

表 13 - 6　钢铁的磨损系数

材料或组织	布氏硬度	磨损系数*
工业纯铁	90	1.40
灰口铁	～200	1.00～1.50
0.2%碳钢	105～110	1.00
白口铁	～400	0.90～1.00
珠光体	220～350	0.75～0.85
奥氏体(高碳高锰钢)	200	0.75～0.85
贝氏体	512	0.75
马氏体	715	0.60
马氏体铸铁	550～750	0.25～0.60

注：* 为与标准样品 0.2%碳钢(布氏硬度 105～110)的质量损失的比值。

13.2.2　材料与成形工艺选择的具体方法

一般而言，当产品的材料确定后，其成形工艺的类型就大体确定了。例如，产品为铸铁件，则应选铸造成形；产品为薄板成形件，则应选塑性成形中的成形；产品为 ABS 塑料件，则应选注塑成形；产品为陶瓷件，则应选相应的陶瓷成形工艺等。然而，成形工艺对材料的性能也产生一定的影响，因此在选择成形工艺中，还必须考虑材料的各种性能，如力学性能、使用性能及某些特殊性能等。一般在选择时根据以下几个方面进行选择。

1. 产品材料的性能

（1）材料的力学性能。例如，材料为钢的齿轮零件，当其力学性能要求不高时，可采用铸造成形工艺；而力学性能要求高时，则应选用压力加工成形工艺。

（2）材料的使用性能。例如，若选用钢材模锻成形工艺制造小轿车、汽车发动机中的飞轮零件，由于轿车转速高，要求行驶平稳，在使用中不允许飞轮锻件有纤维外露，以免产生腐蚀，影响其使用性能，故不宜采用开式模锻成形工艺，而应采用闭式模锻成形工艺。

这是因为，开式模锻成形工艺只能锻造出带有飞边的飞轮锻件，在随后进行的切除飞边修整工序中，锻件的纤维组织会被切断而外露；而闭式模锻工艺锻造的锻件没有飞边，可克服此缺点。

（3）材料的工艺性能。材料的工艺性能包括铸造性能、锻造性能、焊接性能、热处理性能及切削加工性能等。例如，易氧化和吸气的非铁金属材料的焊接性差，其连接就宜采用氩弧焊接工艺，而不宜采用普通的手弧焊接工艺。又如，聚四氟乙烯材料，尽管它也属于热塑性塑料，但因其流动性差，故不宜采用注塑成形工艺，而只宜采用压制烧结的成形工艺。

（4）材料的特殊性能。材料的特殊性能包括材料的耐磨损、耐腐蚀耐热、导电或绝缘等。如耐酸泵的叶轮、壳体等，若选用不锈钢制造，则只能用铸造成形；若选用塑料制造，则可用注塑成形；如果要求既耐热又耐蚀，那么就应选用陶瓷制造，并相应地选用注浆成形工艺。

2. 零件的生产批量

单件小批量生产时，可选用通用设备和工具、低精度低生产率的成形方法，这样，毛坯生产周期短，能节省生产准备时间和工艺装备的设计制造费用，虽然单件产品消耗的材料及工时多，但总成本较低。如铸件选用手工砂型铸造方法，锻件采用自由锻或胎模锻方法，焊接件以手工焊接为主，薄板零件则采用钣金钳工成形方法等。大批量生产时，应选用专用设备和工具，以及高精度、高生产率的成形方法，这样，毛坯生产率高、精度高，虽然专用工艺装置增加了费用，但材料的总消耗量和切削加工工时会大幅降低，总的成本也降低。如相应采用机器造型、模锻、埋弧自动焊或自动、半自动的气体保护焊以及板料冲压等成形方法。特别是大批量生产材料成本所占比例较大的制品时，采用高精度、近净成形新工艺生产的优越性就显得尤为显著。例如，某厂采用轧制成形方法生产高速钢直柄麻花钻，年产量两百万件，原轧制毛坯的磨削余量为 0.4 mm。后采用高精度的轧制成形工艺，轧制毛坯的磨削余量减为 0.2 mm，由于材料成本约占制造成本的 78%，故仅仅是磨削余量的减少，每年就可节约高速钢约 48 t，约 40 万元左右。另外，还可节约磨削工时和砂轮损耗，经济效益非常明显。

在一定条件下，生产批量还会影响毛坯材料和成形工艺的选择，如机床床身，大多情况下采用灰铸铁件为毛坯，但在单件生产条件下，由于其形状复杂，制造模样、造型、造芯等工序耗费材料和工时较多，经济上往往不合算。若采用焊接件，则可以大大缩短生产周期，降低生产成本（但焊接件的减振、减摩性不如灰铸铁件）。又如齿轮，在生产批量较小时，直接从圆棒料切削制造的总成本可能是合算的。但当生产批量较大时，使用锻造齿坯可以获得较好的经济效益。

3. 零件的形状复杂程度

形状复杂的金属制件，特别是内腔形状复杂件，如箱体、泵体、缸体、阀体、壳体、床身等可选用铸造成形工艺；形状复杂的工程塑料制件，多选用注塑成形工艺；形状复杂的陶瓷制件，多选用注浆成形工艺或陶瓷注塑成形工艺；而形状简单的金属制件，可选用压力加工、焊接成形工艺；形状简单的工程塑料制件，可选用吹塑、挤出成形或模压成形工艺；形状简单的陶瓷制件，多选用模压成形工艺。

若产品为铸件，尺寸要求不高的可选用普通砂型铸造；而尺寸精度要求高的，则依铸造材料和批量不同，可分别选用熔模铸造、气化模铸造、压力铸造及低压铸造等成形工艺。若产品为锻件，尺寸精度要求低的，多采用自由锻造成形；而精度要求高的，则选用模锻成形、挤压成形等工艺。若产品为塑料制件，精度要求低的，多选用中空吹塑工艺；而精度要求高的，则选用注塑成形工艺。

4. 现有生产条件

现有生产条件是指生产产品和设备能力、人员技术水平及外协可能性等。例如，生产重型机械产品时，在现场没有大容量的炼钢炉和大吨位的起重运输设备条件下，常常选用铸造和焊接联合成形的工艺，即首先将大件分成几小块来铸造后，再用焊接拼成大件。

又如，车床上的油盘零件，通常是用薄钢板在压力机下冲压成形，但如果现场条件不具备，则应采用其他工艺方法。若现场没有薄板，也没有大型压力机，就不得不采用铸造成形工艺生产(此时其壁厚比冲压件厚)。当现场有薄板，但没有大型压力机时，就需要选用经济可行的旋压成形工艺来代替冲压成形。

5. 充分考虑利用新工艺、新技术、新材料的可能性

随着工业市场需求日益增大，用户对产品品种和品质更新的要求越来越强烈，使生产性质由成批大量变成多品种、小批量，因而扩大了新工艺、新技术、新材料的应用范围。因此，为了缩短生产周期，更新产品类型及品质，在可能的条件下可大量采用精密铸造、精密锻造、精密冲裁、冷挤压、液态模锻、超塑成形、注塑成形、粉末冶金、陶瓷等静压成形、复合材料成形、快速成形等新工艺、新技术、新材料，采用无余量成形，使零件近净形化，从而显著提高产品品质和经济效益。

除此之外，为了合理选用成形工艺，还必须对各类成形工艺的特点、适用范围以及成形工艺对材料性能的影响有比较清楚的了解。金属材料的各种毛坯成形工艺的特点如表13-7所示。

表13-7　各种毛坯成形工艺的特点

	铸　件	锻　件	冲压件	焊接件	轧　材
成形特点	液态下成形	固态塑性变形	固态塑性变形	结晶或固态下连接	固态塑性变形
对材料工艺性能的要求	流动性好，收缩率低	塑性好，变形抗力小	塑性好，变形抗力小	强度高，塑性好，液态下化学稳定性好	塑性好，变形抗力小
常用材料	钢铁材料，铜合金，铝合金	中碳钢，合金结构钢	低碳钢，有色金属薄板	低碳钢，低合金钢，不锈钢，铝合金	低、中碳钢，合金钢，铝合金，铜合金
金属组织特征	晶粒粗大，组织疏松	晶粒细小，致密，晶粒成方向性排列	沿拉伸方向形成新的流线组织	焊缝区为铸造组织，熔合区和过热区晶粒粗大	晶粒细小，致密，晶粒成方向性排列

	铸 件	锻 件	冲压件	焊接件	轧 材
力学性能	稍低于锻件	比相同成分的铸件好	变形部分的强度硬度高，结构钢度好	接头的力学性能能达到或接近母材	比相同成分的铸件好
结构特点	形状不受限制，可生产结构相当复杂的零件	形状较简单	结构轻巧，形状可稍复杂	尺寸结构一般不受限制	形状简单，横向尺寸变化较少
材料利用率	高	低	较高	较高	较低
生产周期	长	自由锻短，模锻较长	长	较短	短
生产成本	较低	较高	批量越大，成本越低	较高	较低
主 要 适用范围	各种结构零件和机械零件	传动零件，工具，模具等各种零件	以薄板成形的各种零件	各种金属结构件，部分用于零件毛坯	结构上的毛坯料
应用举例	机架，床身，底座，工作台，导轨，变速箱，泵体，曲轴，轴承座等	机床主轴，传动轴，曲轴，连杆，螺栓，弹簧，冲模等	汽车车身，机表仪壳，电器的仪壳，水箱，油箱	锅炉，压力容器，化工容器管道，厂房构架，桥梁，车身，船体等	光轴，丝杠，螺栓，螺母，销子等

13.3　典型零件的材料与成形工艺选择

13.3.1　齿轮零件

1. 齿轮的工作条件

齿轮主要的工作条件如下：

（1）由于传递扭矩，齿根承受很大的交变弯曲应力。

（2）换挡、启动或啮合不均时，齿部承受一定冲击载荷。

（3）齿面相互滚动或滑动接触，承受很大的接触压应力及摩擦力的作用。

2. 齿轮的失效形式

齿轮主要的失效形式如下：

（1）疲劳断裂。它主要从根部发生。

（2）齿面磨损。由于齿面接触区摩擦，使齿厚变小。

（3）齿面接触疲劳破坏，在交变接触应力作用下，齿面产生微裂纹，微裂纹的发展，引起点状剥落（或称麻点）。

（4）过载断裂。它主要是冲击载荷过大造成的断齿。

3. 齿轮材料的性能要求

齿轮材料主要的性能要求需要满足以下几点：

（1）高的弯曲疲劳强度。

（2）高的接触疲劳强度和耐磨性。

（3）较高的强度和冲击韧性。

此外，还要求有较好的热处理工艺性能，如热处理变形小等。

4. 齿轮类零件的选材

齿轮材料一般选用低、中碳钢或其合金钢，经表面强化处理后，表面强度和硬度高，心部韧性好，工艺性能好，经济上也较合理。

5. 典型齿轮选材举例

机床齿轮工作条件较好，工作中受力不大，转速中等，工作平稳且无强烈冲击，因此其齿面强度、心部强度和韧性的要求均不太高，一般用 45 钢制造，采用高频淬火表面强化，齿面硬度可达 52 HRC 左右，这对弯曲疲劳或表面疲劳是足够了。齿轮调质后，心部可保证有 220 HB 左右的硬度及大于 $4 \ kg \cdot m/cm^2$ 的冲击韧性，可满足工作要求。对于一部分要求较高的齿轮，可用合金调质钢（如 40Cr 等）制造。这时心部强度及韧性都有所提高，弯曲疲劳及表面疲劳抗力也都增大。

［例 13-1］普通车床床头箱传动齿轮。

材料：45 钢。

热处理：正火或调质，齿部高频淬火和低温回火。

性能要求：齿轮心部硬度为 220～250 HB；齿面硬度 52 HRC。

工艺路线：下料→锻造→正火或退火→粗加工→调质或正火→精加工→高频淬火→低温回火 →精磨。

［例 13-2］汽车齿轮。汽车齿轮的工作条件远比机床齿轮恶劣，特别是主传动系统中的齿轮，它们受力较大，超载与受冲击频繁，因此对材料的要求更高。由于弯曲与接触应力都很大，用高频淬火强化表面不能保证要求，所以汽车的重要齿轮都用渗碳、淬火进行强化处理。这类齿轮一般都用合金渗碳钢 20Cr 或 20CrMnTi 等制造，特别是后者在我国汽车齿轮生产中应用最广。为了进一步提高齿轮的耐用性，除了渗碳、淬火外，还可以采用喷丸处理等表面强化处理工艺。喷丸处理后，齿面硬度可提高 1～3 HRC 单位，耐用性可提高 7～11 倍。

材料：20CrMnTi 钢。

热处理：渗碳、淬火、低温回火，渗碳层深 1.2～1.6 mm。

性能要求：齿面硬度 58～62 HRC，心部硬度 33～48 HRC。

工艺路线：下料→锻造→正火→切削加工→渗碳、淬火、低温回火→喷丸→磨削加工。

汽车、拖拉机齿轮常用钢种及热处理如表 13-8 所示。

表 13-8　汽车、拖拉机齿轮常用钢种及热处理

序号	齿轮类型	常用钢种	主要工序	热处理 技术条件
1	汽车变速箱和分动箱齿轮	20CrMnTi 20CrMo 等	渗碳	层深：m_n[①]<3 时，0.6~1.0 mm；3<m_n<5 时，0.9~1.3 mm；m_n>5 时，1.1~1.5 mm。齿面硬度：58~64 HRC。心部硬度：m_n≤5 时，32~45 HRC；m_n>5 时，29~45 HRC
		40Cr	（浅层）碳氮共渗	层深：>0.2 mm。表面硬度：51~61 HRC
2	汽车驱动桥主动及从动圆柱齿轮	20CrMnTi 20CrMo	渗碳	渗层深度按图纸要求，硬要求同序号 1 中渗碳工序。层深：m_s[②]≤5 时，0.9~1.3 mm；5<m_s<8 时，1.0~1.4 mm；m_s>8 时，1.2~1.6 mm。齿面硬度：58-64 HRC。心部硬度：m_s≤8 时，32~45 HRC；m_s>8 时，29~45 HRC。
	汽车驱动桥主动及从动圆锥齿轮	20CrMnTi 20CrMnMo	渗碳	
3	汽车驱动桥差速器行星齿轮及半轴齿轮	20CrMnTi 20CrMo 20CrMnMo	渗碳	同序号 1 渗碳的技术条件
4	汽车发动机凸轮轴齿轮	灰口铸铁 HT180，HT200		170~229 HBS
5	汽车曲轴正时齿轮	35、40、45 40Cr	正火	149~179 HBS
			调质	207~241 HBS
6	汽车起动机齿轮	15Cr，20Cr 20CrMo 15CrMnM，20CrMnTi	渗碳	层深：0.7~1.1 mm。表面硬度：58~63 HRC。心部硬度：33~43 HRC
7	汽车里程表齿轮	20	（浅层）碳氮共渗	层深：0.2~0.35 mm
8	拖拉机传动齿轮，动力传动装置中的圆柱齿轮，圆锥齿轮及轴齿轮	20Cr 20CrMo，20CrMnMo 20CrMnTi，30CrMnTi	渗碳	层深：≤模数的 0.18 倍，但≥2.1 mm。各种齿轮渗层深度的上下限≥0.5 mm，硬度要求序号 1、2
		40Cr	碳氮共渗	同序号 1 中碳氮共渗的技术条件

序号	齿轮类型	常用钢种	主要工序	热处理
				技术条件
9	拖拉机曲轴正时齿轮，凸轮轴齿轮，喷油泵驱动齿轮	45	正火	156～217HB
			调质	217～255 HB
		灰口铸铁HT180		170～229 HB
10	汽车拖拉机油泵齿轮	40，45	调质	28～35 HRC

① m_n—法向模数；② m_s—端面模数。

13.3.2　轴类零件

轴是机械工业中最基础的零部件之一，主要用以支承传动零部件并传递运动和动力。

1. 轴的工作条件，主要失效形式及对性能的要求

（1）轴的工作条件：

① 传递扭矩。承受交变扭转载荷作用，同时也往往承受交变弯曲载荷或拉、压载荷的作用。

② 轴颈承受较大的摩擦。

③ 承受一定的过载或冲击载荷。

（2）轴的主要失效形式：

① 疲劳断裂。由于受交变的扭转载荷和弯曲疲劳载荷的长期作用，造成轴的疲劳断裂，这是最主要的失效形式。

② 断裂失效。由于受过载或冲击载荷的作用，造成轴折断或扭断。

③ 磨损失效。轴颈或花键处的过度磨损使形状、尺寸发生变化。

（3）对轴用材料的性能要求：

① 高的疲劳强度，以防止疲劳断裂。

② 良好的综合力学性能，以防止冲击或过载断裂。

③ 良好的耐磨性，以防止轴颈磨损。

2. 典型轴的选材

对轴类零部件进行选材时，应根据工作条件和技术要求来决定。承受中等载荷，转速又不高的轴，大多选用中碳钢（例如 45 钢），进行调质或正火处理。对于要求高一些的轴，可选用合金调质钢（例如 40Cr），并进行调质处理。对要求耐磨的轴颈和锥孔部位，在调质处理后需进行表面淬火。当轴承受重载荷、高转速、大冲击时，应选用合金渗碳钢（例如 20CrMnTi）进行渗碳淬火处理。

［例 13－3］汽轮机主轴。

汽轮机主轴尺寸大、工作负荷大，承受弯曲、扭转载荷及离心力和温度的联合作用。汽轮机主轴的主要失效方式是蠕变变形和由白点、夹杂、焊接裂纹等缺陷引起的低应力脆断、疲劳断裂或应力腐蚀开裂。因此对汽轮机主轴材料除要求其在性能上具有高的强度和足够的塑韧性外，还要求其锻件中不出现较大的夹杂、白点、焊接裂纹等缺陷。对于在500℃以上工作的主轴，还要求其材料具有一定的高温强度。根据汽轮机的功率和主轴工作温度的不同，所选用的材料也不同。对于工作在450℃以下的材料，可不必考虑高温强度，如果汽轮机功率较小(<12 000 kW)，且主轴尺寸较小，可选用45钢；如果汽轮机功率较大(>12 000 kW)，且主轴尺寸较大，则须选用35CrMo钢，以提高淬透性。对于工作在500℃以上的主轴，由于汽轮机功率大(>125 000 kW)，要求高温强度高，需选用珠光体耐热钢，通常高中压主轴选用25CrMoVA或27Cr2MoVA钢，低压主轴选用15CrMo或17CrMoV钢。对于工作温度更高，要求更高高温强度的主轴，可选用珠光体耐热钢20Cr3MoWV(<540℃)或铁基耐热合金Cr14Ni26MoTi(<650℃)、Cr14Ni35MoWTiAl(<680℃)。

汽轮机主轴的工艺路线为：备料→锻造→第一次正火→去氢处理→第二次正火→高温回火→机械加工→成品。第一次正火可消除锻造内应力；去氢处理的目的是使氢从锻件中扩散出去，防止产生白点。第二次正火是为了细化组织，提高高温强度；高温回火是为了消除正火产生的内应力，使合金元素分布更趋合理(V、Ti充分进入碳化物，Mo充分溶入铁素体)，从而进一步提高高温强度。常见机床主轴及热处理工艺如表13-9所示。

表 13-9　机床主轴材料及其热处理工艺

序号	工作条件	选用钢号	热处理工艺	硬度要求	应用举例
1	(1) 在滚动轴承内运转。 (2) 低速、轻或中等载荷。 (3) 精度要求不高。 (4) 稍有冲击载荷	45	调质：820～840℃淬火，550～580℃回火	220～250 HBS	一般简易机床主轴
2	(1) 在滚动轴承内运转。 (2) 转速稍高、轻或中载荷。 (3) 精度要求不太高。 (4) 冲击、交变载荷不大	45	整体淬硬：820～840℃水淬，350～400℃回火 正火或调质后局部淬火。 正火：840～860℃空冷。 调质：820～840℃水淬，550～580℃回火 局部淬火：820～840℃水淬，240～280℃回火	40～45 HRC ≤229HBS 220～250HBS 46～51HRC	龙门铣床、立式铣床、小型立式车床的主轴
3	(1) 在滚动或滑动轴承内。 (2) 低速、轻或中载荷。 (3) 精度要求不很高。 (4) 有一定的冲击、交变载荷	45	正火或调质后轴颈部分表面淬火。 正火：840～860℃空冷。 调质：820～840℃水淬，550～580℃回火 轴颈表面淬火：860～900℃高频淬火(水淬)，160～250℃回火	≤229 HBS 220～250 HBS 46～57 HRC(表面)	CW61100、CB3463、CA6140、C61200等重型车床主轴

续表一

序号	工作条件	选用钢号	热处理工艺	硬度要求	应用举例
4	（1）在滚动轴承内运转。 （2）中等载荷、转速略高。 （3）精度要求较高。 （4）交变、冲击载荷较小	40Cr 40MnB 40MnVB	整体淬硬：830～580℃油淬，360～400℃回火	40～45 HRC	滚齿机、铣齿机、组合机床的主轴
			调质后局部淬硬。 调质：840～860℃油淬，600～650℃回火。	220～250 HBS	
			局部淬硬：830～850℃油淬，280～320℃回火	46～51 HRC	
5	（1）在滑动轴承内运转。 （2）中或重载荷、转速略高。 （3）精度要求较高。 （4）有较高的交变、冲击载荷	40Cr 40MnB 40MnVB	调质后轴颈表面淬火。 调质：840～860℃油淬，540～620℃回火。	220～280 HBS	铣床、C6132车床主轴，M7475B磨床砂轮主轴
			轴颈淬火：860～880℃高频淬火，乳化液冷，160～280℃回火	46～55 HRC	
6	（1）在滚动或滑动轴承内运转。 （2）轻、中载荷，转速较低	50Mn2	正火：820～840℃空冷	≤241 HBS	重型机床主轴
7	（1）在滑动轴承内运转。 （2）中等或重载荷。 （3）要求轴颈部分有更高的耐磨性。 （4）精度很高。 （5）有较高的交变应力，冲击载荷较小	65Mn	调质后轴颈和方头处局部淬火。 调质：790～820℃油淬，580～620℃回火。	250～280 HBS	M1450磨床主轴
			轴颈淬火：820～840℃。 高频淬火：200～220℃回火。	56～61 HRC 50～55 HRC	
			头部淬火：790～820℃油淬，260～300℃回火		
8	工作条件同上，但表面硬度要求更高	GCr15 9Mn2V	调质后轴颈和方头处局部淬火。 调质：840～860℃油淬，650～680℃回火。	250～280HBS ≥50HRC	MQ1420、MB1432A磨床砂轮主轴
			局部淬火：840～860℃油淬，160～200℃回火		

续表二

序号	工作条件	选用钢号	热处理工艺	硬度要求	应用举例
9	(1) 动轴承内运转。 (2) 等载荷、转速很高。 (3) 精度要求不很高。 (4) 有很高的交变、冲击载荷	38CrMoAlA	调质后渗氮。 调质：930～950℃油淬，630～650℃回火。 渗氮：510～560℃渗氮	≤260HBS ≥850HV (表面)	M1G1432 高精度磨床砂轮主轴、T4240A 坐标镗床主轴、C215056 多轴自动车床中心轴、T68 镗杆
10	(1) 在滑动轴承内运转。 (2) 中等载荷、转速很高。 (3) 精度要求不很高。 (4) 冲击载荷不大，但交变应力较高	20Cr 20Mn2B 20MnVB 20CrMnTi	渗碳淬火。 910～940℃渗碳。 790～820℃淬火(油)。 160～200℃回火	表面 ≥59HRC	Y236 刨齿机、Y58 插齿机主轴，外圆磨床头架主轴和内圆磨床主轴
11	(1) 在滑动轴承内运转。 (2) 重载荷，转速很高。 (3) 高的冲击载荷。 (4) 很高的交交应力	20CrMnTi 12CrNi3	渗碳淬火。 910～940℃渗碳。 320～340℃油淬。 160～200℃回火	表面 ≥59HRC	Y7163 齿轮磨床，CG1107 车床、SG8030 精密车床主轴

资料来源：《合金刚手册》下册第三分册，冶金工业出版，1979 年版。

13.3.3　模具类零件

模具选材是整个模具制作过程中非常重要的一个环节。模具选材需要满足三个原则：模具满足耐磨性、强韧性等工作需求，模具满足工艺要求，同时模具应满足经济适用性。模具材料满足的工作需求如下：

(1) 耐磨性。

坯料在模具型腔中塑性变性时，沿型腔表面既流动又滑动，使型腔表面与坯料间产生剧烈的摩擦，从而导致模具因磨损而失效。所以材料的耐磨性是模具最基本、最重要的性能之一。硬度是影响耐磨性的主要因素。一般情况下，模具零件的硬度越高，磨损量越小，耐磨性也越好。另外，耐磨性还与材料中碳化物的种类、数量、形态、大小及分布有关。

(2) 强韧性。

模具的工作条件大多十分恶劣，有些常承受较大的冲击负荷，从而导致脆性断裂。为防止模具零件在工作时突然脆断，模具要具有较高的强度和韧性。模具的韧性主要取决于材料的含碳量、晶粒度及组织状态。

（3）疲劳断裂性能。

模具工作过程中，在循环应力的长期作用下，往往导致疲劳断裂。其形式有小能量多次冲击疲劳断裂、拉伸疲劳断裂、接触疲劳断裂及弯曲疲劳断裂。模具的疲劳断裂性能主要取决于其强度、韧性、硬度以及材料中夹杂物的含量。

（4）高温性能。

当模具的工作温度较高时，会使硬度和强度下降，导致模具早期磨损或产生塑性变形而失效。因此，模具材料应具有较高的抗回火稳定性，以保证模具在工作温度下，具有较高的硬度和强度。

（5）耐冷、热疲劳性能。

有些模具在工作过程中处于反复加热和冷却的状态，使型腔表面受拉、压力变应力的作用，引起表面龟裂和剥落，增大摩擦力，阻碍塑性变形，降低了尺寸精度，从而导致模具失效。冷、热疲劳是热作模具失效的主要形式之一，一般这类模具应具有较高的耐冷、热疲劳性能。

（6）耐蚀性。

有些模具如塑料模在工作时，由于塑料中存在氯、氟等元素，受热后分解析出 HCI、HF 等强侵蚀性气体，侵蚀模具型腔表面，加大其表面粗糙度，加剧磨损失效。

除了工作需求外，模具材料还需要满足工艺性能要求，模具的制造一般都要经过锻造、切削加工、热处理等几道工序。为保证模具的制造质量，降低生产成本，其材料应具有良好的可锻性、切削加工性、淬硬性、淬透性及可磨削性；还应具有小的氧化、脱碳敏感性和淬火变形开裂倾向。模具材料还要尽量满足经济要求，在给模具选材时，必须考虑经济性这一原则，尽可能地降低制造成本。因此，在满足使用性能的前提下，首先选用价格较低的，能用碳钢就不用合金钢，能用国产材料就不用进口材料。另外，在选材时还应考虑市场的生产和供应情况，所选钢种应尽量少而集中，并且容易购买。

13.3.4　冷作模具选材的工艺设计

对冷作模具材料的主要性能要求是：良好的耐磨性，足够的强度和韧性，高的疲劳寿命，良好的抗擦伤和咬合性能以及良好的工艺性能。20 世纪 90 年代以前，国内常用的冷作模具钢有碳素工具钢 T10A，合金工具钢 9SiCr、9Mn2V、CrWMn、Cr6WV、Cr12、Cr12MoV、5CrW2Si，高速工具钢 W18Cr4V、W6Mo5Cr4V2，轴承钢 GCr15，弹簧钢 60Si2Mn，渗碳钢 20Cr、12CrNi3A，不锈钢 3Cr13 等。其中用量最大的是 Cr12、Cr12MoV、T10A、CrWMn、9SiCr、9Mn2V、GCr15、60Si2Mn 和 W18Cr4V。为满足生产要求，国内先后研究、开发了一系列新型冷作模具钢。

国内开发的低合金冷作模具钢中，有 7CrSiMnMoV（代号 CH）、6CrMnNiMoVSi（代号 GD）、6CrMnNiMoVWSi（代号 DS）、CrNiWMoV 等。这些钢的淬透性好，淬火温度较低，热处理变形小，价格低，具有较好的强度和韧性的配合，适用于制造精度复杂模具。7CrSiMnMoV，在 820～1000℃ 淬火，可获得 HRC60 以上的硬度，是一种空淬微变形钢，可以火焰加热空冷淬硬。该钢的耐磨性尽管比 Cr12MoV 差，但比 9Mn2V 和 T10A 好；抗弯强度、抗压强度和冲击韧性都优于 Cr12MoV 和 9Mn2V；热处理后的变形量和常用的

Cr12MoV、Cr2Mn2SiWMoV、Cr4W2MoV 等钢相当。CH 钢具有良好的强韧性和良好的工艺性，可用于代替 T10A、9Mn2V、CrWMn、GCr15、Cr12MoV 等制造对强韧性要求较高的冷作模具，如冲孔凸模、中薄钢板(2～5 mm 厚)的修边落料模等。由于该钢可以采用火焰加热空冷淬硬，因此也可用于制造要求表面火焰淬火的部分汽车模具。6CrMnNiMoVSi，较 CH 钢增加了 0.85% 左右的 Ni，进一步强韧化了基体。该钢的淬火温度范围较宽，淬透性好，也可火焰加热空冷淬火，具有良好的强韧性。当用于制造易崩及断裂的冷冲模具时，模具寿命较高。

Cr12 系列冷作模具钢是较广泛采用的钢种系列，具有良好的淬透性和耐磨性，但共晶碳化物偏析较严重，韧性较差，淬火后异常变形较大。为弥补此类钢的性能缺陷，国内先后开发了一些高强韧耐磨钢，如 7Cr7Mo2V2Si(代号 LD)、Cr8WmoV3Si(代号 ER5)、9Cr6W3Mo2V2(代号 GM)、Cr8MoV2Ti、80Cr7Mo3W2V 等。与 Cr12、Cr12MoV 相比，此类钢的碳和铬的含量较低，改善了碳化物不均性，提高了韧性；适当增加了 W、Mo、V 等合金元素的含量，从而增强了二次硬化能力，提高了耐磨性。所以，此类钢在具有良好的强韧性的同时，还有优良的耐磨性和较好的综合性能，主要用于制造承受应力较大，要求高强韧性和耐磨损的各类冷作模具。

7Cr7Mo2V2Si(代号 LD)最初是针对冷镦模具而研制的。其碳含量低于 G. Steven 推荐的"平衡碳"规律，使钢在具有高硬度的同时，又具有较好的韧性；加入 Cr、Mo、V 元素，有利于二次硬化，保证钢具有较高的硬度、强度和良好的耐磨性；加入一定量的 Si，以强化基体，提高回火稳定性。LD 钢常用的热处理工艺是 1100～1150℃ 淬火，530～570℃ 回火，回火后硬度 57～63 HRC。1100℃ 淬火后的组织为细针马氏体+残留奥氏体+剩余碳化物，晶粒度为 10.5 级。1100℃ 淬火、570℃ 回火后的组织为回火马氏体+残余碳化物。LD 钢已被广泛应用于制造冷锻、冷冲、冷压、冷弯等承受冲击、弯曲应力较大，又要求耐磨损的各类冷作模具。Cr8MoWV3Si(代号 ER5)在具有较高强韧性的同时，又具有突出好的耐磨性。该钢在回火过程中弥散析出的特殊碳化物，是 ER5 钢比 Cr12 系钢具有更高强韧性和耐磨性的重要原因。ER5 钢适用于制造承受冲击力较大，冲击速度较高的精密冷冲、重载冷冲以及要求高耐磨的其他冷作模具。9Cr6W3Mo2V2(代号 GM)也是以提高耐磨性为主要目的而研制的高耐磨冷作模具钢。该钢通过 Cr、W、Mo、V 等碳化物形成元素的合理配比，并根据"平衡碳"规律配碳，使钢具有最佳的二次硬化能力及抗磨损能力，同时又保持了较高的强韧性和良好的冷热加工性能，适用于制造冲裁、冷挤、冷锻、冷剪、高强度螺栓滚丝轮等精密、高耐磨冷作模具。

13.3.5 热作模具选材的工艺设计

热作模具材料主要用于制造高温状态下进行压力加工的模具。由于热作模具钢的工作条件较为恶劣，热作模具钢应具备以下特点：

(1) 在工作温度下具有高热强性能。

(2) 具有较好综合机械性能，如韧性、硬度、抗疲劳性能。

(3) 具有一定的抗氧化性。

(4) 较高的使用寿命。

热作模具钢主要分为三类：低合金热作模具钢、中合金铬系热作模具钢及高合金钨钼系热作模具钢。

1. 低合金热作模具钢

（1）5CrNiMo、5CrMnMo 钢。20 世纪 80 年代以前，常用的热作模具钢有 5CrMnMo、5CrNiMo，这类钢要求淬透性高，冲击韧性好，导热性能好，有较高的热疲劳性，但 5CrMnMo、5CrNiMo 钢的淬透性不能满足大截面锤锻模的要求，使用温度不能超过 500℃。目前该类钢种正逐步被淘汰，仅在普通热锻模中选用这种低耐热高韧性钢。

（2）4Cr3Mo2V1 钢。4Cr3Mo2V1 钢是一种低合金热作模具钢，是在 H13 钢基础上发展起来的。研发的主要依据是 H13 的铬含量（5%左右）太高，淬火后回火时，铬和碳可形成高铬的碳化物，不利于具有最高抗回火软化能力的碳化钒的形成，从而降低 H13 钢的高温热强性。因此，含有较少量铬（2.5%）的 4Cr3Mo2V1 钢反比 H13 钢具有更高的热强性，特别适用于制作既要耐高温，又需高韧性、高热疲劳性的热挤压模。现在 4Cr3Mo2V1 钢的不足之处是生产成本较高。

2. 中合金铬系热作模具钢

（1）4Cr5MoSiV1 钢。4Cr5MoSiV1 钢（代号 H13）是第 2 代热作模具钢的典型代表，其应用很广泛。因其具有良好的热强性、红硬性和抗热疲劳性能，被广泛用于铝合金的热挤压模和压铸模。由于化学成分的优化，它含有大量 Cr、Mo、V 等合金元素，基本上能满足热作模具所要求的使用性能。H13 钢与高韧性热作模具钢 5CrNiMo、5CrMnMo 相比，具有更高的热强性、耐热性和淬透性；与 3Cr2W8V 相比，具有高的韧性和抗热振性。但 H13 钢在工作温度大于 600℃时的热强性欠佳。

（2）4Cr5Mo2V 钢。4Cr5Mo2V 钢是在 H13 钢的基础上研发而来的。从合金化成分设计的研究看，低 Si 高 Mo 的合金化设计在保持模具材料良好的热强性的同时，又能够提高韧性，4Cr5Mo2V 钢正是基于该合金化设计思路。有研究表明，淬火温度、回火温度对 4Cr5Mo2V 的性能有明显的影响，推荐淬火温度为 1030℃。经过 600℃回火后的 4Cr5Mo2V 钢在保持与 H13 相当的硬度的同时，还具有更高的韧性和塑性。在此热处理后，4Cr5Mo2V 钢的室温冲击韧性强于 H13 钢整体冲击韧性，提高了 34.39%。

（3）4Cr3Mo2NiVNb 钢。4Cr3Mo2NiVNb 钢（代号 HD）是一种新型热作模具钢，通过降低 Mo、V 的含量，加入 Ni 和 Nb，提高了钢的室温和高温韧性及热稳定性，在 70℃仍可以保持 40HRC 的硬度。在硬度相同条件下，HD 钢比 3Cr2W8V 钢的断裂韧度高 50%左右，700℃高温时抗拉强度高 70%，冷热疲劳抗力和热磨损性能分别高出一倍和 50%。

3. 高合金钨钼系热作模具钢

（1）3Cr2W8V 钢。3Cr2W8V 钢是我国热作模具的传统用钢。由于 3Cr2W8V 钢中富含 Cr、W、V 等碳化物形成元素，钢锭中普遍存在成分偏析及共晶碳化物数量较多等缺陷。如果模具中的碳化物偏析严重时，容易产生应力集中，直接影响模具的服役寿命。但是通过改进该钢种的生产工艺，如预处理工艺、稀土合金元素改性，可提高 3Cr2W8V 钢的使用性能。如 1050℃×1 h 高温固溶＋850℃×0.5 h 后 750℃×0.5 h（三次）循环球化退火即可细化钢中的碳化物，又可细化奥氏体晶粒，是一种可提高韧性和热疲劳性能的双细化预处理工艺。对 3Cr2W8V 钢进行稀土合金化处理，能够有效地改善钢中共晶碳化物的偏析程度，从而可以提高钢材质量。

（2）4Cr3Mo3W4VNb 钢。4Cr3Mo3W4VNb 钢含有较高的钨和少量的钛和铌，具有最高的热强性和热稳定性以及良好的抗热疲劳性。与 5Cr4W5Mo2V 钢相比，降低了 Cr、W 的元素，增加了 Ti、Nb 的含量，细化了晶粒，在保持了高热稳定性和高温硬度的基础上，使碳化物分布更均匀。其硬度可达 50～55 HRC，抗拉强度和冲击韧度都有了明显的改善。该钢的淬透性、冷热加工性均好，主要用于加工承受变形抗力较高、浅型槽的热锻模及高温金属的热锻压模具，模具的使用寿命较 3Cr2W8V 钢模具有很大的提高。

（3）W9Mo3Cr4V 钢。W9Mo3Cr4V 钢是以中等含量的钨为主，加入少量钼，适当控制碳和钒含量的方法来达到改善性能，提高质量和节约合金元素目的的。通用型钨钼系高速钢，属莱氏体型钢种。W9Mo3Cr4V 钢热处理后具有更高的硬度和耐磨性，同时具有高热硬性、高淬透性和足够的塑性及韧性。

13.3.6 塑料模具选材的工艺设计

1. 塑料模具的制造工艺路线

（1）低碳钢及低碳合金钢制模具。例如，20、20Cr、20CrMnTi 等钢的工艺路线为：下料→锻造模坯→退火→机械粗加工→冷挤压成形→再结晶退火→机械精加工→渗碳→淬火、回火→研磨抛光→装配。

（2）高合金渗碳钢制模具。例如，12CrNi3A、12CrNi4A 钢的工艺路线为：下料→锻造模坯→正火并高温回火→机械粗加工→高温回火→精加工→渗碳→淬火、回火→研磨抛光→装配。

（3）调质钢制模具。例如，45、40Cr 等钢的工艺路线为：下料→锻造模坯→退火→机械粗加工→调质→机械精加工→修整、抛光→装配。

（4）碳素工具钢及合金工具钢制模具。例如，T7A～T10A、CrWMn、9SiCr 等钢的工艺路线为：下料→锻成模坯→球化退火→机械粗加工→去应力退火→机械半精加工→机械精加工→淬火、回火→研磨抛光→装配。

（5）预硬钢制模具。例如，5NiSiCa、3Cr2Mo(P20) 等钢。对于直接使用棒料加工的，因供货状态已进行了预硬化处理，可直接加工成形后抛光、装配。对于要改锻成坯料后再加工成形的，其工艺路线为：下料→改锻→球化退火→刨或铣六面→预硬处理（34～42HRC）→机械粗加工→去应力退火→机械精加工→抛光→装配。

2. 塑料模具的热处理特点

（1）对于有高硬度、高耐磨性和高韧性要求的塑料模具，要选用渗碳钢来制造，并把渗碳、淬火和低温回火作为最终热处理。

（2）对渗碳层的要求，一般渗碳层的厚度为 0.8～1.5 mm，当压制含硬质填料的塑料时，模具渗碳层厚度要求为 1.3～1.5 mm；压制软性塑料时，渗碳层厚度为 0.8～1.2 mm。渗碳层的含碳量以 0.7%～1.0% 为佳。若采用碳、氮共渗，则耐磨性、耐腐蚀性、抗氧化、防黏性就更好。

（3）渗碳温度一般在 900～920℃，复杂型腔的小型模具可取 840～860℃中温碳氮共渗。渗碳保温时间为 5～10 h，具体应根据对渗层厚度的要求来选择。渗碳工艺以采用分级渗碳工艺为宜，即高温阶段（900～920℃）以快速将碳渗入零件表层为主；中温阶段（820～840℃）以增加渗碳层厚度为主，这样在渗碳层内建立均匀合理的碳浓度梯度分布，便于直接淬火。

（4）渗碳后的淬火工艺按钢种不同，渗碳后可分别采用：重新加热淬火、分级渗碳后直接淬火（如合金渗碳钢）、中温碳氮共渗后直接淬火（如用工业纯铁或低碳钢冷挤压成形的小型精密模具）、渗碳后空冷淬火（如高合金渗碳钢制造的大、中型模具）。

13.4　工程应用案例——机床主轴选材及成形工艺分析

图 13-1 所示为 C620 车床主轴简图。该主轴承受交变扭转和弯曲载荷。但载荷和转速不高，冲击载荷也不大。轴颈和锥孔处有摩擦。按以上分析，C620 车床主轴可选用 45钢，经调质处理后，硬度为 220~250 HB；轴颈和锥孔需进行表面淬火，硬度为 46~54HRC。其工艺路线为：备料→锻造→正火→粗机械加工→调质→精机械加工→表面淬火＋低温回火→磨削→装配。正火可改善组织，消除锻造缺陷。调整硬度便于机械加工，并为调质做好组织准备。调质可获得回火索氏体，具有较高的综合力学性能，提高疲劳强度和抗冲击能力。表面淬火＋低温回火可获得高硬度和高耐磨性。

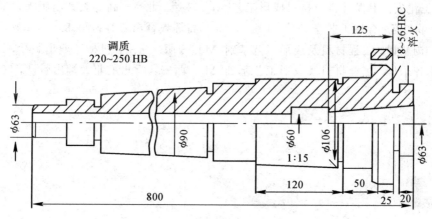

图 13-1　C620 车床主轴简图

习题与思考题 13

13-1　一般零件选材的时候有哪些基本原则？

13-2　材料及成形工艺选择的基本步骤有哪些？

13-3　齿轮类零件主要的失效形式有哪些？

13-4　以你在金工实习中用过的几种零件或工具为例，简要说明它们的选材方法。

13-5　有一根轴由 45 钢制造，使用过程中出现磨损，表面组织为 $M_{回}+T$，硬度为 45 HRC，心部组织为 F＋S，硬度为 20 HRC，其制造工艺为：

锻造—正火—机械加工—高频表面淬火（油冷）—低温回火，分析其磨损原因，提出改进办法。

13-6　结构复杂的热作模具，其硬度要求为 50~55 HRC，试选用合适的材料，确定其加工工艺流程并加以说明。

参考文献

[1] 庞国星. 工程材料与成形技术基础[M]. 2 版. 北京：机械工业出版社，2014.

[2] 陆兴. 热处理工程基础[M]. 北京：机械工业出版社，2007.

[3] 杜丽娟. 工程材料成形技术基础[M]. 北京：电子工业出版社，2003.

[4] 吕广庶，张远明. 工程材料及成形技术基础[M]. 2 版. 北京：高等教育出版社，2011.

[5] 鞠鲁粤. 工程材料与成形技术基础[M]. 北京：高等教育出版社，2004.

[6] 张彦华. 工程材料与成型技术[M]. 北京：北京航空航天大学出版社，2005.

[7] 赵忠. 金属材料与热处理[M]. 3 版. 北京：机械工业出版社，2002.

[8] 范金辉. 铸造工程基础[M]. 北京：北京大学出版社，2013.

[9] 王纪安. 工程材料与材料成形工艺[M]. 2 版. 北京：高等教育出版社，2000.

[10] 邓文英. 金属工艺学[M]. 4 版. 北京：高等教育出版社，2008.

[11] 杨慧智. 工程材料及成形工艺基础[M]. 3 版. 北京：机械工业出版社，2006.

[12] 齐乐华. 工程材料及成形工艺基础[M]. 西安：西北工业大学出版社，2002.